水环境分析实验与技术

黄忠臣 主编

U0319962

中国水利水电出版社
www.waterpub.com.cn

内 容 提 要

　　本书主要介绍了水环境监测中常用的水环境样品的采集和保存方法、样品前处理方法、样品分析技术和方法的基本原理和实验技术。在每项实验方法中都介绍了该方法的发展历程、实验原理、分析方法构建和具体实验实例，使读者对分析方法和主要应用有全面的了解。

　　全书共分 16 章。涵盖了绪论、水环境样品的采集和保存、水环境样品处理技术、酸碱滴定法、络合滴定法、氧化还原滴定法、原子吸收光谱法、原子荧光光谱法、紫外—可见吸收光谱法、电化学分析法、气相色谱法、高效液相色谱法、离子色谱法、气相色谱—质谱分析法、红外光谱法、显微镜和显微技术等内容。

　　本书可作为水环境监测技术工作者、科研工作者、技术人员和相关专业的学生参考。

图书在版编目（ＣＩＰ）数据

水环境分析实验与技术 / 黄忠臣主编. -- 北京：
中国水利水电出版社，2012.5
ISBN 978-7-5084-9761-7

Ⅰ．①水… Ⅱ．①黄… Ⅲ．①水环境—分析—实验技术 Ⅳ．①X143-33

中国版本图书馆CIP数据核字(2012)第096192号

书　　名	水环境分析实验与技术
作　　者	黄忠臣　主编
出版发行	中国水利水电出版社 （北京市海淀区玉渊潭南路 1 号 D 座　100038） 网址：www. waterpub. com. cn E - mail：sales@ waterpub. com. cn 电话：（010）68367658（发行部）
经　　售	北京科水图书销售中心（零售） 电话：（010）88383994、63202643、68545874 全国各地新华书店和相关出版物销售网点
排　　版	中国水利水电出版社微机排版中心
印　　刷	三河市鑫金马印装有限公司
规　　格	170mm×240mm　16 开本　18.75 印张　357 千字
版　　次	2012 年 5 月第 1 版　2013 年 4 月第 2 次印刷
印　　数	1001—3000 册
定　　价	**48.00 元**

前　言

　　随着我国国民经济的迅速发展，人们环保意识的加强和对水质要求的提高，水环境问题成为了重大的社会问题。人们不但对水环境的监测分析、水质指标检测的客观性和准确性及水环境质量的评价提出了更高的要求，而且由于科技的发展涌现出各种新的监测手段及方法。为适应水环境监测分析技术的需要特编写了本书，可供水环境监测技术工作者和相关专业的学生学习参考。

　　本书介绍了水环境监测分析中传统化学分析方法和仪器分析方法的发展历程，分析方法的基础理论，着重阐述如何构建系统的分析方法，理论和实践紧密结合。

　　全书共分16章：绪论、水环境样品的采集和保存、水环境样品处理技术、酸碱滴定法、络合滴定法、氧化还原滴定法、原子吸收光谱法、原子荧光光谱法、紫外—可见吸收光谱法、电化学分析法、气相色谱法、高效液相色谱法、离子色谱法、气相色谱—质谱分析法、红外光谱法、显微镜和显微技术。本书由北京建筑工程学院黄忠臣担任主编和北京建筑工程学院王丽华、韩芳、台州学院王先兵、常州大学柴育红共同编写。全书由北京建筑工程学院吴俊奇主审。

　　本书第1章～第3章、第7章、第8章及第11章由黄忠臣编写；第4章～第6章及第10章由王先兵编写；第9章及第13章由王丽华编写；第12章、第14章及第15章由柴育红编写；第16章由韩芳编写。

　　由于水环境监测分析技术涉及的水质监测、水质监测分析内容知识领域广泛，加之编者的水平和能力有限，书中的缺点和错误在所难免，恳请专家和读者给予批评指正。

在本书的编写过程中参考了大量的相关书籍和资料，其中主要的参考文献附于书后，在此对这些著作的作者表示诚挚的感谢。

编者

2011 年 11 月

目　　录

第1章 绪 论

1.1 水环境及其污染

我国是一个干旱缺水严重的国家。淡水资源总量为 28000 亿 m^3，占全球水资源的 6%，仅次于巴西、俄罗斯和加拿大，居世界第四位。但人均只有 2300m^3，仅为世界平均水平的 1/4、美国的 1/5，在世界上名列 121 位，是全球 13 个人均水资源最贫乏的国家之一。扣除难以利用的洪水径流和散布在偏远地区的地下水资源后，我国现实可利用的淡水资源仅为 11000 亿 m^3 左右，人均可利用水资源量约为 900m^3，并且其分布极不均衡，南多北少，东多西少，相差悬殊。全国 600 多座城市中，已有 400 多个城市存在供水不足问题，其中比较严重的缺水城市达 110 个，全国城市缺水总量为 60 亿 m^3。到 2030 年，中国人口将达到 16 亿，届时人均水资源量仅有 1750m^3，水资源短缺状况极其严重。

目前全国江河湖库以及多数城市地下水受到一定程度的污染，甚至受到严重污染，而且有逐年加重的趋势。日趋严重的水污染不仅降低了水体的使用功能，进一步加剧了水资源短缺的矛盾，严重威胁和危害到居民的饮水安全和人民群众的健康。

我国单位国民生产总值的耗水量为日本的 31 倍，美国的 15 倍。工业、农业和居民的节水意识不强、生产模式落后、废水处理率或处理标准过低，导致了水资源浪费严重、资源短缺和水质污染加剧的恶性循环。

2010 年中国环境状况公报显示，我国地表水污染依然较重。长江、黄河、珠江、松花江、淮河、海河和辽河等七大水系总体为轻度污染。204 条河流 409 个国控断面中，Ⅰ 至 Ⅲ 类、Ⅳ 至 Ⅴ 类和劣 Ⅴ 类水质的断面比例分别为 59.9%、23.7% 和 16.4%。长江、珠江总体水质良好；松花江、淮河为轻度污染；黄河、辽河为中度污染；海河为重度污染。湖泊（水库）富营养化问题依然突出，在监测营养状态的 26 个湖泊（水库）中，富营养化状态的占 42.3%。2010 年，对全国 182 个城市开展了地下水水质监测工作，水质监测点总数为 4110 个。分析结果表明，水质为优良级的监测点为 418 个，占全部监测点的 10.2%；水质为良好级的监测点为 1135 个，占 27.6%；水质为较好级的监测点为 206 个，占 5.0%；水质为较差级的监测点为 1662 个，占 40.4%；水质为极差级的监测点为 689 个，占 16.8%。全国地下水质量状况不容乐观，水质为优良—良好—较好级的监测点总计为 1759 个，占全部监测点的 42.8%，2351 个监测点的水质为较差—极差级，占全部监测点的 57.2%。

1.2 水环境监测的内容

水环境监测是按照水的循环规律（降水、地表水、地下水和饮用水），对水的质和量以及水体中影响生态与环境质量的各种人为和天然因素所进行的统一的定时或随时监测。具体内容包括科学布设监测点位，确定水样的采集与保存方法，根据监测的具体污染物，确定合适的分析方法，并对污染状况进行评价，确定污染物对人体或生物体的危害规律，确保饮用水安全。本书主要涉及水质检测方面的内容。

水污染物的种类很多，主要包括病原体微生物污染，如大肠杆菌；无机物污染，如酸、碱、无机盐类和无机悬浮物污染；耗氧有机物污染，如酚类、碳水化合物的污染；有毒化学物质污染，如重金属、环境激素类以及持久性有机物的污染。

1.3 水环境标准

依照我国国情、遵从法律和科学规律，根据经济、技术及社会承受能力，我国制定并颁布了相关的水环境标准，各标准每隔几年修订一次。

（1）水环境质量标准。地表水环境质量标准（GB 3838—2002）；海水水质标准（GB 3097—1997 代替 GB 3097—82）；地下水质量标准（GB/T 14848—93）；农田灌溉水质标准（GB 5084—92）；渔业水质标准（GB 11607—89）等。

（2）生活饮用水卫生标准。我国目前执行的是生活饮用水卫生标准（GB 5749—2006），规定了生活饮用水水质要求、生活饮用水水源水质卫生要求、集中式供水单位卫生要求、二次供水卫生要求、涉及生活饮用水卫生安全产品卫生要求、水质监测和水质检测方法。

在标准中规定水质常规指标共 38 项，其中微生物指标及限值 4 项、毒性指标及限值 15 项、感官性状和一般化学指标及限值 17 项和放射性指标及限值 2 项；饮用水中消毒剂常规指标及要求及限值 4 项；水质非常规性指标及限值共 64 项，其中微生物指标及限值 2 项、毒性指标及限值 59 项、感官性状和一般化学指标及限值 3 项；共计 106 项水质指标及限值。并规定了小型集中式供水和分散式供水部分水质指标及限值 14 项，其中微生物指标及限值 2 项、毒性指标及限值 3 项、感官性状和一般化学指标及限值 10 项。

（3）废水及污水排放标准。铅、锌工业污染物排放标准（GB 25466—2010）；污水综合排放标准（GB 8978—1996）；医疗机构水污染物排放标准（GB 18466—2005）；制糖工业水污染物排放标准（GB 21909—2008）；稀土工业污染物排放标准（GB 26451—2011）；磷肥工业水污染物排放标准（GB 15580—2011）等。

（4）水质采样及水质指标检测方法。水质采样方案设计技术规定（HJ 495—2009 代替 GB 12997—91）；水质采样技术指导（HJ 494—2009 代替 GB 12998—91）；水质挥发酚的测定 4－氨基安替比林分光光度法（HJ 503—2009 代替 GB 7490—87）；水质采样样品的保存和管理技术规定（HJ 493—2009 代替 GB 12999—91）；水质多环芳烃的测定－液液萃取和固相萃取高效液相色谱法（HJ 478—2009 代替 GB 13198—91）；地震灾区地表水环境质量与集中式饮用水水源监测技术指南（暂行）；水质可吸附有机卤素（AOX）的测定—离子色谱法（HJ/T 83—2001）；水质河流采样技术指导（HJ/T 52—1999）；地表水和污水监测技术规范（HJ/T 91—2002）；水质无机阴离子的测定—离子色谱法（HJ/T 84—2001）；水质河流采样技术指导（HJ/T 52—1999）；地表水和污水监测技术规范（HJ/T 91—2002）；水质无机阴离子的测定—离子色谱法（HJ/T 84—2001）；水质河流采样技术指导（HJ/T 52—1999）等标准。

1.4 定量方法

1.4.1 基本概念

1.4.1.1 代表性

数据的代表性是指按照规定的采用程序和要求采集的具有代表性时间和地点的有效样品。该样品能够反映水环境质量的真实状况。

1.4.1.2 精密度

精密度是指用同样的方法所测得的结果间相互一致的程度，即多次测量结果的重复性，是表征随机误差大小的量，常以相对标准偏差（亦称为变异系数）表示。

$$c_r = \frac{s}{\overline{x}} \qquad (1-1)$$

式中　s——绝对标准偏差；

　　$\overline{x}$——n 次测量的平均值。

$$\overline{x} = \frac{\sum\limits_{i=1}^{n} x_i}{n} \qquad (1-2)$$

$$s = \sqrt{\frac{\sum\limits_{i=1}^{n}(x_i - \overline{x})}{n-1}} \qquad (1-3)$$

精密度包含三个术语：

（1）平行性：当分析人员、分析仪器、分析地点、分析时间和分析方法都有相同时，对同一样品进行多次测定，得到结果的一致程度。

（2）重复性：在同一实验室内，当分析人员、分析仪器、分析时间中有一项不相同时，用同一分析方法对同一样品进行多次测定，得到结果的一致程度。

（3）再现性：用相同的分析方法，对同一样品在不同实验室、不同分析人员、不同设备和不同时间（或相同时间）条件下获得的单个结果间的一致程度。

1.4.1.3　数据可比性

数据可比性是指不同的测量方法测量同一样品中的某组分含量时，所得结果的吻合程度。可比性不仅包括不同实验室对同一样品测量的结果可比，还包括同一实验室对同一样品的测量结果可比。

1.4.1.4　数据准确性

数据的准确性是指测量值与公认的真实值间的符合程度，包括系统误差和随机误差。数据的准确性通常以标准样品分析和回收率测定方法进行评价。

加标回收是指在测量样品的同时，在同一样品的子样中加入一定量的标准物质进行测定，将其测定结果扣除样品的测定值，计算回收率。

$$回收率\ P(\%)=\frac{加标试样测定值-试样测定值}{加标量}\times100\% \qquad (1-4)$$

预处理方法回收率的测定方法：配置一定浓度或量的标准样品，将其等分成两份，其中一份按分析方法进行样品预处理，另一份不经过预处理，两份用仪器分析方法进行测试分析，得到两份样品的响应值之比的百分率，即为该方法下样品的回收率。一般样品预处理的回收率在$85\%\sim110\%$，越接近100%，其回收率越好。

1.4.1.5　检出限

检出限是指在误差遵从正态分布的情况下，以99.7%或以上的置信度检出被测组分的最小量或最小浓度，也称为检测下限或测定限。通常采用产生三倍噪声信号时，测出的量作为检出限。

1.4.2　定量方法

在水环境样品组分进行定量分析中，除了重量法和库仑法外，分析方法都需要进行校正，建立被测信号与样品浓度间的方程关系。常用的定量方法有标准曲线法、标准加入法。

（1）标准曲线法。标准曲线法又称外标法，包括标准曲线法和工作曲线法。标准曲线用标准溶液系列直接测量，标准样品没有经过样品预处理过程；工作曲线采用的标准溶液经过了与样品相同的预处理全过程。前者因基体复杂往往会造成较大误差，后者消除了极大部分基体的影响。

标准曲线的绘制方法：首先用分析物的纯样准确配制一系列标准样品，采用分析方法所用仪器测得每一浓度对应的响应量 S，以响应量 S 对浓度 C 作关系曲线图，经过最小二乘法分析计算在线形相关性满足实验分析要求（$|r| \geqslant 0.9990$），得出该关系图的线形方程，在相同的条件下，测得试样的响应量 S，通过线形方程可以反算出该试样分析物的浓度 C。绘制标准曲线的条件与测定试样的条件需尽量保持一致，如图 1-1 所示。

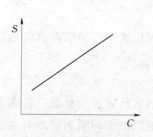
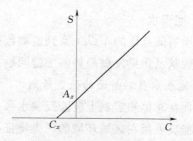

图 1-1　标准曲线法　　　　　图 1-2　标准加入法

从定量测定的最低浓度扩展到标准曲线偏离线形浓度的范围称为线形范围，即该测量方法的测定下限至测定上限之间的浓度范围，线形范围的浓度至少应有 2 个数量级。测量样品的分析物浓度必须在标准曲线的线形范围内，否则样品需要进行浓缩或稀释处理。

（2）标准加入法。标准加入法又称为增量法，也是一种被广泛使用的检验仪器准确度的测试方法。该方法的依据是信号反应量的可加性，这种方法减少或消除了基体效应的影响，适用于检验样品中是否存在干扰物质。

标准加入法曲线绘制：将已知量已知浓度的标准溶液加入待测样品中，测得试样与标样量的总响应，进行定量分析。在等分的试样中，加入呈比例的标准试样。当试样量很少时，也可以将标准试样逐次加入到同一份待测试样溶液中，分别测定其响应值。根据测定的响应值 S，绘制 S—C（添加量）曲线，用外推法求出待测组分的含量 C_x，如图 1-2 所示。

标准加入法，适合数量少的样品，使用测试单个样品所需时间远远长于标准曲线法。

第2章 水环境样品的采集和保存

2.1 水质采样方案设计

2.1.1 地表水

水质监测点位的布设关系到监测数据是否有代表性，是能否真实地反映水环境质量现状及污染发展趋势的关键问题。

1. 地表水监测断面的设置原则

断面在总体和宏观上应能反映水系或区域的水环境质量状况；各断面的具体位置应能反映所在区域环境的污染特征；尽可能以最少的断面获取有足够代表性的环境信息；应考虑实际采样时的可行性和方便性。

根据上述总体原则，对水系可设背景断面、控制断面（若干）和入海断面。对行政区域可设背景断面（对水系源头）或入境断面（对过境河流）、控制断面（若干）和入海河口断面或出境断面。在各控制断面下游，如果河段有足够长度（至少10km），还应设削减断面。

(1) 监测断面的分类。

1) 采样断面：指在河流采样中，实施水样采集的整个剖面。分背景断面、对照断面、控制断面、削减断面和管理断面等。

2) 背景断面：指为评价某一完整水系的污染程度，未受人类生活和生产活动影响，提供水环境背景值的断面。

3) 对照断面：指具体判断某一区域水环境污染程度时，位于该区域所有污染源上游处，提供这一水系区域本底值的断面。

4) 控制断面：指为了解水环境受污染程度及其变化情况的断面。即受纳某城市或区域的全部工业和生活污水后的断面。

5) 削减断面：指工业废水或生活污水在水体内流经一定距离而达到最大程度混合，污染物被稀释、降解，其主要污染物浓度有明显降低的断面。

6) 管理断面：指为特定的环境管理需要而设置的断面。

(2) 设置原则。环境管理除需要上述断面外，还有许多特殊需要，如了解饮用水源地、水源丰富区、主要风景游览区、自然保护区，与水质有关的地方病发病区，严重水土流失区及地球化学异常区等水质的断面。

断面位置应避开死水区、回水区、排污口处，尽量选择顺直河段、河床稳定、水流平稳、水面宽阔、无急流、无浅滩处。

监测断面应力求与水文测流断面一致，以便利用其水文参数，实现水质监测与水量监测的结合。监测断面的布设应考虑社会经济发展，监测工作的实际状况和需要，要具有相对的长远性。流域同步监测中，根据流域规划和污染源限期达标目标确定监测断面。

局部河道整治中，监视整治效果的监测断面，由所在地区环境保护行政主管部门确定。

入海的河口断面要设置在能反映入海河水水质、临近入海口的位置。

其他如突发性水环境污染事故，洪水期和退水期的水质监测，应根据现场情况，布设能反映污染物进入水环境和扩散、削减情况的采样断面及点位。

2.河流监测断面的设置方法

（1）背景断面须能反映水系未受污染时的背景值。要求基本上不受人类活动的影响，远离城市居民区、工业区、农药化肥施放区及主要交通路线。原则上应设在水系源头处或未受污染的上游河段，如选定断面处于地球化学异常区，则要在异常区的上、下游分别设置。如有较严重的水土流失情况，则设在水土流失区的上游。

（2）入境断面。用来反映水系进入某行政区域时的水质状况，应设置在水系进入本区域且尚未受到本区域污染源影响处。

（3）控制断面用来反映某排污区（口）排放的污水对水质的影响。应设置在排污区（口）的下游，污水与河水基本混匀处。

（4）控制断面的数量、控制断面与排污区（口）的距离可根据以下因素决定：主要污染区的数量及其间的距离、各污染源的实际情况、主要污染物的迁移转化规律和其他水文特征等。此外，还应考虑对纳污量的控制程度，即由各控制断面所控制的纳污量不应小于该河段总纳污量的 80%。如某河段的各控制断面均有 5 年以上的监测资料，可用这些资料进行优化，用优化结论来确定控制断面的位置和数量。

（5）出境断面用来反映水系进入下一行政区域前的水质。因此应设置在本区域最后的污水排放口下游，污水与河水已基本混匀并尽可能靠近水系出境处。如在此行政区域内，河流有足够长度，则应设削减断面。削减断面主要反映河流对污染物的稀释净化情况，应设置在控制断面下游，主要污染物浓度有显著下降处。

（6）省（自治区、直辖市）交界断面。省、自治区和直辖市内主要河流的干流、一级、二级支流的交界断面，这是环境保护管理的重点断面。

（7）其他各类监测断面。

1）水系的较大支流汇入前的河口处，以及湖泊、水库、主要河流的出、入口应设置监测断面。

2）国际河流出、入国境的交界处应设置出境断面和入境断面。

3）国务院环境保护行政主管部门统一设置省（自治区、直辖市）界断面。

4）对流程较长的重要河流，为了解水质、水量变化情况，经适当距离后应设置监测断面。

5）水网地区流向不定的河流，应根据常年主导流向设置监测断面。

6）对水网地区应视实际情况设置若干控制断面，其控制的径流量之和应不少于总径流量的80％。

7）有水工建筑物并受人工控制的河段，应视情况分别在闸（坝、堰）上、下设置断面。如水质无明显差别，可只在闸（坝、堰）上设置监测断面。

8）要使各监测断面能反映一个水系或一个行政区域的水环境质量。断面的确定应在详细收集有关资料和监测数据基础上，进行优化处理，将优化结果与布点原则和实际情况结合起来，作出决定。

9）对于季节性河流和人工控制河流，由于实际情况差异很大，这些河流监测断面的确定、采样的频次与监测项目、监测数据的使用等，由各省（自治区、直辖市）环境保护行政主管部门自定。

河流监测断面设置如图 2-1 所示。

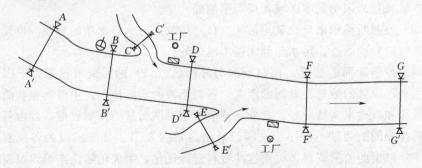

图 2-1　河流监测断面的设置

⌽自来水取水点　→水流方向　▷◁监测断面　◎污染源　▱排污口

A—A′—对照断面；*B—B′*、*C—C′*、*D—D′*、*E—E′*、*F—F′*—控制断面；*G—G′*—削减断面

3. 潮汐河流监测断面的布设

（1）潮汐河流监测断面的布设原则与其他河流相同，设有防潮桥闸的潮汐河流，根据需要在桥闸的上游、下游分别设置断面。

（2）根据潮汐河流的水文特征，潮汐河流的对照断面一般设在潮区界以上。若感潮河段潮区界在该城市管辖的区域之外，则在城市河段的上游设置一个对照断面。

（3）潮汐河流的削减断面，一般应设在近入海口处。若入海口处于城市管辖区域外，则设在城市河段的下游。

（4）潮汐河流的断面位置，尽可能与水文断面一致或靠近，以便取得有关的水文数据。

4．湖泊、水库监测垂线的布设

对于湖泊、水库通常只设监测垂线，如有特殊情况可参照河流的有关规定设置监测断面。

（1）湖（库）区的不同水域，如进水区、出水区、深水区、浅水区、湖心区、岸边区，按水体类别设置监测垂线。

（2）湖（库）区若无明显功能区别，可用网格法均匀设置监测垂线。

（3）监测垂线上采样点的布设一般与河流的规定相同，但对有可能出现温度分层现象时，应作水温、溶解氧的探索性试验后再定。

（4）受污染物影响较大的重要湖泊、水库，应在污染物主要输送路线上设置控制断面。

湖泊、水库监测垂线布设如图2-2所示。

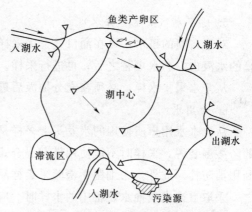

图 2-2　湖泊、水库监测垂线的布设
▷-◁ 监测断面

在一个监测断面上设置的采样垂线与各垂线上的采样点数应符合如表2-1、表2-2和表2-3所示。

表 2-1　　　　　　　　　　采 样 垂 线 数 的 设 置

水面宽	垂 线 数	说 　明
≤50m	一条（中泓）	1．垂线布设应避开污染带，要测污染带应另加垂线；
50～100m	二条（近左、右岸有明显水流处）	2．确能证明该断面水质均匀时，可仅设中泓垂线；
>100m	二条（左、中、右）	3．凡在该断面要计算污染物通量时，必须按本表设置垂线

表 2-2　　　　　　　　　采 样 垂 线 上 的 采 样 点 数 的 设 置

水深	采 样 点 数	说 　明
≤5m	上层一点	1．上层指水面下0.5m处，水深不到0.5m时，在水深1/2处；
5～10m	上、下层两点	2．下层指river底以上0.5m处；　3．中层指1/2水深处；4．封冻时在冰下0.5m处采样，水深不到0.5m时，在水深1/2处采样；
>10m	上、中、下三层三点	5．凡在该断面要计算污染物通量时，必须按本表设置采样点

表 2-3 湖（库）监测垂线采样点的设置

水深	分层情况	采 样 点 数	说　明
≤5m		一点（水面下 0.5m 处）	1. 分层是指湖水温度分层状况；
5～10m	不分层	二点（水面下 0.5m，水底上 0.5m）	2. 水深不足 1m，在 1/2 水深处设置测点；
5～10m	分层	三点（水面下 0.5m，1/2 斜温层，水底上 0.5m 处）	3. 有充分数据证实垂线水质均匀时，可酌情减少测点
>10m		除水面下 0.5m，水底上 0.5m 处外，按每一斜温分层 1/2 处设置	

5. 地下水（泉水、井水）

对于自喷的泉水，可在涌口处直接采样。采集不自喷泉水时，将停滞在抽水管的水汲出，新水更替之后，再进行采样。

从井水采集水样，必须在充分抽汲后进行，以保证水样能代表地下水水源。

6. 饮用水

从自来水用户所使用的水龙头上采样是最好的办法。采样前应移去水龙头上的防溅湿装置，采样时不能使用带有混合式的水龙头，在干线和支线管道采样可利用消防栓。此外，为细菌学检验采集样品时要特别小心。

采取自来水或抽水设备中的水样时，应先放水数分钟，使积留在水管中的杂质及陈旧水排出，然后再取样。采集水样前，应先用水样洗涤采样器容器、盛样瓶及塞子 2～3 次（油类除外）。

7. 浴场

从天然浴场采样，按照水库和湖泊采样方法进行。使用循环水系统的游泳池，应该从进口、出口和水体中分别采样。

8. 饮用水处理过程中所产生的污泥

大多数饮水处理厂所生成的污泥为氢氧化铝或氢氧化铁，但也有一些处理厂生成石灰软化泥或生物污泥。这些样品可在凝聚槽混凝沉淀池内的不同深度采取，也可在浓缩池内采取。因样品的特殊性在取出后几分钟内就会发生明显变化，因此采样后要尽量少搅动，尽快检验。

9. 河流、河口、海洋、湖泊和水库的底部沉积物

所制订的采样方案应考虑到沉积物组分纵、横方向的变化，必须取得有关底部沉积物的深度和不同深度上沉积物组成的数据。

采水样时的许多重要因素，如船只的使用，也适用于底部沉积物的采样。

底层通常是不均匀的。为了提供有代表性的评价参数，应保证采集足够数量的样品。

2.1.2　污水

污染源的采样取决于调查的目的和监测分析工作的要求。采样涉及采样的时间、地点和频次三个方面。为了采集到有代表性的污水，采样前应该了解污染源的排放规律和污水中污染物浓度的时、空变化。在采样的同时还应该测量污水的流量，以获得排污总量数据。

1. 污水监测点位的布设原则

第一类污染物采样点位一律设在车间或车间处理设施的排放口或专门处理此类污染物设施的排放口。

第二类污染物采样点位一律设在排污单位的外排口。

进入集中污水处理厂和进入城市污水管网的污水应根据地方环境保护行政主管部门的要求确定。

2. 污水处理设施效率监测采样点的布设

（1）对整体污水处理设施效率监测时，在各种进入污水处理设施污水的入口和污水设施的总排口设置采样点。

（2）对各污水处理单元效率监测时，在各种进入处理设施单元污水的入口和设施单元的排口设置采样点。

2.1.3　工业用水的采样情况

1. 上水

上水包括饮用水、河水、中水和井水。由于水源不同，水质随时发生变化，但在给定的时间内，通常它们的组成是均质的。这些水通过一个普通的管道系统进入工厂，不存在特殊的采样情况。

当同时存在非饮用工业供水系统时，要用适当的标志加以区分，以避免搞错采样点。为了检查水是否可以饮用，要准备一些采样设备。

如果需要各水体混合物的质量数据，采样之前必须保证水体充分混合。

2. 锅炉系统的水

（1）处理厂的水。在处理厂的设计阶段，应仔细考虑采样点的方位、各处理阶段过滤池的进口和出口的采样设备。当存在悬浮物时，取样之前应将采样管彻底清洗。

当测定水中溶解气体（如氧或二氧化碳）采样时，为了避免逸失必须使用特殊的采样技术。如果使用除气塔洗除二氧化碳，那么在随后的样品处理中就要避免二氧化碳的逸失或补充。采样管应完全浸没于水中，避免吸进气体。

（2）锅炉给水和锅炉水。在蒸汽冷凝循环系统的许多采样点上采集的水样只含有痕量待测物质。因此，要特别小心，避免从采样到分析过程中样品受到污染。

通常的采样系统用不锈钢制成，采样系统要有完善的结构，能经受住所承受的运转压力。如果用长采样管采集高温高压锅炉给水，为了安全，最好在靠近采样点的地方冷却采样管中的样品。

当用物理和化学方法除气时，通常需设两个采样点：一个点在加化学药品之前，检验物理方法除气效率；第二个点检验总的除气效率。

所设计的锅炉采样点要保证能采到锅炉水的代表性样品。对于某些分析如痕量金属，它们可能部分或全部的以颗粒形式存在，在这种情况下应该使用等动力采样探头。

（3）蒸汽冷凝水。在工业上控制蒸汽的质量非常重要。通常需要从蒸汽冷凝液的回路上，过热蒸汽或者加压湿蒸汽中采样。所使用的采样探头，附有不锈钢冷却器。要注意防止采样和分析期间样品受到污染。

（4）冷却水。主要有三类冷却系统：

1）敞开式蒸发冷却系统。

2）直流式（单程式）冷却系统。

3）闭路循环冷却系统。

在敞开式蒸发冷却系统中，进水和循环水通常都要采样，通常在进水口设一个采样点就够了。但是就冷却系统本身而言，为了获得所需要的数据资料，则必须同时在几个点上采样。使用生物杀虫剂处理时，则直接在冷却塔的水池中采样。从理论上讲，最好的采样系统是等动力系统。

直流式冷却系统的采样点设在进水口和出水口处，闭路系统的采样点设在低处。

2.1.4　工业废水

工业废水的采样必须考虑废水的性质和每个采样点所处的位置。通常，用管道或者明沟把工业废水排放到远而偏僻、人们很难达到的地方。但在厂区内，排放点容易接近，有时必须采用专门采样工具通过很深的入孔采样。为了安全起见，最好把入孔设计成无须人进入的采样点。从工厂排出的废水中可能含有生活污水，采样时应予以考虑所选采样点要避开这类污水。其中，第一类污染物的采样必须在车间出水口或预处理出水口。

如果废水被排放到氧化塘或贮水池，那么情况就类似于湖泊采样。

2.1.5　暴雨污水和地面径流

出现暴雨污水和地面径流排放时，接纳水道的流量很大，有效稀释相当大，暴雨污水的溢流可以控制。由于种种原因，地表径流可能被污染，甚至当水道内水流很大的情况下，溢流对水道内的水质也构成严重威胁。

由于暴雨污水和地面径流的排放具有间歇性，在排放期内质量变化非常明显，因此给采样带来一些特殊的问题。由于对污水管道或者不渗水表面的冲刷，最初排放出来的污水水质很差。在这种情况下，最好使用自动采样装置，并收集整个调查期间的有关降水量和必要的气温资料。

2.2　水环境样品的采集

2.2.1　水样类型

采样技术要随具体情况而定，有些情况只需在某点瞬时采集样品，而有些情况要用复杂的采样设备进行采样。静态水体和流动水体的采样方法不同，应加以区别。瞬时采样和混合采样均适用于静态水体和流动水体，混合采样更适用于静态水体，周期采样和连续采样适用于流动水体。

1. 瞬时水样

从水体中不连续的随机采集的样品称为瞬时水样。对于组分较稳定的水体，或水体的组分在相当长的时间和相当大的空间范围变化不大，采集瞬时样品具有很好的代表性。当水体的组分随时间发生变化，则要在适当的时间间隔内进行瞬时采样，分别进行分析，测出水质的变化程度、频率和周期。当水体的组分发生空间变化时，就要在各个相应的部位采样。

下列情况适用瞬时采样：

（1）流量不固定、所测参数不恒定时（如采用混合样，会因个别样品之间的相互反应而掩盖了它们之间的差别）。

（2）不连续流动的水流，如分批排放的水。

（3）水或废水特性相对稳定时。

（4）需要考察可能存在的污染物，或要确定污染物出现的时间。

（5）需要污染物最高值、最低值或变化的数据时。

（6）需要根据较短一段时间内的数据确定水质的变化规律时。

（7）需要测定参数的空间变化时，例如某一参数在水流或开阔水域的不同断面（或）深度的变化情况。

（8）在制订较大范围的采样方案前。

（9）测定某些不稳定的参数，例如溶解气体、余氯、可溶性硫化物、微生物、油脂、有机物和 pH 值。

2. 周期水样（不连续）

（1）在固定时间间隔下采集周期样品（取决于时间）。通过定时装置在规定的时间间隔下自动开始和停止采集样品。通常在固定的期间内抽取样品，将一定体积的样品注入一个或多个容器中。时间间隔的大小取决于待测参数。

人工采集样品时，按上述要求采集周期样品。

（2）在固定排放量间隔下采集周期样品（取决于体积）。当水质参数发生变化时，采样方式不受排放流速的影响，此种样品归于流量比例样品。例如，液体流量的单位体积（如10000L），所取样品量是固定的，与时间无关。

（3）在固定排放量间隔下采集周期样品（取决于流量）。当水质参数发生变化时，采样方式不受排放流速的影响，水样可用此方法采集。在固定时间间隔下，抽取不同体积的水样，所采集的体积取决于流量。

3．连续水样

（1）在固定流速下采集连续样品（取决于时间或时间平均值）。在固定流速下采集的连续样品，可测得采样期间存在的全部组分，但不能提供采样期间各参数浓度的变化。

（2）在可变流速下采集的连续样品（取决于流量或与流量成比例）。采集流量比例样品代表水的整体质量。即便流量和组分都在变化，而流量比例样品同样可以揭示利用瞬时样品所观察不到的这些变化。因此，对于流速和待测污染物浓度都有明显变化的流动水，采集流量比例样品是一种精确的采样方法。

4．混合水样

在同一采样点上以流量、时间、体积或是以流量为基础，按照已知比例（间歇的或连续的）混合在一起的样品，此样品称为混合水样。混合水样可自动或人工采集。

混合水样是混合几个单独样品，可减少监测分析工作量，节约时间，降低试剂损耗。

混合样品提供组分的平均值，因此在样品混合之前，应验证这些样品参数的数据，以确保混合后样品数据的准确性。如果测试成分在水样储存过程中易发生明显变化，则不适用混合水样，如测定挥发酚、油类、硫化物等。要测定这些物质，需采取单样储存方式。

下列情况适用混合水样：

（1）需测定平均浓度时。

（2）计算单位时间的质量负荷。

（3）为评价特殊的、变化的或不规则的排放和生产运转的影响。

5．综合水样

把从不同采样点同时采集的瞬时水样混合为一个样品（时间应尽可能接近，以便得到所需要的资料），称作综合水样。综合水样的采集包括两种情况：在特定位置采集一系列不同深度的水样（纵断面样品）；在特定深度采集一系列不同位置的水样（横截面样品）。综合水样是获得平均浓度的重要方式，有时需要把代表断面上的各点或几个污水排放口的污水按相对比例流量混合，取其平均浓度。

采集综合水样，应视水体的具体情况和采样目的而定。如几条排污河渠建设综合污水处理厂，从各个河道取单样分析不如综合样更为科学合理，因为各股污水的相互反应可能对设施的处理性能及其成分产生显著的影响，由于不可能对相互作用进行科学预测，因此取综合水样可能提供更加可靠的资料。而有些情况取单样比较合理，如湖泊和水库在深度和水平方向常常出现组分上的变化，此时大多数平均值或总值的变化不显著，局部变化明显。在这种情况下，综合水样就失去了意义。

6. 大体积水样

有些分析方法要求采集大体积水样，范围从 50L 到几立方米。例如，要分析水体中未知的农药和微生物时，就需要采集大体积的水样。水样可用通常的方法采集到容器或样品罐中，采样时应确保采样器皿的清洁；也可以使样品经过一个体积计量计后，再通过一个吸收筒（或过滤器），可依据监测要求选定。

随后的采样程序细节应依据水样类型和监测要求而定。用一个调节阀控制在一定压力下通过吸收筒（或过滤器）的流量。大多数情况下，应在吸收筒（或过滤器）和体积计后面安装一个泵。如果待测物具有挥发性，泵要尽可能安放在样品源处，体积计安放在吸收筒（或过滤器）后面。

7. 平均污水样

对于排放污水的企业而言，生产的周期性影响着排污的规律性。为了得到代表性的污水样（往往需要得到平均浓度），应根据排污情况进行周期性采样。不同的工厂、车间生产周期不同，排污的周期性差别也很大。一般应在一个或几个生产或排放周期内，按一定的时间间隔分别采样。对于性质稳定的污染物，可将分别采集的样品进行混合后一次测定；对于不稳定的污染物可在分别采样、分别测定后取其平均值为代表。

生产的周期性也影响污水的排放量，在排放流量不稳定的情况下，可将一个排污口不同时间的污水样，按照流量的大小，按比例混合，得到平均比例混合的污水样。这是获得平均浓度的最常采用的方法，有时需将几个排污口的水样按比例混合，用以代表瞬时综合排污浓度。

在污染源监测中，随污水流动的悬浮物或固体微粒，应看成是污水样的一个组成部分，不应在分析前滤除。油、有机物和金属离子等，可能被悬浮物吸附，有的悬浮物中就含有被测定的物质，如选矿、冶炼废水中的重金属。所以，分析前必须摇匀取样。

2.2.2　水环境样品的采样

1. 开阔河流的采样

在对开阔河流进行采样时，应包括下列几个基本点：

（1）用水地点的采样。

（2）污水流入河流后，应在充分混合的地点以及流入前的地点采样。

（3）支流合流后，对充分混合的地点及混合前的主流与支流地点的采样。

（4）主流分流后地点的选择。

（5）根据其他需要设定的采样地点。

各采样点原则上应在河流横向及垂向的不同位置采集样品。采样时间一般选择在采样前至少连续两天晴天，水质较稳定的时间（特殊需要除外）。采样时间是在考虑人类活动、工厂企业的工作时间及污染物到达时间的基础上确定的。另外，在潮汐区，应考虑潮的情况，确定把水质最坏的时刻包括在采样时间内。

2. 封闭管道的采样

在封闭管道中采样，也会遇到与开阔河流采样中所出现的类似问题。采样器探头或采样管应妥善地放在进水的下游，采样管不能靠近管壁、湍流部位，例如在"T"形管、弯头、阀门的后部，可充分混合，一般作为最佳采样点，但是对于等动力采样（等速采样）除外。

采集自来水或抽水设备中的水样时，应先放水数分钟，使积留在水管中的杂质及陈旧水排出，然后再取样。采集水样前，应先用水样洗涤采样器容器、盛样瓶及塞子2～3次（油类除外）。

3. 水库和湖泊的采样

水库和湖泊的采样，由于采样地点不同和温度的分层现象可引起水质很大的差异。

在调查水质状况时，应考虑到成层期与循环期的水质明显不同。了解循环期水质，可采集表层水样，了解成层期水质，应按深度分层采样。

在调查水域污染状况时，需进行综合分析判断，抓住基本点，以取得代表性水样。如废水流入前、流入后充分混合的地点、用水地点、流出地点等，有些可参照开阔河流的采样情况，但不能等同而论。

在可以直接汲水的场合，可用适当的容器采样，如水桶。从桥上等地方采样时，可将系着绳子的聚乙烯桶或带有坠子的采样瓶投于水中汲水。要注意不能混入漂浮于水面上的物质。

在采集一定深度的水时，可用直立式或有机玻璃采水器，采水器如图 2－3

所示。这类装置是在下沉的过程中，水就从采样器中流过。当到达预定深度时，容器能够闭合而汲取水样。在水流动缓慢的情况下，采用上述方法时，最好在采样器下系上适宜重量的坠子，当水深流急时要系上相应重的铅鱼，并配备绞车。

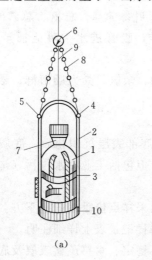
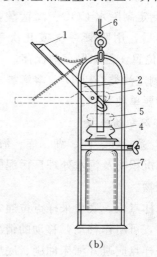

（a）　　　　　　　　　　　　（b）

图 2-3　采水器

（a）简易采水器

1—水样瓶；2、3—采水瓶架；4、5—控制采水瓶平衡的挂钩；6—固定采水瓶绳的挂钩；

7—瓶塞；8—采水瓶绳；9—开瓶塞的软绳；10—铅锤

（b）深层采水器

1—叶片；2—杠杆（关闭位置）；3—杠杆（开口位置）；4—玻璃塞（关闭位置）；

5—玻璃塞（开口位置）；6—悬挂绳；7—金属架

采样过程应注意：

（1）采样时不可搅动水底部的沉积物。

（2）采样时应保证采样点的位置准确，必要时使用 GPS 定位。

（3）认真填写采样记录表，字迹应端正清晰。

（4）保证采样按时、准确、安全。

（5）采样结束前，应核对采样方案、记录和水样，如有错误和遗漏，应立即补采或重新采样。

（6）如采样现场水体很不均匀，无法采到有代表性样品，则应详细记录不均匀的情况和实际采样情况，供使用数据者参考。

（7）测定油类的水样，应在水面至水面下 300mm 采集柱状水样，并单独采样，全部用于测定。采样瓶不能用采集的水样冲洗。

（8）测溶解氧、生化需氧量和有机污染物等项目时的水样，必须注满容器，不留空间，并用水封口。

（9）如果水样中含沉降性固体，如泥沙等，应分离除去。分离方法为：将所采水样摇匀后倒入筒型玻璃容器，静置 30min，将已不含沉降性固体但含有悬浮性固体的水样移入盛样容器并加入保存剂。测定总悬浮物和油类的水样除外。

（10）测定湖库水 COD、高锰酸盐指数、叶绿素 a、总氮、总磷时的水样，静置 30min 后，用吸管一次或几次移取水样，吸管进水尖嘴应插至水样表层 50mm 以下位置，再加保存剂保存。

（11）测定油类、BOD_5、溶解氧、硫化物、余氯、粪大肠菌群、悬浮物、放射性等项目要单独采样。

4. 底部沉积物采样

"底质"系指江、河、湖、库、海等水体底部表层沉积物质。底质监测不包括工厂废水沉积物及污水处理厂污泥的监测，但包括工业废水排污（沟）道的底部表层沉积物。

（1）采样点位。底质采样点位通常为水质采样点位垂线的正下方。当正下方无法采样时，可略作移动，移动的情况应在采样记录表上详细注明。

底质采样点应避开河床冲刷、底质沉积不稳定、水草茂盛表层及底质易受搅动之处。

沉积物可用抓斗、采泥器或钻探装置采集。

典型的沉积过程一般会出现分层或者组分的很大差别。此外，河床高低不平以及河流的局部运动都会引起各沉积层厚度的很大变化。

采泥地点除在主要污染源附近、河口部位外，应选择由于地形及潮汐原因造成堆积以及底泥恶化的地点。另外也可选择在沉积层较薄的地点。

在底泥堆积分布状况未知的情况下，采泥地点要均衡设置。在河口部分，由于沉积物堆积分布容易变化，应适当增设采样点。采泥方法，原则上在同一地方稍微变更位置进行采集。

混合样品可由采泥器或者抓斗采集。需要了解分层作用时，可采用钻探装置。

在采集沉积物时，不管是岩芯还是规定深度沉积物的代表性混合样品，必须知道样品的性质，以便正确地解释这些分析或检验。此外，如对底部沉积物的变化程度及性质难以预测或根本不可能知道时，应适当增设采样点。

采集单独样品，不仅能得到沉积物变化情况，还可以绘制组分分布图，因此，单独样品比混合样品的数据更有用。

（2）采样量及容器。底质可用抓斗、采泥器或钻探装置采集。混合样品可由采泥器或者抓斗采集。需要了解分层作用时，可采用钻探装置。在较深水域一般常用掘式采泥器采样。在浅水区或干涸河段用塑料勺或金属铲等即可。

采样底质采样量通常为 1～2kg，一次的采样量不够时，可在周围采集几次，并将样品混匀。样品中的砾石、贝壳、动植物残体等杂物应予以剔除。样品在尽量沥干水分后，用塑料或玻璃瓶盛装；供测定有机物的样品，用金属器具采样，置于棕色磨口玻璃瓶中，瓶口不要沾污，以保证磨口塞能塞紧。所采底质样品的外观性状，如泥质状态、颜色、嗅味、物现象等，均应填入采样记录表，一并送交实验室，亦应有交接手续。

（3）底质采样。

1）底质采样点应尽量与水质采样点一致。

2）水浅时，因船体或采泥器冲击搅动底质，或河床为砂卵石时，应另选采样点重采。样点不能偏移原设置的断面（点）太远。采样后应对偏移位置做好记录。

3）采样时应装满抓斗。采样器向上提升时，如发现样品流失过多，必须重采。

5. 地下水的采样

地下水可分为上层滞水、潜水和承压水。上层滞水的水质与地表水的水质基本相同。潜水含水层通过包气带直接与大气圈、水圈相通，因此其具有季节性变化的特点。承压水地质条件不同于潜水。其受水文、气象因素直接影响小，含水层的厚度不受季节变化的支配，水质不易受人为活动污染。采集样品时，一般应考虑的一些因素：

（1）地下水流动缓慢，水质参数的变化率小。

（2）地表以下温度变化小，因而当样品取出地表时，其温度发生显著变化，这种变化能改变化学反应速度，倒转土壤中阴阳离子的交换方向，改变微生物生长速度。

（3）由于吸收二氧化碳和随着碱性的变化，导致 pH 值改变，某些化合物也会发生氧化作用。

（4）某些溶解于水的气体如硫化氢，当将样品取出地表时，极易挥发。

（5）有机样品可能会受到某些因素的影响，如采样器材料的吸收、污染和挥发性物质的遗失。

（6）土壤和地下水可能受到严重的污染，以致影响到采样工作人员的健康和安全。

监测井采样不能像地表水采样那样可以在水系的任一点进行，因此，从监测井采得的水样只能代表一个含水层的水平向或垂直向的局部情况。

如果采样目的只是为了确定某特定水源中有没有污染物，那么只需从自来水管中采集水样。当采样的目的是要确定某种有机污染物或一些污染物的水平及垂直分布，并做出相应的评价，那么需要组织相当的人力物力进行研究。

对于区域性的或大面积的监测，可利用已有的井、泉或者就是河流的支流，但要符合监测要求，如果时间很紧迫，则只有选择有代表性的一些采样点。但是，如果污染源很小，如填埋废渣、咸水湖，或者是污染物浓度很低，比如含有机物，那就极有必要设立专门的监测井。增设的井的数目和位置取决于监测的目的，含水层的特点，以及污染物在含水层内的迁移情况。

如果潜在的污染源在地下水位以上，则需要在包气带采样，以得到对地下水潜在威胁的真实情况。除了氯化物、硝酸盐和硫酸盐，大多数污染物都能吸附在包气带的物质上，并在适当的条件下迁移。因此很有可能采集到已存在污染源很多年的地下水样，而且观察不到新的污染，这就会给人以安全的错觉，而实际上污染物正一直以极慢的速度通过包气带向地下水迁移。另外还应了解水文方面的地质数据和地质状况及地下水的本底情况。另外采集水样还应考虑到：靠近井壁的水的组成几乎不能代表该采样区的全部地下水水质，因为靠近井的地方可能有钻井污染，以及某些重要的环境条件，如氧化还原电位，在近井处与地下水承载物质的周围有很大的不同。所以，采样前需抽取适量水。对于自喷的泉水，可在涌口处直接采样。采集不自喷的泉水时，将停滞在抽水管的水汲出，新水更替之后，再进行采样。从井水采集水样，必须在充分抽汲后进行，以保证水样能代表地下水水源。

6. 降水的采样

准确地采集降水样品难度很大，在降水前，必须盖好采样器，只在降水实际出现之后才打开。每次降水取全过程水样（降水开始到结束）。采集样品时，应避开污染源，采样器四周应无遮挡雨、雪的高大树木或建筑物，以便取得准确的结果。

降水采样包括：

（1）降水自动采样器采样。最适宜的降水自动采样器是直入式的湿式采样器（雨水能直接落入采水容器，不通过其他部件如漏斗、管道等再进入采水容器）。

（2）降水手工采样。

1）雨水样品采集使用聚乙烯塑料桶，上口直径 30cm，高度不小于 30cm。

2）雪水样品采集使用聚乙烯塑料容器，上口直径 50cm 以上，高度不低于 50cm。

（3）降雨量的测量。降雨量的测量应使用标准雨量仪，与降水采样器同步、平行进行。不可使用降水采样器采集降雨量。

（4）雪样采集。降雪样品可采用手工采样，应使用 50cm 以上的聚乙烯塑料容器，容器高度应不低于 50cm。

（5）采样时间。

1）原则上应逢雨必采，采集每次降水（雨、雪）的全过程样品（自降水开始到结束）。

2）当连续数天降雨，可每隔24h收集一次样品（每天上午8:00至第二天上午8:00）。

3）当一天中有几次降雨过程，对使用自动采样器的采样点可合并为一个样品测定。

7. 污水的采样

（1）采样频次。

1）监督性监测。地方环境监测站对污染源的监督性监测每年不少于1次，如被国家或地方环境保护行政主管部门列为年度监测的重点排污单位，应增加到每年2～4次。因管理或执法的需要所进行的抽查性监测由各级环境保护行政主管部门确定。

2）企业自控监测。工业污水按生产周期和生产特点确定监测频次。一般每个生产周期不得少于3次。

3）对于污染治理、环境科研、污染源调查和评价等工作中的污水监测，其采样频次可以根据工作方案的要求另行确定。

4）根据管理需要进行调查性监测，监测站事先应对污染源单位正常生产条件下的一个生产周期进行加密监测。周期在8h以内的，1h采1次样；周期大于8h，每2h采1次样，但每个生产周期采样次数不少于3次。采样的同时测定流量。根据加密监测结果，绘制污水污染物排放曲线（浓度—时间，流量—时间，总量—时间），并与所掌握资料对照，如基本一致，即可据此确定企业自行监测的采样频次。

5）排污单位如有污水处理设施并能正常运行使污水能稳定排放，则污染物排放曲线比较平稳，监督检测可以采瞬时样；对于排放曲线有明显变化的不稳定排放污水，要根据曲线情况分时间单元采样，再组成混合样品。正常情况下，混合样品的采样单元不得少于两次。如排放污水的流量、浓度甚至组分都有明显变化，则在各单元采样时的采样量应与当时的污水流量成比例，以使混合样品更具代表性。

（2）采样方法。

1）污水的监测项目根据行业类型有不同要求。在分时间单元采集样品时，测定pH、COD、BOD_5、溶解氧、硫化物、油类、有机物、余氯、粪大肠菌群、悬浮物、放射性等项目的样品，不能混合，只能单独采样。

2）自动采样用自动采样器进行，有时间等比例采样和流量等比例采样。当污水排放量较稳定时，可采用时间等比例采样，否则必须采用流量等比例采样。

3）采样的位置应在采样断面的中心，在水深大于 1m 时，应在表层下 1/4 深度处采样；水深小于或等于 1m 时，在水深的 1/2 处采样。

（3）流量测量。

流量测量原则：

1）污染源的污水排放渠道，在已知其"流量—时间"排放曲线波动较小，用瞬时流量代表平均流量所引起的误差可以允许时（小于 10%），则在某一时段内的任意时间测得的瞬时流量乘以该时段的时间即为该时段的流量。

2）如排放污水的"流量—时间"排放曲线虽有明显波动，但其波动有固定的规律，可以用该时段中几个等时间间隔的流量来计算出平均流量，则可定时进行瞬时流量测定，在计算出平均流量后再乘以时间得到流量。

3）如排放污水的"流量—时间"排放曲线既有明显波动又无规律可循，则必须连续测定流量，流量对时间的积分即为总流量。

流量测量方法：

1）污水流量计法。污水流量计的性能指标必须符合污水流量计技术要求。

2）容积法。将污水纳入已知容量的容器中，测定其充满容器所需要的时间，从而计算污水量的方法。本方法简单易行，测量精度较高，适用于污水量较小的连续或间歇排放的污水。对于流量小的排放口用此方法。在溢流口与受纳水体应有适当落差或能用导水管形成误差。

3）速仪法。通过测量排污渠道的过水截面积，以流速仪测量污水流速计算污水量。适当地选用流速仪，可用于很宽范围的流量测量。多数用于渠道较宽的污水量测量。测量时需要根据渠道深度和宽度确定点位垂直测点数和水平测点数。本方法简单，但易受污水水质影响，难用于污水量的连续测定。排污截面底部需硬质平滑，截面形状为规则几何形，排污口处有不少于 3～5m 的平直过流水段，且水位高度不小于 0.1m。

4）量水槽法。在明渠或涵管内安装量水槽，测量其上游水位可以计量污水量。常用的有巴氏槽。用量水槽测量流量与溢流堰法相比，同样可以获得较高的精度（±2%～±5%）和进行连续自动测量。其优点为水头损失小、壅水高度小、底部冲刷力大，不易沉积杂物。但造价较高，施工要求也较高。

5）溢流堰法。是在固定形状的渠道上安装特定形状的开口堰板，过堰水头与流量有固定关系，据此测量污水流量。根据污水量大小可选择三角堰、矩形堰、梯形堰等。溢流堰法精度较高，在安装液位计后可实行连续自动测量。为进行连续自动测量液位，已有的传感器有浮子式、电容式、超声波式和压力式等。

利用堰板测流，由于堰板的安装会造成一定的水头损失。另外，固体沉积物在堰前堆积或藻类等物质在堰板上黏附均会影响测量精度，必须经常清除。

在排放口处修建的明渠式测流段要符合流量堰（槽）的技术要求。

8. 着生生物

着生生物即周丛生物（periphyton），指生长在浸没于水中的各种基质（sub-stratum）表面上的有机体群落（organisms community）。周丛生物包括许多生物类别，如细菌、真菌、藻类、原生动物、轮虫、甲壳动物、线虫、寡毛类、软体动物、昆虫幼虫，甚至鱼卵和幼鱼等。狭义上指藻类，特别是硅藻。

（1）采样点及采样频率的确定。在河流中，上游的采样点可作对照，在湖泊或水库则根据深度和其他形态特征选择断面及采样点，一般讲，采样（或监测）频率每年不少于两次。建议春秋各一次。

（2）人工基质采样。将 PFU、载玻片和聚酯薄膜放置于采样点固定好，在河流中须避开急流和旋涡。采样器的深度一般为 5～10cm，使之得到合适的光照。放置的时间为 14d，或根据测定目的确定。

（3）天然基质采样。水中的动物、植物、石块、木块都是天然基质，从中可采到大量着生生物。采样时需测量采样面积，做好记录。

9. 浮游生物的测定

浮游生物是水生食物链的基础，在水生生态系统中占有重要地位。浮游生物（plankton）是指悬浮在水体中的生物，它们多数个体小，游泳能力弱或完全没有游泳能力。浮游生物可划分为浮游植物和浮游动物两大类。在淡水中，浮游植物主要是藻类，它们以单细胞、群体或丝状体的形式出现。浮游动物主要由原生动物、轮虫、枝角类和桡足类组成。

（1）点位设置。江河中，应在污水汇入口附近及其上下游设点，在排污口下游要多设点；较宽阔的河流中，在近岸的左右两边设置；湖泊或水库中，若水体是圆形或接近圆形的，则应从此岸至彼岸至少设两个互相垂直的采样断面；若是狭长的水域，则至少应设三个互相平行，间隔均匀的断面。第一个断面设在排污口附近，另一个断面在中间，再一个断面在靠近湖库的出口处。

（2）采样深度。湖泊和水库中，水深 5m 以内的，采样点可在水表面以下 0.5m、1m、2m、3m 和 4m 等五个水层采样，混合均匀，从其中取定量水样。水深 2m 以内的，仅在 0.5m 左右深处采集亚表层水样即可，若透明度很小，可在下层加取一样，并与表层样混合制成混合样。深水水体可按 3～6m 间距设置采样层次。变温层以下的水层，由于缺少光线，浮游植物数量不多，浮游动物数量也很少，可适当少采。对于透明度较大的深水水体，可按表层、透明度 0.5 倍处、1 倍处、1.5 倍处、2.5 倍处、3 倍处各取一水样，再将各层样品混合均匀后再从混合样中取一样品，作为定量样品。在江河中，由于水不断流动，上下层混合较快，采集水面以下 0.5m 左右亚表层样即可，或在下层加采一次，两次混合即可。若需了解浮游生物垂直分布状况、不同层次分别采样后，不需混合。

（3）采样量。采样量要根据浮游生物的密度和研究的需要量而定。一般原则是：浮游生物密度高，采水量可少；密度低采水量则要多。

浮游生物计数的采水量：对藻类、原生动物和轮虫，以 1L 为宜；对甲壳动物则要 10～50L，并通过 25 号网过滤浓缩。若要测定藻类叶绿素和干重等，则需另外采样。

采集定性标本，小型浮游生物用 25 号浮游生物网，大型浮游生物用 13 号浮游生物网，在表层至 0.5m 深处以 20～30cm/s 的速度作∞形循回缓慢拖动约 1～3min，或在水中沿表层拖滤 1.5～5.0m³ 水体积。

（4）采样频率。采样频率一般全年应不少于四次（每季度一次），条件允许时，最好每月一次。

10. 底栖动物的测定

底栖动物，指栖息生活在水体底部淤泥内或石块、砾石的表面或其间隙中，以及附着在水生植物之间的肉眼可见的水生无脊椎动物。一般认为体长超过 2mm，不能通过 40 目（每孔为 0.793mm）分样筛的种类，所以亦称为底栖大型无脊椎动物。它们广泛分布在江、河、湖、水库、海洋和其他各种小水体中。它包括许多动物门类。主要包括水生昆虫（aquatic insecta），大型甲壳类（macrocrus taceans），软体动物（mollusks），环节动物（annelids），圆形动物（roundworms），扁形动物（flatworms），以及其他无脊椎动物（aquatic invertebrates）。

底栖动物不同于浮游生物，它们具有相对稳定的生活环境，本身移动能力差。在未受到干扰的情况下，底栖动物的种群和群落结构是比较稳定的。水体受到污染后，生物的种类和数量发生变化，而底栖动物可以稳定地反映这种变化。可以应用其群落结构的变化来侦察和评价污染。例如有机物（农药、城市生活排水）污染和重金属等无机有毒物质的污染都能造成底栖动物结构组成的变化。

（1）采样点及频率。确定采样点的位置，在污染地段的上游或所有排污口的上游设置对照点，在每个排污口设置采样点，在下游也必须设若干个点。

水体较大的河流，则应在断面上设左、中、右三个采样点；湖泊和水库，则应根据水体的形态和大小，设置若干个采样断面，每个断面上有两个点或若干个采样点，各个断面应反映该水体或不同污染源的不同污染程度。

底栖动物采样周期每季度调查或测定一次，如果考虑到工作量或人力物力方面的限制，至少一年两次，分别定为春季（4～5月）和秋季（9～10月）。

采集样品时要记录采样点位周围环境，测量水深、水温和流速，测定透明度、溶解氧、水色及底质性质，做好结果分析的原始依据。

（2）定性采样。定性采样可以收集到更多的有
代表性的种类，或某些种类的更多的个体。

常用的工具有三角拖网（如图 2-4 所示）。应
用时将拖网在水体中拖拉一段距离，经过 40 目分
样筛，将标本挑出固定。也可用手抄网在水草中或
更浅的水体岸边采取底栖动物。手抄网的柄长应大

图 2-4　三角拖网

于 1.3m。还可在河流或湖泊水库的浅水区，涉水用手捡出卵石、石块或其他基
质，用镊子轻轻取下标本，随即固定保存。

大型水生植物：采样设备根据具体情况，随水的深度而变，在浅水中，可用
园林耙具。对较深的水，可使用采泥器。目前在潜水探查中已开始使用配套的水
下呼吸器（简称 SCUBA）。

（3）定量采样。定量采样可以客观地反映河流、湖泊、水库等水体底部底栖
动物的不同部位的种类组成和现存量（standing crop），并以每平方米为单位进
行统计和计算。

1）水生附着生物。对于定量地采集水生附着生物，用标准显微镜载玻片
（直径为 25mm×75mm）最适宜。为适宜两种不同的水栖处境，载玻片要求两种
形式的底座支架。

在小而浅的河流中，或者湖泊沿岸地区，水质比较清澈，载玻片装在架子上
或安置在固定于底部的柜架上。在大的河流或湖泊中部水质比较混浊，载玻片可
固定在聚丙烯塑料制成的柜架上，该架子的上端处连接聚苯乙烯泡沫块，使其能
漂浮于水中。载玻片在水中暴露一定的时间（视水质情况自定时间，一般在水中
暴露两周左右）。

注：载玻片在水中暴露的时间不是固定的，应视附着情况而定。如水质比较
浑浊，暴露时间相同，附着的生物过多，影响镜检。

2）底栖动物。目前常用的底栖动物采样设备主要有彼得逊采泥器和人工基
质篮式采样器。

彼得逊采泥器（如图 2-5 所示）。应用于采集较坚
硬的底质和淤泥底质，多用于湖泊、水库及底质非砾
石且较松软水流较缓的河流。

使用时将采泥器打开，挂好提钩，将采泥器缓慢
地放至底部，然后抖脱提钩，轻轻上提 20cm，估计两
页闭合后，将其拉出水面，置于桶（或盆）内，用双
手打开两页，使底样倾入桶内，经 40 目分样筛筛去污

图 2-5　彼得逊采泥器

泥浊水后，把筛内剩余物装入塑料袋或其他无毒容器内带回实验室将底栖动物捡出。

人工基质篮式采样器：主要应用于河流及溪流中，通用的规格直径为 18cm、高 20cm 的圆柱形铁笼，或称篮式采样器。用 8 号和 14 号铁丝编织，小孔为 $4\sim6cm^2$。

使用时，笼底铺一层 40 目尼龙筛绢，内装长度为 $7\sim9cm$ 的卵石，其重量约 $6\sim7kg$。在每个采样点的底部放置两个铁笼，用棉蜡绳固定在桥下、码头下或木桩上。经过 14d 后取出，也可根据情况延长时间，但各点取样时间要一致，卵石倒入盛有少量水的桶内，用猪毛刷将每个卵石和筛绢上存的底栖动物刷下，再经 40 目分样筛洗净，将生物在白解剖盘内用肉眼捡出固定。

11. 鱼类的生物调查

在水生食物链中，鱼类代表着最高营养水平。凡能改变浮游生物和大型无脊椎动物生态平衡的水质因素，也可能改变鱼类种群。因此，鱼类的状况是水的总体质量的结果。此外，由于鱼类和无脊椎动物的生理特点不同，对某些毒物的敏感性也不同。尽管某些污染物对低等生物可能不引起明显的变化，但鱼类却可能受到影响。

鱼类是代表水生食物链中的顶端生物，具有较大的经济价值，又是人所共知的水生生物，所以对社会公众来说，鱼类也是最容易理解的水质标志。搜集污染水体历年来的渔业捕捞资料和经济损失情况，不仅可以获得水体中现存种类及其相对数量的资料，进行现状评价，而且通过历年资料的比较，可以了解鱼类种群变化的历史情况，进行环境质量的回顾评价。然而，渔业生产者所进行的渔业捕捞不能代替生物工作者所进行的鱼类生物调查。因此，鱼类的生物调查对于环境监测具有十分重要的意义。

(1) 采样点（范围）及采样频率。采样点（范围）的设置力求接近水质监测的采样点，以便于结果的相关分析。同时，还需了解水体的基本水文特征和流域主要污染源，在此基础上统一合理布设。河流，应在每个排污口的上、下游和大支流注入口的上、下游布点；支流进入干流之前的河段也应布点。湖泊，除考虑排污口以外，应在主要入湖河道和出湖河道上布点，同时可按湖流方向，从入湖口起在不同类型水域内布点，如进水区、出水区、深水区、浅水区、渔业保护区、捕捞区、湖心区、岸边区等。采样时，还应兼顾表层鱼、中层鱼和底层鱼。

鱼类的采集工作量较大。一般来说，每年在枯、丰水期各采一次即可。也可枯、丰、平水期各采样一次，或每季度采一次，这可视评价工作所要求的精度和人力物力而定。

（2）采集方法。

1）结合渔业生产捕捞鱼类标本。

2）从鱼市收购站购买标本，但一定要了解其捕捞水域基本情况。

3）对非渔业区域可根据监测工作需要进行专门捕捞采集。

12. 死鱼事件的调查

死鱼事件，是指水体中具有一定规模的灾难性的鱼类死亡现象。除废水排放等人为因素引起的死鱼外，还有因自然事件引起的，如水华、温度骤变、暴风雨、天然物质的分解、寄生虫以及细菌和病毒性流行病等。调查死鱼事件的首要目的是找出死鱼的原因。

当发生污染事故时，鱼类常表现出一些急性中毒的症状。如当农药污染时，鱼会出现麻痹，在水中挣扎的现象，直至死亡。死后，鱼的鳞片松散，鱼眼突出，鱼的鳃和眼等部位充血。当有机物（如印染废水）和 NH_3-N、NO_2^--N、S^{2-} 等无机还原性物质造成污染事故时，由于水中 DO 降低，鱼体出现缺氧症状，如浮头，乱游，窜跳出水面，导致窒息死亡。死后鳃部呈暗褐色，鳞片紧附于鱼体。形成水华死鱼，往往鱼鳃被水华生物（蓝藻等）堵塞，或水华生物分泌毒素致死。水体缺氧，使鱼窒息死亡。

（1）取样。将受污染的鱼和空白对照的鱼分别做以下处理：鱼类体重在 1kg以下的较小型鱼，剔除皮、骨，取其全部背部肌肉；较大型鱼，可从鱼鳃盖处起，去皮、骨，取鱼体 1/10 背部肌肉。若是取混合的样品，则以其中最小的鱼为基准，按其全部背部的肌肉量等量称取其他鱼的背部肌肉，并混合均匀。其他水生动物，弃去外壳，取全部可食部分作为样品。

（2）具体做法。将鱼类样品用自来水洗净后，剖腹弃内脏。用蒸馏水淋洗一遍晾至不滴水，用不锈钢刀去鳞去皮。用竹片刮刀刮下背部肌肉。其他水生动物同样洗净控干至不滴水，挖取肌肉部分。切碎，用组织匀浆机或切碎机高速搅拌成均匀的浆状后，装于洗净的塑料食品袋或广口玻璃瓶中，密封后置－10℃以下暗处保存、备用。

13. 初级生产力叶绿素 a 测定

叶绿素是植物光合作用中的重要光合色素。通过测定浮游植物叶绿素，可掌握水体的初级生产力情况。在环境监测中，可将叶绿素 a 含量作为湖泊富营养化的指标之一。

可根据工作的需要进行分层采样或混合采样。湖泊、水库采样 500mL，池塘300mL，采样量视浮游植物分布量而定，若浮游植物数量较少，也可采样1000mL。采样点及采样时间同"浮游植物"。

14. 细菌学水样的采集与保存

采集的样品应尽可能地代表所采的环境水体特征，应采取一切预防措施尽力保证从采样到实验室分析这段时间间隔里不受污染和水样成分不发生任何变化。

（1）将灭菌和封包好的采样瓶小心开启包装纸和瓶盖，避免瓶盖及瓶子颈部受杂菌污染。瓶塞要包一张金属箔，保护好样品瓶。并注意在使用船只或附带的采样缆绳等附加设备采样时可能造成的污染。

（2）采集江、河、湖、库等地表水样时，可握住瓶子下部直接将已灭菌的带塞采样瓶插入水中，约距水面约 0.3m 处，拔玻塞，瓶口朝水流方向，使水样灌入瓶内然后盖上瓶塞，将采样瓶从水中取出。如果没有水流，可握住瓶子水平前推，直到充满水样为止。采好水样后，迅速盖上瓶盖和包装纸。

（3）采集一定深度的水样时，可使用灭菌过的单层采水器或深层采水器。采样时，将已灭菌的采样瓶放入采水器架内，当采水器下沉到预定深度时，扯动挂绳，打开瓶塞，待水灌满后，迅速提出水面，弃去上层水样，盖好瓶盖，并同步测定水深。

（4）从自来水龙头采集样品时，不要选用漏水的龙头，采水前可先将水龙头打开至最大，放水 3～5mim 然后将水龙头关闭，用酒精灯火焰灼烧约 3min 灭菌或用 70% 的酒精溶液消毒水龙头及采样瓶口；再打开龙头，开足、放水 1min，以充分除去水管中的滞留杂质。采水时应控制水流速度，小心接入瓶内。

（5）采样时不需用水样冲洗采样瓶。采样后在瓶内要留足够的空间，一般采样量为采样瓶容量的 80% 左右，以便在实验室检查时，能充分振摇混合样品，获得具有代表性的样品。

（6）在同一采样点进行分层采样时，应自上而下进行，以免不同层次的搅扰；同一采样点与理化监测项目同时采样时，应先采集细菌学检验样品。

（7）在危险地点或恶劣气候条件下采样时，必须有防护措施，保证采样安全，并做好记录，以便对检验结果正确解释。

2.3　水质样品的保存和管理技术规定

各种水质的水样，从采集到分析这段时间内，由于物理的、化学的、生物的作用会发生不同程度的变化，这些变化使得进行分析时的样品已不再是采样时的样品，为了使这种变化降低到最小的程度，必须在采样时对样品加以保护。

2.3.1　水样变化的原因

（1）物理作用。光照、温度、静置或震动，敞露或密封等保存条件及容器材质都会影响水样的性质。如温度升高或强震动会使得一些物质如氧、氰化物及汞等挥发，长期静置会使 $Al(OH)_3$、$CaCO_3$、$Mg_3(PO_4)_2$ 等沉淀。某些容器的内壁能不可逆地吸附或吸收一些有机物或金属化合物等。

（2）化学作用。水样及水样各组分可能发生化学反应，从而改变某些组分的含量与性质。例如空气中的氧能使二价铁、硫化物等氧化，聚合物解聚，单体化合物聚合等。

（3）生物作用。细菌、藻类，以及其他生物体的新陈代谢会消耗水样中的某些组分，产生一些新组分，改变一些组分的性质，生物作用会对样品中待测的一些项目如溶解氧、二氧化碳、含氮化合物、磷及硅等的含量及浓度产生影响。

2.3.2　样品保存环节的预防措施

水样在贮存期内发生变化的程度主要取决于水的类型及水样的化学性和生物学性质，也取决于保存条件、容器材质、运输及气候变化等因素。

1. 容器的选择

采集和保存样品的容器应充分考虑以下几方面（特别是被分析组分以微量存在时）：

（1）最大限度地防止容器及瓶塞对样品的污染。一般的玻璃在贮存水样时可溶出钠、钙、镁、硅、硼等元素，在测定这些项目时应避免使用玻璃容器，以防止新的污染。一些有色瓶塞含有大量的重金属。

（2）容器壁应易于清洗、处理，以减少如重金属或放射性核类的微量元素对容器的表面污染。

（3）容器或容器塞的化学和生物性质应该是惰性的，以防止容器与样品组分发生反应。如测氟时，水样不能贮于玻璃瓶中，因为玻璃与氟化物发生反应。

（4）防止容器吸收或吸附待测组分，引起待测组分浓度的变化。微量金属易于受这些因素的影响，其他如清洁剂、杀虫剂、磷酸盐同样也受到影响。

（5）深色玻璃能降低光敏作用。

2. 容器的准备

（1）一般规则。

1）所有的准备都应确保不发生正负干扰。

2）尽可能使用专用容器，以减少交叉污染。

3）对于新容器，一般应先用洗涤剂清洗，再用纯水彻底清洗。但是，用于清洁的清洁剂和溶剂可能引起干扰，例如当分析富营养物质时，含磷酸盐的清洁剂的残渣污染。如果测定硅、硼和表面活性剂，则不能使用洗涤剂。测重金属的玻璃容器及聚乙烯容器通常用盐酸或硝酸（$C=1mol/L$）洗净并浸泡 $1\sim2d$ 后用蒸馏水或去离子水冲洗。

（2）清洁剂清洗塑料或玻璃容器。

1）用水和清洗剂的混合稀释溶液清洗容器和容器帽。

2）用实验室用水清洗两次。

3）控干水并盖好容器帽。

（3）溶剂洗涤玻璃容器。

1）用水和清洗剂的混合稀释溶液清洗容器和容器帽。

2）用自来水彻底清洗。

3）用实验室用水清洗两次。

4）用丙酮清洗并干燥。

5）用与分析方法匹配的溶剂清洗并立即盖好容器帽。

（4）酸洗玻璃或塑料容器。

1）用自来水和清洗剂的混合稀释溶液清洗容器和容器帽。

2）用自来水彻底清洗。

3）用 10％硝酸溶液清洗。

4）控干后，注满 10％硝酸溶液。

5）密封，贮存至少 24h。

6）用实验室用水清洗，并立即盖好容器帽。

（5）用于测定农药、除草剂等样品的容器的准备。因聚四氟乙烯以外的塑料容器会对分析产生明显的干扰，故一般使用棕色玻璃瓶。按一般规则清洗（即用水及洗涤剂—铬酸、硫酸洗液—蒸馏水）[见 2.2.2（4）]后，在烘箱内 180℃下4h 烘干。冷却后再用纯化过的己烷或石油醚冲洗数次。

（6）用于微生物分析的样品。用于微生物分析的容器及塞子、盖子应经高温灭菌，灭菌温度应确保在此温度下不释放或产生出任何能抑制生物活性、灭活或促进生物生长的化学物质。

玻璃容器，按一般清洗原则洗涤，用硝酸浸泡再用蒸馏水冲洗以除去重金属或铬酸盐残留物。在灭菌前可在容器里加入硫代硫酸钠（$Na_2S_2O_3$）以除去余氯对细菌的抑制作用（以每 125mL 容器加入 0.1mL 的 10mg/L $Na_2S_2O_3$计量）。

1）采样瓶的灭菌。将洗涤干净的采样瓶盖好瓶塞（盖），用牛皮纸等防潮纸将瓶塞、瓶顶和瓶颈处包裹好，置干燥箱 $160\sim170℃$ 干热灭菌 2h，或用高压蒸汽灭菌器，121℃经 15min 灭菌。不能使用加热灭菌的塑料瓶则应浸泡在 0.5％的过氧乙酸溶液中 10min 或用环氧乙烷气体进行低温灭菌。聚丙烯耐热塑料瓶，可用 121℃高压蒸汽灭菌 15min。

灭菌后的采样瓶，两周内未使用，需重新灭菌。

2）去氯。采集加氯处理的水样时，余氯的存在会影响待测水样在采集时所指示的真正细菌含量，因此须去氯处理。可在洗涤干净的样品瓶内，于灭菌前按 125mL 采样瓶加入 0.1mL 10mg/L 的 $Na_2S_2O_3$ 溶液。然后盖好瓶盖（塞），如上所述的灭菌方法进行灭菌。

当被测水样含有高浓度重金属时，则须在采样瓶内，于灭菌前加入螯合剂以减少金属毒性，采样点位置较远，须长距离运输的这类水样更为重要。可按 500mL 采样瓶加入 1mL 15％的乙二胺四乙酸二钠盐（EDTA－Na_2）溶液。

3. 容器的封存

对需要测定物理、化学分析物的样品，应使水样充满容器至溢流并密封保存，以减少因与空气中氧气、二氧化碳的反应干扰及样品运输途中的振荡干扰。但当样品需要被冷冻保存时，不应溢满封存。

4. 生物检测的处理保存

用于化学分析的样品和用于生物分析的样品是不同的。加入到生物检测的样品中的化学品能够固定或保存样品，"固定"是用于描述保存形态结构，而"保存"是用于防止有机质的生物化学或化学退化。

生物检测样品的保存应符合下列标准：

（1）预先了解防腐剂对预防生物有机物损失的效果。

（2）防腐剂至少在保存期间，能够有效地防止有机质的生物退化。

（3）在保存期内，防腐剂应保证能充分研究生物分类群。

5. 样品的冷藏、冷冻

在大多数情况下，从采集样品后到运输到实验室期间，在 1～5℃冷藏并暗处保存，对保存样品就足够了。冷藏并不适用长期保存，对废水的保存时间更短。

－20℃的冷冻温度一般能延长贮存期。分析挥发性物质不适用冷冻程序。如果样品包含细胞、细菌或微藻类，在冷冻过程中，会破裂、损失细胞组分，同样不适用冷冻。冷冻需要掌握冷冻和融化技术，以使样品在融化时能迅速地、均匀地恢复其原始状态，用干冰快速冷冻是令人满意的方法。

6. 添加保存剂

（1）控制溶液 pH 值。测定金属离子的水样常用硝酸酸化至 pH 值 1～2，既可以防止重金属的水解沉淀，又可以防止金属在器壁表面上的吸附，同时在 pH 值 1～2 的酸性介质中还能抑制生物的活动。

（2）加入抑制剂。为了抑制生物作用，可在样品中加入抑制剂。如在测酚水样中用磷酸调溶液的 pH 值，加入硫酸铜以控制苯酚分解菌的活动。

（3）加入氧化剂。水样中痕量汞易被还原，引起汞的挥发性损失，加入硝酸—重铬酸钾溶液可使汞维持在高氧化态，汞的稳定性大为改善。

（4）加入还原剂。测定硫化物的水样，加入抗坏血酸对保存有利。含余氯水样，能氧化氰离子，可使酚类、烃类、苯系物氯化生成相应的衍生物，为此在采样时加入适当的硫代硫酸钠予以还原，除去余氯干扰。

所加入的保存剂有可能改变水中组分的化学或物理性质，因此选用保存剂时一定要考虑到对测定项目的影响。如待测项目是溶解态物质，酸化会引起胶体组分和固体的溶解，则必须在过滤后酸化保存。

必须要做保存剂空白试验，特别对微量元素的检测。

2.3.3　样品运输

水样采集后必须立即送回实验室，根据采样点的地理位置和每个项目分析前最长可保存时间，选用适当的运输方式，在现场工作开始之前，就要安排好水样的运输工作，以防延误。

水样运输前应将容器的外（内）盖盖紧。装箱时应用泡沫塑料等分隔，以防破损。同一采样点的样品应装在同一包装箱内，如需分装在两个或几个箱子中时，则需在每个箱内放入相同的现场采样记录表。运输前应检查现场记录上的所有水样是否全部装箱。要用醒目色彩在包装箱顶部和侧面标上"切勿倒置"的标记。

每个水样瓶均需贴上标签，内容有采样点位编号、采样日期和时间、测定项目、保存方法，并写明用何种保存剂。

2.3.4　样品接收

水样送至实验室时，首先要检查水样是否冷藏，冷藏温度是否保持 $1\sim5℃$。其次要验明标签，清点样品数量，确认无误时签字验收。如果不能立即进行分析，应尽快采取保存措施，防止水样被污染。

2.3.5　常用样品保存技术

有关水样保存技术的要求如表 2-4、表 2-5 所示。样品的保存时间，容器材质的选择以及保存措施的应用都要取决于样品中的组分及样品的性质，而现实中的水样又是千差万别的，因此表 2-4 所列的要求不可能是绝对的准则。

此外，如果要采用的分析方法和使用的保存剂及容器之间有不相容的情况。则常需从同一水体中取数个样品，按几种保存措施分别进行分析以找出最适宜的保存方法和容器。

表 2-4　　　　　　　物理、化学及生化分析指标的保存技术

序号	测试项目（参数）	采样容器	保存方法及保存剂用量	可保存时间	最少采样量（mL）	容器洗涤方法	备 注
1	pH 值	P 或 G		12h	250	I	尽量现场测定
2	色度	P 或 G		12h	250	I	尽量现场测定
3	浊度	P 或 G		12h	250	I	尽量现场测定
4	气味	G	1～5℃冷藏	6h	500		大量测定可带离现场
5	电导率	P 或 BG		12h	250	I	尽量现场测定
6	悬浮物	P 或 G	1～5℃暗处	14d	500	I	
7	酸度	P 或 G	1～5℃暗处	30d	500	I	
8	碱度	P 或 G	1～5℃暗处	12h	500	I	
9	二氧化碳	P 或 G	水样充满容器，低于取样温度	24h	500		最好现场测定
10	溶解性固体（干残渣）	见"总固体（总残渣）"					
11	总固体（总残干残渣）	P 或 G	1～5℃冷藏	24h	100		
12	化学需氧量	G	用 H_2SO_4 酸化，pH≤2	2d	500	I	
		P	－20℃冷冻	1月	100		最长 6 个月
13	高锰酸盐指数	G	1～5℃暗处冷藏	2d	500	I	
		P	－20℃冷冻	1月	500		尽快分析
14	五日生化需氧量	溶解氧瓶	1～5℃暗处冷藏	12h	250	I	
		P	－20℃冷冻	1月	1000		冷冻最长可保持 6 月（质量浓度小于 50mg/L 保存 1 月）
15	总有机碳	G	用 H_2SO_4 酸化，pH≤2；1～5℃	7d	250	I	
		P	－20℃冷冻	1月	100		
16	溶解氧	溶解氧瓶	加入硫酸锰，碱性 KI 叠氮化钠溶液，现场固定	24h	500	I	尽量现场测定
17	总磷	P 或 G	用 H_2SO_4 酸化，HCl 酸化至 pH≤2	24h	250	IV	
		P	－20℃冷冻	1月	250		
18	溶解性正磷酸盐	见"溶解磷酸盐"					
19	总正磷酸盐	见"总磷"					

续表

序号	测试项目 (参数)	采样 容器	保存方法及保存剂用量	可保存 时间	最少采样量 (mL)	容器洗 涤方法	备 注
20	溶解磷 酸盐	P 或 G 或 BG	1～5℃冷藏	1月	250		采样时现场过滤
		P	－20℃冷冻	1月	250		
21	氨氮	P 或 G	用 H_2SO_4 酸化，pH≤2	24h	250	I	
22	氨类 (易释放、 离子化)	P 或 G	用 H_2SO_4 酸化，pH1～2； 1～5℃	21d	500		保存前现场离心
		P	－20℃冷冻	1月	500		
23	亚硝酸盐氮	P 或 G	1～5℃冷藏避光保存	24h	250	I	
24	硝酸盐氮	P 或 G	1～5℃冷藏	24h	250	I	
		P 或 G	用 HCl 酸化，pH1～2	7d	250		
		P	－20℃冷冻	1月	250		
25	凯氏氮	P 或 BG	用 H_2SO_4 酸化，pH1～2， 1～5℃避光	1月	250		
		P	－20℃冷冻	1月	250		
26	总氮	P 或 G	用 H_2SO_4 酸化，pH1～2	7d	250	I	
		P	－20℃冷冻	1月	500		
27	硫化物	P 或 G	水样充满容器。1L 水样加 NaOH 至 pH9，加入 5％抗 坏血酸 5mL，饱和 EDTA 3mL，滴加饱和 $Zn(Ac)_2$， 至胶体产生，常温避光	24h	250	I	
28	硼	P	水样充满容器密封	1月	100		
29	总氰化物	P 或 G	加 NaOH 到 pH≥9；1～ 5℃冷藏	7d，如 果硫化 物存在， 保存 12h	250	I	
30	pH6 时释放 的氰化物	P	加 NaOH 到 pH>12；1～ 5℃暗处冷藏	24h	500		
31	易释放 氰化物	P	加 NaOH 到 pH>12；1～ 5℃暗处冷藏	7d	500		24h（存在硫化 物时）
32	F^-	P	1～5℃，避光	14d	250	I	
33	Cl^-	P 或 G	1～5℃，避光	30d	250	I	
34	Br^-	P 或 G	1～5℃，避光	14d	250	I	
35	I^-	P 或 G	NaOH，pH12	14h	250	I	

34

续表

序号	测试项目（参数）	采样容器	保存方法及保存剂用量	可保存时间	最少采样量（mL）	容器洗涤方法	备 注
36	SO_4^{2-}	P 或 G	1～5℃，避光	30d	250	I	
37	PO_4^{3-}	P 或 G	NaOH，H_2SO_4 调 pH=7，$CHCl_3$ 0.5%	7d	250	IV	
38	NO_2，NO_3	P 或 G	1～5℃冷藏	24h	500		保存前现场过滤
		P	−20℃冷冻	1 月	500		
39	碘化物	G	1～5℃冷藏	1 月	500		
40	溶解性硅酸盐	P	1～5℃冷藏	1 月	200		现场过滤
41	总硅酸盐	P	1～5℃冷藏	1 月	100		
42	硫酸盐	P 或 G	1～5℃冷藏	1 月	200		
43	亚硫酸盐	P 或 G	水样充满容器。100mL 加 1mL 2.5% EDTA 溶液，现场固定	2d	500		
44	阳离子表面活性剂	G 甲醇清洗	1～5℃冷藏	2d	500		不能用溶剂清洗
45	阴离子表面活性剂	P 或 G	1～5℃冷藏，用 H_2SO_4 酸化，pH1～2	2d	500	IV	不能用溶剂清洗
46	非离子表面活性剂	G	水样充满容器。1～5℃冷藏，加入 37% 甲醛，使样品成为含 1% 的甲醛溶液	1 月	500		不能用溶剂清洗
47	溴酸盐	P 或 G	1～5℃	1 月	100		
48	溴化物	P 或 G	1～5℃	1 月	100		
49	残余溴	P 或 G	1～5℃避光	24h	500		最好在采集后 5min 内现场分析
50	氯胺	P 或 G	避光	5min	500		
51	氯酸盐	P 或 G	1～5℃冷藏	7d	500		
52	氯化物	P 或 G		1 月	100		
53	氯化溶剂	G，使用聚四氟乙烯瓶盖	水样充满容器。1～5℃冷藏；用 HCl 酸化，pH1～2 如果样品加氯，250mL 水样加 20mg $Na_2S_2O_3 \cdot 5H_2O$	24h	250		
54	二氧化氯	P 或 G	避光	5min	500		最好在采集后 5min 内现场分析
55	余氯	P 或 G	避光	5min	500		最好在采集后 5min 内现场分析
56	亚氯酸盐	P 或 G	避光 1～5℃冷藏	5min	500		最好在采集后 5min 内现场分析

续表

序号	测试项目 （参数）	采样 容器	保存方法及保存剂用量	可保存 时间	最少采样量 （mL）	容器洗 涤方法	备 注
57	氟化物	P（聚四氟 乙烯除外）		1月	200		
58	铍	P或G	1L 水样中加浓 HNO_3， 10mL 酸化	14d	250	酸洗Ⅲ	
59	硼	P	1L 水样中加浓 HNO_3， 10mL 酸化	14d	250	酸洗Ⅰ	
60	钠	P	1L 水样中加浓 HNO_3， 10mL 酸化	14d	250	Ⅱ	
61	镁	P或G	1L 水样中加浓 HNO_3 10mL 酸化	14d	250	酸洗Ⅱ	
62	钾	P	1L 水样中加浓 HNO_3， 10mL 酸化	14d	250	酸洗Ⅱ	
63	钙	P或G	1L 水样中加浓 HNO_3， 10mL 酸化	14d	250	Ⅱ	
64	六价铬	P或G	NaOH，pH8～9	14d	250	酸洗Ⅲ	
65	铬	P或G	1L 水样中加浓 HNO_3， 10mL 酸化	1月	100	酸洗	
66	锰	P或G	1L 水样中加浓 HNO_3， 10mL 酸化	14d	250	Ⅲ	
67	铁	P或G	1L 水样中加浓 HNO_3， 10mL 酸化	14d	250	Ⅲ	
68	镍	P或G	1L 水样中加浓 HNO_3， 10mL 酸化	14d	250	Ⅲ	
69	铜	P	1L 水样中加浓 HNO_3， 10mL 酸化	14d	250	Ⅲ	
70	锌	P	1L 水样中加浓 HNO_3， 10mL 酸化	14d	250	Ⅲ	
71	砷	P或G	1L 水样中加浓 HNO_3， 10mL（DDTC 法，HCl 2mL）	14d	250	Ⅲ	使用氢化物技 术分析砷用盐酸
72	硒	P或G	1L 水样中加浓 HCl 2mL 酸化	14d	250	Ⅲ	
73	银	P或G	1L 水样中加浓 HNO_3， 2mL 酸化	14d	250	Ⅲ	
74	镉	P或G	1L 水样中加浓 HNO_3 10mL 酸化	14d	250	Ⅲ	如用溶出伏安 法测定，可改用 1L 水样中加浓 $HClO_4$ 19mL
75	锑	P或G	HCl，0.2%（氢化物法）	14d	250	Ⅲ	
76	汞	P或G	HCl，1%，如水样为中性， 1L 水样中加浓 HCl 10mL	14d	250	Ⅲ	

序号	测试项目（参数）	采样容器	保存方法及保存剂用量	可保存时间	最少采样量（mL）	容器洗涤方法	备注
77	铅	P 或 G	HNO₃，1%，如水样为中性，1L 水样中加浓 HNO₃，10mL	14d	250	Ⅲ	如用溶出伏安法测定，可改用 1L 水样中加浓 HClO₄19mL
78	铝	P 或 G 或 BG	用 HNO₃ 酸化，pH1～2	1 月	100	酸洗	
79	铀	酸洗 P 或酸洗 BG	用 HNO₃ 酸化，pH1～2	1 月	200		
80	钒	酸洗 P 或酸洗 BG	用 HNO₃ 酸化，pH1～2	1 月	100		
81	总硬度			见"钙"			
82	二价铁	P 酸洗或 BG 酸洗	用 HCl 酸化，pH1～2，避免接触空气	7d	100		
83	总铁	P 酸洗或 BG 酸洗	用 HNO₃ 酸化，pH1～2	1 月	100		
84	锂	P	用 HNO₃ 酸化，pH1～2	1 月	100		
85	钴	P 或 G	用 HNO₃ 酸化，pH1～2	1 月	100	酸洗	
86	重金属化合物	P 或 BG	用 HNO₃ 酸化，pH1～2	1 月	500		最长 6 个月
87	石油及衍生物			见"碳氢化合物"			
88	油类	溶剂洗 G	用 HCl 酸化至 pH≤2	7d	250	11	
89	酚类	G	1～5℃ 避光。用磷酸调至 pH≤2，加入抗坏血酸 0.01～0.029 除去残余氯	24h	1000	Ⅰ	
90	苯酚指数	G	添加硫酸铜，磷酸酸化至 pH＜4	21d	1000		
91	可吸附有机卤化物	P 或 G	水样充满容器。用 HNO₃，酸化，pH1～2；1～5℃ 避光保存	5d	1000		
		P	－20℃ 冷冻	1 月	1000		
92	挥发性有机物	G	用 1＋10HCl 调至 pH≤2，加入抗坏血酸 0.01～0.02g 除去残余氯；1～5℃ 避光保存	12h	1000		
93	除草剂类	G	加入抗坏血酸 0.01～0.029 除去残余氯；1～5℃ 避光保存	24h	1000	Ⅰ	
94	酸性除草剂	G（带聚四氟乙烯瓶塞或膜）	HCl，pH1～2，1～5℃ 冷藏如果样品加氯，1000mL 水样加 80mgNa₂S₂O₃·5H₂O	14d	1000	萃取样品同时萃取采样容器	不能用水样冲洗采样容器，不能水样充满容器

续表

序号	测试项目 (参数)	采样 容器	保存方法及保存剂用量	可保存 时间	最少采样量 (mL)	容器洗 涤方法	备 注
95	邻苯二甲酸酯类	G	加入抗坏血酸 0.01～0.02g 除去残余氯；1～5℃避光保存	24h	1000	I	
96	甲醛	G	加入 0.2～0.5g/L 硫代硫酸钠除去残余氯；1～5℃避光保存	24h	250	I	
97	杀虫剂（包含有机氯、有机磷、有机氮）	G（溶剂洗，带聚四氟乙烯瓶盖）或 P（适用草甘膦）	1～5℃冷藏	萃取 5d	1000～3000 不能用水样冲洗采样容器，不能水样充满容器		萃取应在采样后 24h 内完成
98	氨基甲酸酯类杀虫剂	G 溶剂洗	1～5℃	14d	1000		如果样品被加氯，1000mL 水加 80mg $Na_2S_2O_3 \cdot 5H_2O$
		P	−20℃冷冻	1 月	1000		
99	叶绿素	P 或 G	1～5℃冷藏	24h	1000		棕色采样瓶
		P	用乙醇过滤萃取后，−20℃冷冻	1 月	1000		
		P	过滤后−80℃冷冻	1 月	1000		
100	清洁剂	见"表面活性剂"					
101	肼	G	用 HCl 酸化到 pH=1，避光	24h	500		
102	碳氢化合物	G 溶剂（如戊烷）萃取	用 HCl 或 H_2SO_4 酸化，pH1～2	1 月	1000		现场萃取不能用水样冲洗采样容器，不能水样充满容器
103	单环芳香烃	G（带聚四氟乙烯薄膜）	水样充满容器。用 H_2SO_4 酸化，pH1～2；如果样品加氯，采样前 1000mL 样加 80mg $Na_2S_2O_3 \cdot 5H_2O$	7d	500		
104	有机氯	见"可吸附有机卤化物"					
105	有机金属化合物	G	1～5℃冷藏	7d	500		萃取应带离现场
106	多氯联苯	G 溶剂洗，带聚四氟乙烯瓶盖	1～5℃冷藏	7d	1000		尽可能现场萃取。不能用水样冲洗采样容器，如果样品加氯，采样前 1000mL 样加 80mg $Na_2S_2O_3 \cdot H_2O$

续表

序号	测试项目（参数）	采样容器	保存方法及保存剂用量	可保存时间	最少采样量（mL）	容器洗涤方法	备　注
107	多环芳烃	G 溶剂洗，带聚四氟乙烯瓶盖	1～5℃冷藏	7d	500		尽可能现场萃取。如果样品加氯，采样前1000mL加 80mg Na$_2$S$_2$O$_3$·5H$_2$O
108	三卤甲烷类	G，带聚四氟乙烯薄膜的小瓶	1～5℃冷藏，水样充满容器	14d	100		如果样品加氯，采样前 100mL 样加 8mg Na$_2$S$_2$O$_3$·5H$_2$O

注　(1) P 为聚乙烯瓶（桶），G 为硬质玻璃瓶，BG 为硼硅酸盐玻璃瓶，表 2-5 同此。

(2) d 表示天，h 表示小时，min 表示分。

(3) Ⅰ、Ⅱ、Ⅲ、Ⅳ表示四种洗涤方法。如下：

Ⅰ：洗涤剂洗一次，自来水洗三次，蒸馏水洗一次。对于采集微生物和生物的采样容器，须经160℃干热灭菌 2h。经灭菌的微生物和生物采样容器必须在两周内使用，否则应重新灭菌。经 121℃高压蒸汽灭菌 15min 的采样容器，如不立即使用，应于 60℃将瓶内冷凝水烘干，两周内使用。细菌检测项目采样时不能用水样冲洗采样容器，不能采混合水样，应单独采样 2h 后送实验室分析。

Ⅱ：洗涤剂洗一次，自来水洗二次，(1+3) HNO$_3$ 荡洗一次，自来水洗三次，蒸馏水洗一次。

Ⅲ：洗涤剂洗一次，自来水洗二次，(1+3) HNO$_3$ 荡洗一次，自来水洗三次，去离子水洗一次。

Ⅳ：铬酸洗液洗一次，自来水洗三次，蒸馏水洗一次。如果采集污水样品可省去用蒸馏水、去离子水清洗的步骤。

表 2-5　　　　　生物、微生物指标的保存技术

待测项目	采样容器	保存方法及保存剂用量	最少采样量（mL）	可保存时间	容器洗涤方法	备　注
一、微生物分析						
细菌总数大肠菌总数粪大肠菌粪链球菌沙门氏菌志贺氏菌等	灭菌容器 G	1～5℃冷藏		尽快（地表水、污水及饮用水）		取氯化或溴化过的水样时，所用的样品瓶消毒之前，按每 125mL 加入 0.1mL 10%（质量分数）的硫代硫酸钠以消除氯或溴对细菌的抑制作用。对重金属含量高于 0.01 的水样，应在容器消毒之前，按每 125mL 容积加入 0.3mL 的 15%（质量分数）EDTA

续表

待测项目	采样容器	保存方法及保存剂用量	最少采样量（mL）	可保存时间	容器洗涤方法	备 注
二、生物学分析（本表所列的生物分析项目，不可能包括所有的生物分析项目，仅仅是研究工作所常涉及的动植物种群）						
鉴定和计数						
底栖无脊椎动物类——大样品	P 或 G	加入 70％乙醇	1000	1 年		样品中的水应先倒出以达到最大的防腐剂的浓度
	P 或 G	加入 37％甲醛（用硼酸钠或四氮六甲圜调节至中性）用 100g/L 福尔马林溶液稀释到 3.7％甲醛（相应的 1～10 的福尔马林稀释液）	1000	3 个月		
底栖无脊椎动物类——小样品（如参考样品）	G	加入防腐溶液，含 70％乙醇，37％甲醛和甘油（比例是 100：2：1）	100	不确定		对无脊椎群，如扁形动物，须用特殊方法，以防止被破坏
藻类	G 或 P 盖紧瓶盖	每 200 份，加入 0.5～1 份卢格氏溶液 1～5℃暗处冷藏	200	6 个月		碱性卢格氏溶液适用于新鲜水，酸性卢格氏溶液适用于带鞭毛虫的海水。如果褪色，应加入更多的卢格氏溶液
浮游植物	G	见"海藻"	200	6 个月		暗处
浮游动物	P 或 G	加入 37％甲醛（用硼酸钠调节至中性）稀释至 3.7％，海藻加卢格氏溶液	200	1 年		如果退色，应加入更多的卢格氏溶液
湿重和干重						
底栖大型无脊椎动物	P 或 G	1～5℃冷藏	1000	24h		不要冷冻到 −20℃，尽快分析，不得超过 24h
大型植物藻类浮游植物浮游动物鱼	P 或 G	加入 37％甲醛（用硼酸钠或四氮六甲圜调节至中性）用 100g/L 福尔马林溶液稀释到 3.7％甲醛（相应的 1～10 的福尔马林稀释液）	1000	3 个月		水生附着生物和浮游植物的干重湿重测量通常以计数和鉴定环节测量的细胞体积为基础
灰分重量						
底栖大型无脊椎动物大型植物藻类浮游植物	P 或 G	加入 37％甲醛（用硼酸钠或四氮六甲圜调节至中性）用 100g/L 福尔马林溶液稀释到 3.7％甲醛（相应的 1～10 的福尔马林稀释液）	1000	3 个月		水生附着生物和浮游植物的干重湿重测量通常以计数和鉴定环节测量的细胞体积为基础

续表

待测项目	采样容器	保存方法及保存剂用量	最少采样量（ml）	可保存时间	容器洗涤方法	备　注
干重和灰分重量						
浮游动物		玻璃纤维滤器过滤并−20℃冷冻	200	6个月		
毒性试验						
	P或G	1~5℃冷藏	1000	24h		保存期随所用分析方法不同
	P	−20℃冷冻	1000	2周		

第 3 章　水环境样品处理技术

水环境样品包括水样、底质和水生生物三大类，由于所处的地质条件、工农业生产状况以及生活风俗习惯的差异，样品中的污染物种类也多，成分复杂，某些组分含量低，并且存在大量的干扰物质。在样品的分析测试之前，需要进行样品的处理，将有代表性的、均匀的、尺寸合适的样品，进行不同程度的处理，使待测组分的回收率高、干扰小、检测浓度范围佳和费用最省，并且与分析方法相适应，保证分析数据的有效、准确。

水环境样品的制备技术很多，应根据样品的种类、选用的分析测试方法选择合适的样品处理技术。常用的分离和富集技术包括过滤、挥发、沉淀、蒸馏和离子交换分离法，还包括溶剂萃取、膜分离、固相萃取、吸附—热解析等，在进行无机元素测定时需进行样品的消解，包括湿式消解、干灰化法消解、微波消解和蒸汽消解等。

3.1　分离和富集技术

在水环境样品分析检测中，由于样品成分复杂，干扰因素多，当待测物的含量处于低于分析方法的检出下限时，必须对待测组分进行分离和富集。

3.1.1　过滤

通过过滤介质的表面或滤层截留水样品中悬浮固体和其他杂质的过程称为过滤。影响过滤的因素包括溶液温度、黏度、过滤压力、过滤介质的孔隙和固体颗粒的状态。

1. 过滤的介质

过滤介质常用有滤纸和微孔滤膜两种。

滤纸分为定性滤纸和定量滤纸。定性滤纸灼烧后的灰分含量高，可满足有机、无机合成时的过滤要求，用于过滤沉淀和水样中悬浮物使用，不能用于定量分析。定量滤纸的灰分含量低（≤0.01%），适用于精密定量分析。这两种滤纸依据滤水速度不同，分为快速、中速、慢速不同规格。滤纸的外形有圆形和方形两种，圆形的规格按直径分有 9cm、11cm、12.5cm、15cm 和 18cm 数种，方形滤纸有 60cm×60cm 和 30cm×30cm。

微孔滤膜按材质分为纤维素膜、聚四氟乙烯膜和聚酰胺膜三种。纤维素膜适用于氯仿、环己烷、乙烷、庚烷、2，2，4－三甲基戊烷、水和盐酸溶剂。聚四氟乙烯膜适用于各种有机溶剂，不适合水溶剂。聚酰胺膜适用范围最广，也称为水系膜，不仅适用于水溶液的过滤而且也适用于有机溶液。商品滤膜孔径在 $0.025\mu m$ 至几十微米之间，常用有 $0.05\mu m$、$0.2\mu m$ 和 $0.45\mu m$ 三种。

2. 过滤方法

（1）常压过滤。常压过滤是指在常压情况下，利用普通漏斗的过滤方法。常压过滤如图 3－1 所示。此法用于过滤胶体或细小晶体，多用于固液的定量分离，过滤速度较慢。例如在测量水样在 $103\sim105℃$ 烘干的可滤残渣实验中，需用孔径 $0.45\mu m$ 的滤膜过滤水样。

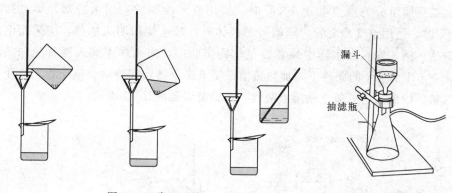

图 3－1　常压过滤　　　　　　图 3－2　减压过滤

（2）减压过滤（抽滤）。减压过滤是利用真空泵产生的负压带走瓶内的空气，使抽滤瓶内的压力减小，使布氏漏斗的液面和瓶内产生压力差，加快过滤速度。减压过滤如图 3－2 所示。此法不适合用于过滤粒径太小的固体或胶体颗粒物。若过滤溶液呈强酸性和氧化性，应采用玻璃砂芯漏斗过滤。

（3）超滤。超滤是利用一种压力活性膜，在外界推动力（压力）作用下截留水中胶体、颗粒和分子量相对较高的物质，而水和小的溶质颗粒透过膜的分离过程。膜孔径在 $20\sim1000Å$ 之间。例如在分离含油废水中的乳化油时，可采用超滤的方法，使水和低分子有机物通过，实现油水分离。

3. 离心分离法

离心分离法是利用不同物质之间的密度等差异，用离心力场进行分离和提取的物理分离技术。此法适用于被分离的沉淀物很少或者沉淀颗粒极小的小体积水样。实验室内常用电动离心机。例如在测定水样"真实颜色"时，可用离心分离法去除水样中的悬浮物。

3.1.2 蒸馏和分馏

1. 蒸馏

蒸馏是一种热力学的分离工艺，它利用混合液体或液－固体系中各组分沸点不同，使低沸点组分蒸发，再冷凝以分离整个组分的单元操作过程，是蒸发和冷凝两种单元操作的联合。蒸馏是分离和提纯液态化合物最常用最重要的方法之一。蒸馏沸点不同的混合液体时，沸点较低者先蒸出，沸点较高的随后蒸出，不挥发的留在蒸馏器内，这样，可达到分离和提纯的目的。常用的蒸馏方式有常压蒸馏、减压蒸馏和水蒸气蒸馏等。

（1）常压蒸馏。常压蒸馏就是在正常一个大气压下进行的蒸馏过程。此法适用于液体混合物中的各组分沸点有较大差别的分离，且组分间互溶的液体混合物。被蒸馏组分的沸点低于 140℃时，采用直形冷凝管，用水冷却，沸点高于 140℃时，使用空气冷凝管，蒸馏可燃液体时，禁止使用明火加热，应采用电加热方法。例如检测废水样中易释放氰化物实验中，向水样中加入酒石酸和硝酸锌，在 pH 值为 4 的条件下，加热蒸馏，简单氰化物和部分络合氰化物以氰化氢形式被蒸馏出，用氢氧化钠溶液吸收。蒸馏装置如图 3-3 所示。

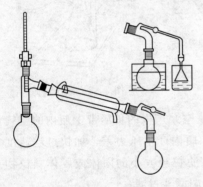

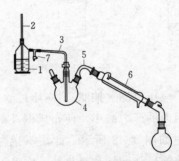

图 3-3　常压蒸馏图

图 3-4　水蒸气蒸馏
1—水蒸气发生器；2—安全玻管；3—导气管；4—蒸馏瓶；5—蒸馏头；6—冷凝管；7—螺旋塞

（2）水蒸气蒸馏。水蒸气蒸馏是指将混合物液体中含有挥发性成分的组分与水共蒸馏，使挥发性成分随水蒸气一并馏出，经冷凝后分离挥发性成分的方法。此法适用于具有挥发性、能随水蒸气蒸馏而不被破坏、在水中稳定且难溶或不溶于水的组分的分离。例如在检测水样中氟化物含量实验中，水中氟化物在含高氯酸（或硫酸）的溶液中，通入水蒸气，氟化物以氟硅酸或氢氟酸形式被蒸出。水蒸气蒸馏装置如图 3-4 所示。

（3）减压蒸馏。液体的沸腾温度指的是液体的蒸气压与外压相等时的温度。当外压降低时，液体的沸腾温度随之降低。降低蒸馏系统内压力，就可以降低液体的沸点，使高沸点的物质在较低的温度下能够被蒸出。此法适用于常压蒸馏时不能够达到沸点，或容易分解、氧化或聚合的物质。例如分离水样中的苯酚时，可采用减压蒸馏的方法。蒸馏装置如图 3-5 所示。

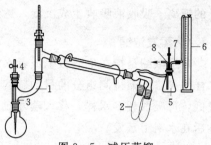

图 3-5　减压蒸馏

1—克氏蒸馏头；2—接收器；3—毛细管；4—螺旋夹；5—吸滤瓶；6—水银压力计；7—二通旋塞；8—导管

2. 分馏

分馏是利用分馏柱将多次气化—冷凝过程在一次操作中完成的方法，分馏实际上是多次蒸馏。此法适合于分离提纯沸点相差不大的液体有机混合物。

分馏混合液沸腾后蒸汽进入分馏柱中被部分冷凝，冷凝液在下降途中与继续上升的蒸汽接触，二者进行热交换，蒸汽中高沸点组分被冷凝，低沸点组分仍呈蒸汽上升，而冷凝液中低沸点组分受热气化，高沸点组分仍呈液态下降。结果是上升的蒸汽中低沸点组分增多，下降的冷凝液中高沸点组分增多。如此经过多次热交换，就相当于连续多次的普通蒸馏。以致低沸点组分的蒸汽不断上升，而被蒸馏出来；高沸点组分则不断流回蒸馏瓶中，从而将它们分离。分馏装置如图 3-6 所示。

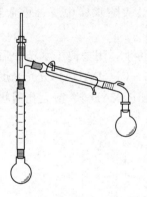

图 3-6　分馏装置

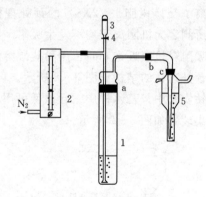

图 3-7　吹气装置

1—反应瓶，装待测水用；2—流量计；3—加酸漏斗；4—阀门；5—吸收管；a、b、c—三处均为磨口玻璃连接

3.1.3　吹气分离法

吹气分离法是利用混合溶液中某些组分挥发性强或者组分易转变成挥发物质，然后用惰性气体吹出，从而达到分离的目的。例如间接火焰原子吸收法测定水中硫化物时，将水样用磷酸酸化后，硫转化成硫化氢，用氮气带出，被含有定

量的铜离子吸收液吸收生成沉淀，达到分离的目的。吹气装置如图 3-7 所示。

3.1.4 蒸发浓缩

蒸发浓缩是指在电热板上或者水浴中加热样品，使水分缓慢蒸发，达到缩小水样体积，浓缩待测组分的目的。例如姜黄素光度法测定水样中硼时，若硼含量过低，可吸取较多水样，移入蒸发皿中，加入少许饱和氢氧化钠溶液，使之成碱性后在水浴上蒸发。

3.1.5 沉淀

沉淀分离是根据溶解度的不同，控制溶液条件使溶液中的化合物或离子分离的方法。例如重量法测定水样中硫酸盐含量中，将水样用盐酸酸化，与加入的氯化钡形成硫酸钡沉淀，再接近沸腾的温度下进行沉淀。

3.1.6 离子交换富集

离子交换法是液相中的离子和固相中离子间所进行的一种可逆性化学反应，当液相中的某些离子较为离子交换固体所喜好时，便会被离子交换固体吸附，同时离子交换固体释出等价离子回溶液中。应用最广泛的离子交换固体是离子交换树脂，强酸性阳离子树脂用于富集金属阳离子，强碱性阴离子树脂用于富集阴离子。例如在离子色谱法测定水样中阴离子中，对于污染严重成分复杂的样品，可采用阳离子交换树脂（Y2X8）的预处理柱，有效去除水样中所含重金属离子，同时对所测定无机阴离子均不发生吸附。

当吸附容量接近饱和时，用稀盐酸溶液洗涤再生，用去离子水洗净后可继续使用。预处理柱的结构如图 3-8 所示。再例如 5-Cl-PADAB 分光光度法测定水样中钴实验中，若水样中钴含量低可用 Ambrelite XAD-2 型大孔网状树脂富集，富集装置如图 3-9 所示。

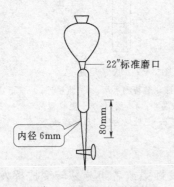

图 3-8　预处理柱的结构

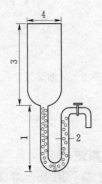

图 3-9　富集装置示意图

1—柱长 160mm（放置巯基棉或树脂）；2—柱径 10mm；

3—贮液器长 120mm；4—贮液器直径 80mm

3.1.7　吸附

吸附是指当水样与多孔固体接触时，水样中某一组分或多个组分在固体表面处产生积蓄，达到分离，吸附过程常常是物理吸附和化学吸附同时存在。例如气象色谱法测定水样中有机氯农药中，可用大网状树脂（DA201）吸附有机氯农药，然后用无水乙醇解吸。

3.2　样品消解技术

在进行水环境样品（水样、底质、水生生物）的无机元素测定时，需要对水环境样品进行消解处理。消解的作用就是破坏有机物、溶解颗粒物，并将各种价态的元素氧化成单一高价态，或者转换成易于分解的无机化合物。常用的消解方法有湿式消解法、干灰化法和微波消解法。

3.2.1　湿式消解法

湿式消解法是在氧化性酸和催化剂的存在下，在一定的温度和压力下，借助化学法使样品分解，将待测成分转化为离子形式存在于消解液中以供测试的样品处理方法。其影响因素包括酸的组成和用量、消化温度、消化时间和消化方式。

1. 酸性溶剂

湿式消解法常用的氧化性酸有硝酸、盐酸、硫酸、高氯酸、氢氟酸、高锰酸钾、过氧化氢等。

（1）氢氟酸（HF）。氢氟酸用于含硅酸盐矿物成分的水环境样品分解。

氢氟酸是一种易挥发性弱酸，沸点 120℃，相对密度 1.14，体积分数为 48%。

氢氟酸可与硅、二氧化硅及硅酸盐迅速反应，在室温下最终生成硅氟酸（H_2SiF_6），在加热时，硅氟酸分解成气态 SiF_4，消除硅得到无硅溶液。

氢氟酸强烈腐蚀所有的硅酸盐玻璃器皿，反应器皿、烧杯和移液管等均宜采用塑料制品。氢氟酸对实验人员的眼、手指、骨骼、牙齿、皮肤都有严重的危害，操作者应做好防护，操作过程宜在通风橱内进行。

氢氟酸在分解样品时，通常不引起有关组分的价态发生改变。

（2）盐酸（HCl）。盐酸用于溶解大部分活泼金属及其合金，碳酸盐、有机和无机碱。有些矿物在浓盐酸中呈钝化作用。

盐酸是强酸，有弱还原性和络合性，沸点 108℃，相对密度 1.19，体积分数为 36.5%。

盐酸常与某些络合剂或氧化剂一起使用，改善其溶样能力，ICP－MS 分析中不能使用盐酸。

（3）硝酸（HNO₃）。硝酸用于氧化有机基质，它与芳香族和脂肪族有机物都能发生反应，分解大多数样品。硝酸也常用于溶解惰性金属如铜、银及其合金，硝酸能够溶解磷酸盐、砷酸盐、钨酸盐及含油变价态的元素矿物的溶解，同时也是溶解各类合金的最好溶剂。

硝酸是一种强酸和强氧化剂，沸点 118℃，相对密度 1.42，体积分数为 70%。

稀硝酸与样品发生反应生成产物为无色一氧化氮，在空气中氧化成二氧化氮，浓硝酸与样品反应产物为二氧化氮。硝酸除单独使用外，还与其他的酸、氧化剂、还原剂和络合剂混合使用，收到更好的效果。

（4）王水。通常将 3 倍体积的浓盐酸和 1 倍体积的浓硝酸的混合液称为王水，反比例混合物称为逆王水。

王水可溶解金、铂及其合金，稀王水对许多金属样品的溶解效率比浓溶液高。逆王水可用来溶解氧化硫和黄铁矿，不过很危险，注意安全使用。

聚四氟乙烯和一些非常惰性的纯金属如钽（Ta）、氯化银和硫酸钡等不受王水腐蚀。

（5）硫酸（H₂SO₄）。稀硫酸能很好地溶解一般碱性氧化物、活泼金属及其合金；浓硫酸脱水能力强，在有机物的分解上有独特作用。

硫酸是所有酸中最常见的强酸之一，沸点 338℃，相对密度 1.84，体积分数为 98.3%。

碱土金属及铅的硫酸盐均成沉淀，因此硫酸很少单独用于分解含氧化物的样品，硫酸通常与其他酸混合使用。

（6）高氯酸（HClO₄）。高氯酸破坏有机物极其有效。

高氯酸沸点 203℃，相对密度 1.67，体积分数为 70%。冷高氯酸为强酸，浓热时则是一种良好的氧化剂和脱水剂。

高氯酸无氧化能力，不单独用于溶样。高氯酸加热溶样时与有机物作用甚至可能爆炸，因此要十分小心。高氯酸与硫酸混合液氧化能力很强。高氯酸与硝酸混合应用时消除了它与有机物作用引起爆炸的危险。

（7）磷酸（H₃PO₄）。磷酸可使同一元素的不同价态稳定共存，能够溶解很多含铁剂高价金属成分的样品。

磷酸的沸点 213℃，相对密度 1.69，体积分数为 85%。

磷酸常与其他酸、氧化剂等混合使用，得到更好的溶样效果。磷酸与硝酸或者高氯酸混合使用，对溶解含煤飞灰的样品效果很好。

（8）过氧化氢（H₂O₂）。过氧化氢主要用于分解有机物。

过氧化氢是一种强氧化剂，沸点 118℃，相对密度 1.42，体积分数为 70%。

过氧化氢和硫酸的混合液，能够很好分解汞、砷、锑、铋、金、银和锗的金属有机化合物。

过氧化氢对皮肤有强烈的腐蚀作用。

2. 消解酸体系

（1）硝酸消解法。此法适用于较清洁的水样。

例如原子荧光法测定水样中的硒。取均匀混合的试样 50～200mL，放入烧杯中，加入硝酸 5～10mL，在电热板上加热蒸发（不要沸腾）至 1mL 左右，若试液混沌不清，颜色较深，再补加 2mL 硝酸，继续消解至试液清澈透明，呈浅色或无色，并蒸发至近干，取下稍冷，加入 2% 的稀硝酸，温热溶解可溶性盐类，若出现沉淀，用中速滤纸滤入 50mL 容量瓶中，用去离子水稀释至标线，待测。

（2）硝酸—硫酸消解法。此法为最常用的消解组合，两种酸都具有较强的氧化能力，且能提高溶液的沸点，增强消解效果。

例如高锰酸钾氧化光度法测定水样中的锰。对于悬浮物较多或色度较深的废水样，取 25mL 混匀样两份置于 100mL 烧杯中，加入 5mL 硝酸和硫酸 2mL，加热消解直至冒白烟（若试液色深，还可补加硝酸继续消解），蒸发至近干（勿干涸）取下。稍冷，加少量水，微热溶解，定量移入 50mL 比色管中，用（1＋9）氨水调 pH 至近中性，待测。

（3）硝酸—高氯酸消解法。此法因具有强氧化性，适用于消解含难氧化有机物的水环境样品，如高浓度有机废水或底质。

例如火焰原子吸收光谱法测定水样中的镉。取 100mL 水样放入 200mL 烧杯中，加入硝酸 5mL，在电热板上加热消解（不要沸腾）至 10mL 左右，加入 5mL 硝酸和 2mL 高氯酸，继续消解，直至 1mL 左右。如果消解不完，再加入硝酸 5mL 和高氯酸 2mL，再次蒸至 1mL 左右。取下冷却，加水溶解残渣，用水定容至 100mL。

（4）硝酸—过氧化氢消解法。此法与硝酸—高氯酸消解法适应范围类似，但适合消解氯离子对待测组分有干扰的样品。

例如石墨炉原子吸收法测定水样中的铅，用过氧化氢替代高氯酸。

（5）多元消解法。对于复杂介质的样品，为提高消解效果，需要使用三元以上的混合酸消解体系，适用于底质及生物样品的消解。

1）$HNO_3-HF-HClO_4$ 分解法。称取 0.1000～0.5000g 样品，置于聚四氟乙烯坩埚中，用少量水冲洗内壁润湿试样后，加入硝酸 10mL（若底质呈黑色，说明含有机质很高，则改加硝酸，防止剧烈反应，发生迸溅）。待剧烈反应停止后，在低温电热板上加热分解。若反应还产生棕黄色烟，说明有机质还多，要反复补加适量的硝酸，加热分解至液面平静，不产生棕黄色烟。取下，稍冷，加入氢氟酸 5mL，加热煮沸 10min。取下，冷却，加入高氯酸 5mL，蒸发至近干。然后再加高氯酸 2mL，再次蒸发至近干（不能干涸），残渣为灰白色。冷却，加入 1% HNO₃ 25mL，煮沸溶解残渣，移至 50～100mL 容量瓶中，加水至标线，摇匀备测。

2）王水－HF－HClO₄ 分解法。称取 0.5000～1.000g 样品，置于聚四氟乙烯烧杯中，加少量水润湿，加王水 10mL 盖好盖子，在室温下放置过夜。置 120℃ 电热板上分解 1h，待溶液透明，液面平稳后（否则应补加适量的王水继续分解），取下稍冷，加 HClO₄ 5mL，逐渐升温至 200℃ 加热至冒浓厚白烟，残液剩 0.5mL 左右，取下冷却。再加 HF 5mL，去盖，在 120℃ 加热挥发除去硅，蒸至近干，冷却。再加 HClO₄ 1mL，继续加热蒸至近干（但不要干涸），以驱除 HF。加 1% HNO₃ 10mL，温热溶解，定容至 50mL。立即移入干燥洁净的聚四氟乙烯瓶中，保存备用。

以上两种分解方法制得的试液可用于底质中全量 Cu、Pb、Zn、Cd、Ni、Mn 等的分析。

3.2.2　高压消解法

高压消解法是将样品和酸放在密闭的消解容器中，在一定的压力和温度下使样品分解。此法适用于难溶的固体样品消解，提高了消解效率，减少因开放环境造成的挥发性元素的挥发损失。

例如在消解底质样品时，称取 1.000～2.000g 试样于内套聚四氟乙烯坩埚中，加少量水润湿试样，再加入 HNO₃、HClO₄ 各 5mL，摇匀后把坩埚放入不锈钢套筒中，拧紧。放在 180℃ 的烘箱中分解 2h。取出，冷却至室温后，取出坩埚，用水冲坩埚盖的内壁，加入 3mL HF，置于电热板上，在 100～120℃ 加热飞硅，待坩埚内剩下约 2～3mL 分解物溶液时，调高温度至 150℃，蒸至冒浓白烟后再蒸至近干，用 1% HNO₃ 定容后进行测定。

3.2.3　微波消解法

频率为 2450MHz 的微波具有热效应，能够穿透绝缘体介质，直接把能量辐射到有电介特性的物质上，使水分子和水溶液中的离子发生高速摩擦和碰撞，微波转化成热能，酸的氧化反应速率增加，能够在短时间内将样品消解完毕。样品的升温完全取决于微波的作用，有微波输出，样品被加热，微波停止输出，加热停止，有利于消解温度的控制。

1975 年 A. Abu. Samra 等人首次将微波加热用于敞口的湿法样品处理中，但产生酸挥发和元素损失。1983 年 Mattes 提出密闭微波消解体系。1986 年 Kingston 等人利用计算机监控反应的压力和温度，确定了样品吸收能量和酸种类、样品质量及反应时间的关系，使微波消解技术得到质的飞跃。

微波消解技术具有高效、节省化学试剂、节能、省时和低空白等优点，已经成为了最重要最常用的消解方法。目前最常用的为密闭式微波消解法。

微波消解过程中严禁打开炉门，以避免对操作人员造成伤害的可能。

例如在消解底质样品时，称取 0.1000～0.2000g 试样于洗净的 Teflon－PFA 消解罐中，用少量水润湿后加入 9mL HCl、3mL HNO₃ 和 2mL HF 盖上压力释放阀和瓶盖，用锁盖机将容器盖锁紧，将容器放到有排气管与中央接收器相连的旋转台上，用 Teflon－PFA 排气管与消解罐相连。设置微波消解功率和时间参数（例如：240～450W，3～30min）进行消解，同时打开转盘开关，使试样均匀消解。消解程序完成后，关闭转盘开关，打开微波炉门，将消解罐从转盘上取下，冷却后放入锁盖机中拧松瓶盖。向罐内加入 10mL 4％的硼酸后，将消解液移入 50mL 容量瓶中，用蒸馏水定容至刻度（如减压阀内有少量试液，应用少量水冲洗罐内壁，以免损失试液）。

3.2.4　干灰化法

经过干燥后的样品在高温（一般为 450～550℃）情况下，与空气中的氧作用后脱水、炭化、分解、氧化后，有机物被彻底分解和挥发，产生白色或浅灰色残渣。残渣内包括非挥发性金属元素及其化合物，用酸溶解后测定。干灰化法的影响因素包括灰化温度、灰化时间及升温速率。

干灰化法相对于湿法消解有以下优点：操作简单、式样基质干扰小、消耗酸量少、可同时处理大量样品，但同时由于高温会造成某些元素的损失。

此法适用于有机物含量多的样品测定，大多数金属元素含量分析适用干灰化法，但在高温条件下，汞、铅、镉、锡、硒等易挥发损失，不适用。

样品在用高温电炉灰化以前，必须先在电热板上低温炭化至无烟，然后将之置入白瓷或石英蒸发皿中，移入冷的高温电炉中，缓缓升温至预定温度（450～550℃）。否则样品因燃烧而过热导致金属元素挥发，将样品灼烧至残渣为灰白色，取出稍冷却后用 2％的硝酸或盐酸溶解灰分，过滤后定容待分析。

3.3　样品干燥技术

干燥是将固体、液体或气体中所含少量水分或有机溶剂除去的过程。

在水环境样品出来过程中许多试剂需要进行干燥或者在干燥条件下保存，例如在铬酸钡间接原子吸收法测定水样中硫酸根中所需硫酸钠试剂需要在烘干后放入干燥器内保存。

3.3.1 干燥剂

干燥剂的性能和应用如表 3-1 所示。

表 3-1　　　　　　　　　干燥剂的性能和应用范围

干燥剂名称	干燥效能	干燥速度	应用范围	备注
硅胶	强	快	吸收水分，用于大多数物质干燥	于干燥器中使用
CaO	强	较快	适用于中性和碱性气体、胺、醇，不适用于醛、酮和酸性物质	
无水 $CaCl_2$	中等	较快	吸收水和醇，用于烃、醚、卤代烃、酯、腈、中性气体、氯化氢的干燥，不能用于醇、酚、烃、酰胺以及一些醛、酮的干燥	
NaOH 固体	中等	快	吸收水和酸性易挥发溶剂，可用于氨、胺、醚、烃、肼的干燥，不适用于醛、酮及酸性物质	
浓 H_2SO_4	强	较快	吸收水和碱性气体，用于干燥大多数中性和酸性气体，不适用于不饱和烃、醇、酮、酚、碱性物质、硫化氢、碘化氢	于干燥器、洗气瓶中使用
P_2O_5 固体	强	快	吸收水及碱性气体，可用于大多数中性和酸性气体、乙炔、CS_2、烃、卤代烃的干燥，不适用于碱性物质、醇、酮、氯化氢、氟化氢	于干燥器中使用，事先须用其他干燥预干燥
固体石蜡屑			用于吸收有机溶剂，如乙醚、石油醚等	
分子筛	强	快	用于大多数气体、有机溶剂的干燥，不适用于不饱和烃的干燥	
金属钠	强	快	限于干燥醚、烃类中痕量的水分	用时切成小块或压成钠丝
无水硫酸钠、硫酸镁	弱	慢	吸收水分	用于有机液体的干燥

3.3.2 液体干燥

有机溶液的干燥通常是将干燥剂直接放入溶剂中。常用离心分离脱水或者无水硫酸钠脱水。例如重量法测定水样中石油含量中所需将石油醚萃取液中加入适量无水硫酸钠（加入至不再结块为止），加盖后，放置 0.5h 以上，以便脱水。

选用干燥剂的原则：首先干燥剂不与被干燥的液体发生反应，也不溶解于其中。其次要考虑干燥剂的吸水容量和干燥性能。

3.3.3 固体干燥

固体样品和试剂干燥有以下几种方法。

（1）自然风干：样品置于阴凉、通风处晾干。

（2）烘干：用普通烘箱或者红外干燥箱，103～105℃下，样品保留结晶水合部分吸着水，有机物挥发逸失少，恒重慢；180±2℃下，去除吸着水，有机物逸失，氯化物或硝酸盐可能损失。

（3）干燥器干燥。

（4）真空冷冻干燥：将样品冷冻，使其含有的水分变成冰块，然后在真空下使冰升华而达到干燥目的。

3.3.4　气体干燥

干燥气体的仪器装置常用：干燥管、洗气瓶、冷阱（干燥低沸点气体）等。例如微库仑法测定水样中可吸附有机卤素中，热解反应的气体需进行干燥。在干燥器中注入适量硫酸，并保证干燥器内硫酸不发生逆流。

3.4　萃取技术

萃取是利用溶质在互不相溶的溶剂里溶解度的不同，用一种溶剂把溶质从它与另一溶剂所组成的溶液里提取出来的方法。

由于物质在不同溶剂中有不同的溶解度，在一定温度下，某种物质在 2 种互不相溶的溶剂中的浓度比为常数，即分配比。分配比越大萃取效果越高，也可多次重复萃取提高效率。

3.4.1　液—液萃取

此法适用于从水溶液或制备的底质水溶液中分离金属或有机化合物，也可应用于水不溶和水微溶有机物的分离和浓缩。此法的萃取溶剂的比重大于样品比重。

有机物萃取常用方法：取量好体积的样品，通常为 1L，在规定的 pH（表）下，在分液漏斗中用二氯甲烷进行逐次提取，提取物干燥、浓缩。

不同测定方法的具体提取条件如表 3－2 所示。

表 3－2　　　　　　　　　不同测定方法的具体提取条件

测 定 成 分	初始提取 pH	第二次提取 pH	分析要求更换溶剂	净化要求更换溶剂	净化要求提取物体积（mL）	分析要求最终提取物体积（mL）
酚类	＜2	无	2—丙醇	己烷	1, 0	1.0
酞酸酯类	同收集的 pH	无	己烷	己烷	2.0	10.0
有机氯农药、PCB 类	5～9	无	己烷	己烷	10.0	10.0
硝基芳烃类和环酮类	5～9	无	己烷	己烷	2.0	1.0

续表

测 定 成 分	初始提取 pH	第二次提取 pH	分析要求更换溶剂	净化要求更换溶剂	净化要求提取物体积（mL）	分析要求最终提取物体积（mL）
多环芳烃类	同收集的 pH	无	无	环己烷	2.0	1.0
氯代烃类	同收集的 pH	无	己烷	己烷	2.0	1.0
有机磷农药类	6～8	无	己烷	己烷	100	10.0
半挥发性有机物（GC—MS，填充柱）	>11	<2	无			1.0
半挥发性有机物（GC—MS，毛细柱）	>11	<2	无			1.0
二恶英类和多环芳烃类	同收集的 pH	无	乙腈			1.0

在 APDC－MIBK 萃取火焰原子吸收法测定水样中镉、铜和铅，APDC－MIBK 萃取操作如下：取 100mL 水样或消解好的试样置于 200mL 烧杯中，同时取 0.2％硝酸 100mL 作为空白样。用 10％氢氧化钠或 2％盐酸溶液调上述各溶液的 pH 为 3.0（用 pH 计指示）。将溶液转入 200mL 容量瓶中，加入 2％吡咯烷二硫代氨基甲酸铵溶液 2mL，摇匀，准确加入甲基异丁基甲酮 10.0mL，剧烈摇动1min。静止分层后，小心地沿容量瓶壁加入水，使有机相上升到瓶颈中进样毛细管可达到的高度。

3.4.2 连续液—液萃取

此法的萃取溶剂的比重小于样品比重。其操作步骤如下：

（1）用 1L 量筒量取 1L（标称）样品或底质的提取液，转移到连续萃取器中，用广范围 pH 试纸校核并调节样品的 pH，必要时，按表 3－2 所示调节pH。吸取 1.0mL 代用标准加标溶液至每一试样，放入萃取器中充分混匀，对于选择用作加标的每一批分析样品，加入 1.0mL 的基体加标标准。对于碱或中性—酸性的分析，加入样品中的代用标准和基体加标化合物的量应使欲分析提取液的（假设进样 1μL）最终浓度为：每一种碱或中性待测物为 100ng/mL，提取物中每一种酸性待测物为 200ng/mL。若应用凝胶渗透净化法，则加 2 倍体积的代用标准和基体加标化合物，因为一半的提取物会因 GPC 柱的载荷而损失。

（2）加 300～500mL 二氯甲烷至蒸馏烧瓶中，加几粒沸石至烧瓶中。

（3）加足够的试剂水至萃取器中，以保证正确的连续提取 18～24h。

（4）让其冷却，然后取下烧瓶。

（5）一边搅拌，一边小心地用硫酸调节水相的 pH 值到小于 2，在连续萃取器上连接一个干净的蒸馏瓶，含有 500mL 的二氯甲烷，提取 18～24h，让其冷却，取下蒸馏瓶。

3.4.3　索式提取

从固体样品中提取非挥发性和半挥发性有机化合物采用索式提取。其操作步骤如下：

（1）将 10g 固体样品和 10g 无水硫酸钠混合，放于提取套管中。在提取过程中套管须自由地沥干。在索氏提取器中，样品的上下两端装有玻璃棉塞可以代替提取套管。加 1.0mL 的代用标准加标溶液于样品上。在每批分析样品选作加标的样品中，加入 1.0mL 的基体加标标准。对于碱或中性—酸性的分析，所加入的代用标准和基体加标化合物的量，应使其在欲分析的提取液中（假定注射 $1\mu L$）的最终浓度为：每个碱性或中性待测物为 $100ng/\mu L$，每个酸性待测物为 $200ng/\mu L$。若使用凝胶渗透净化方法，需加入 2 倍体积的代用标准和基体加标化合物，因为有一半的提取物由于 GPC 柱载荷而损失。

（2）在含有 12 粒干净沸石的 500mL 圆底烧瓶中加入 300mL 提取溶剂，将烧瓶连接在提取器上，提取样品 16～24h。如果是鱼类等生物样品须延长提取时间。

（3）在提取完成后让提取液冷却。

3.4.4　超声波提取

超声波提取是基于超声波的特殊物理性质，主要是通过压电换能器产生的快速机械振动波来减少目标萃取物与样品基体之间的作用力从而实现固—液萃取分离。

超声波提取相对于索式提取具有提取温度低、提取率高、提取时间短的优点。

3.5　固相萃取（Solid Phase Extraction，SPE）技术

固相萃取（SPE）就是利用颗粒细小的多孔固相吸附剂有选择性地将液体样品中的待测化合物吸附，与样品的基体和干扰化合物分离，然后再用洗脱液洗脱或加热解析，达到分离和富集目标化合物的目的。

固相萃取技术与液相色谱有类似之处，实际上也是柱色谱分离过程。

3.5.1　固相萃取方法的构建

1. 固相萃取类型的选择

溶剂强度大小关系如表 3-3 所示。

表 3 - 3 　　　　　　　溶 剂 强 度 大 小 关 系

正相固相萃取法	溶 剂 强 度	反相固相萃取法
己烷		
异辛烷		甲醇
甲苯		己丙醇
氯仿		己腈
二氯甲烷		丙酮
四氢呋喃		乙酸
乙醚		乙醚
乙酸		四氢呋喃
丙酮		二氯甲烷
己腈		氯仿
己丙醇		甲苯
甲醇		异辛烷
		己烷

反相固相萃取是使用非机性的疏水固定相，从极性的样品溶液中萃取非极性或弱极性的分析物，再用少量的有机溶剂将分析物从固定相上洗脱下来。

正相固相萃取是使用极性较大的固定相从非极性的样品中萃取相对极性的分析物，再用少量极性较大的有机溶剂将分析物从固定相上洗脱下来。例如测定样品中多氯联苯，经过环己烷提取，环己烷溶液中会含有植物油或动物油，为去除这两种杂质，将环己烷提取物通过填充有硅镁型吸附剂的固相萃取柱，杂质被吸附在固相萃取柱上，达到提纯的目的。

离子交换固相萃取是使用含有阳离子或阴离子的官能团的固定相，萃取溶液中的离子态的分析物，选择合适有机溶剂进行洗脱。

2. 吸附剂的选择

被分析物的极性与固定相的极性越相似，两者间作用力越强，分析物在固相的保留越完全，在选择吸附剂时应尽量选择与被分析物极性相似的固定相。例如萃取多氯联苯时应选用低极性的聚乙烯—聚苯乙烯共聚物作为固定相。

3. 洗脱剂的选择

洗脱剂为固定相活化和净化的溶剂。洗脱剂应尽可能将干扰组分和杂质从固定相上完全洗脱，但又不能将待分析物洗脱掉，因此洗脱剂的强度应大于或等于上样溶剂，又要小于洗脱溶剂。

4. 洗脱溶剂的选择

首先洗脱溶剂应使被分析物在固定相的保留因子尽可能的小，即洗脱溶剂的强度足够大。其次洗脱溶剂应易挥发，适合色谱分析进样。

3.5.2　固相萃取的步骤

完整的固相萃取一般包括四个过程：

（1）固相的预处理。在萃取前应用适当溶剂将固定相吸附剂活化，再用与样品相同的溶剂进行溶剂活化，不仅使填充材料润湿和官能团溶剂化，而且消除存留在吸附剂中的杂质和气泡。

（2）加样。用动力将样品溶液以适当的流速通过固相吸附剂，分析物被保留在固体吸附剂上。

（3）洗去干扰物。用适宜溶剂清洗固体吸附剂，消除被吸附剂保留的杂质组分。

（4）洗脱收集。在不转移仍被保留的基体组分下，用尽可能少量的合适洗脱溶剂将被固定相吸附的分析物洗脱下来。

3.6　固相微萃取（solid－phase microextraction，SPME）技术

固相微萃取（SPME）技术将纤维头浸入样品溶液中或顶空气体中一段时间，同时搅拌溶液以加速两相间达到平衡的速度，待平衡后将纤维头取出插入气相色谱汽化室，热解吸涂层上吸附的物质。被萃取物在汽化室内解吸后，靠流动相将其导入色谱柱，完成提取、分离、浓缩的全过程。

3.6.1　固相微萃取方法构建

1. 萃取方式的选择

SPME 有三种基本的萃取模式：直接萃取（Direct－Ectraction SPME）、顶空萃取（Headspace SPME）和膜保护萃取（membrane－protected SPME）。

（1）直接萃取。直接萃取方法适将涂有萃取固定相的石英纤维直接插入到样品基质中，目标组分直接从样品基质中转移到萃取固定相中。在实验室操作过程中，常用搅拌方法来加速分析组分从样品基质中扩散到萃取固定相的边缘。适合分析测定洁净水中的有机化合物。

（2）顶空萃取。顶空萃取是将石英纤维暴露在密封样品上方的气相中，挥发到样品顶空中的待测物转移到萃取固定相中。适合分析测定废水等复杂基质的样品中挥发和半挥发有机化合物。

（3）膜保护萃取。膜保护萃取法是纤维通过一个选择性的膜与样品隔离，待测组分通过选择性膜吸附到纤维上，而样品中的高分子化合物不能通过，从而排除了一定的基体干扰。适合于分析测定很脏的污染严重的样品。

2. 纤维涂层的选择

在萃取中固定相纤维选择何种涂层，是非常重要的。应考虑组分的极性、沸

点及其在各项中的分配系数，遵照"相似相溶"的原则。

3. 萃取过程中条件的选择

萃取的效果与试样量、容器体积、顶空体积、加入试剂、搅拌技术及萃取时间等因素有关。

样品量的选择与样品浓度有一定关系。低浓度下样品量的增加对萃取效果没有影响；高浓度下样品量的校准曲线呈指数关系，样品用量应减少。

顶空萃取时，增加试样量，萃取的重现性变好，检出限提高。在一定的容器体积的情况下样品体积的增加会减少顶空体积，萃取量随之呈现先增加后降低的趋势。

在样品溶液中加入一定浓度的无机盐（NaCl 等）会降低有机物的溶解度，提高萃取效果。在溶液中加入溶剂会降低萃取效果；向固体或污水中加入有机溶剂，可以提高化合物的萃取量。

萃取过程中一般的搅拌技术有：样品的快速流动、纤维的快速移动、溶液搅拌和超声振荡等。通过搅拌能够使溶液均匀，分析物加速迁移到纤维表面，更快达到分配平衡，提高萃取效果。

萃取时间为纤维暴露在样品中到萃取过程结束经历的时间，萃取量随萃取时间的增加迅速增加，接近平衡后，萃取量的变化趋于平缓。因此萃取时间并不需要完全达到平衡状态，仅需每次测定时萃取时间保持同一性就可以了。

4. 解析条件

适当提高解析温度可减少分析物在固相中的残留，提高解析效率。多数化合物的解析温度略高于其沸点。

3.6.2　固相微萃取的步骤

固相微萃取一般分为三个步骤：

（1）纤维老化。固相微萃取与气相色谱连用时，一般采用进样口高温加热的方式使纤维上的杂质挥发或热解吸，与液相色谱连用时，一般采用流动项或与萃取相关的溶剂对纤维进行老化。

（2）萃取。将纤维萃取器插入密封的样品瓶，压下手柄的压杆，使纤维暴露在样品或者样品顶空气相中，样品中分析化合物从样品基体中迁移到纤维涂层，被吸附或吸收在涂层上，完成萃取。

（3）解析。对于气相色谱仪，将纤维暴露在进样口中，通过高温使分析化合物从纤维上热解吸，对于液相色谱仪，通过溶剂对纤维进行洗脱。

3.6.3　固相微萃取在水环境分析中的应用

SPME 法在水环境中分析一些典型有机物的应用如表 3-4 所示。

表 3－4　　　　　SPME 法在水环境中分析一些典型有机物的应用

目标化合物	萃取条件						纤维（μ）	解析温度（℃）	解析时间（min）	检测手段	RSD（%）	线性范围（μg/L）	检测限（LOD）（μg/L）
	pH 值	盐度	温度	常用衍生试剂	萃取方式	萃取时间（min）							
有机磷农药	中性	0～饱和 NaCl	室温		DI	20～180	85μm PA 100μm PDMS CW/DVB	205～280	2～30	GC—NPD GC—MS GC—FID HPLC—UV	<25	3 个数量级	0.001～37.5
有机氯农药	中性	0～4 mol/L NaCl	室温		DI	2～90	PDMS 85μm PA CW/DVB	200～280	2～5	GC—ECD GC—MS GC—FID	<30	3 个数量级	0.0001～800
	中性	饱和 NaCl	87℃		HS	45	100μm PDMS	250	23	GC—ECD GC—MS	6～21	3 个数量级	0.0003～0.06
VOCs			室温		DI HS	10～30	CAR/PAMS 100μm PDMS	200～300	1～5	GC—MS GC—ECD	<5	3 个数量级	<0.05
卤代烃化合物			室温		DI	5	100μm PDMS	220～300	6	GC—MS GC—ECD		1～2 个数量级	0.001～0.013
酚类	2.0		室温	乙酸酐，BSTFA	HS	40～60	PA CW/TPR PDMS /DVB	300	5	GC—MS HPLS—二极管阵列监测器	3～212	2～3 个数量级	0.01～0.1
PCBs			室温		DI	300	100μm PDMS	300	1	GC—ECD			

注　DI 表示直接萃取法，HS 表示顶空萃取法。

3.7　吹扫—捕集技术

吹扫—捕集是将一种惰性气体在环境温度下鼓泡通入溶液中，将挥发性组分从液相有效地转移至气相。使蒸气通过一个吸收剂或吸附剂柱捕集，挥发性组分被吸收或吸附。在完成吹到后，加热吸附剂柱并用惰性气体反冲洗，可以解吸吸附的组分至气相色谱柱上，吸收液可以通过滴定等分析方法测定挥发性组分。

吹扫—捕集技术可用于沸点低于 200℃，并不溶或微溶于水的大多数挥发性有机化合物，挥发性的水溶性化合物可包括在这一分析技术中，但气提较差。

3.7.1　吹扫—捕集方法的构建

吹扫—捕集方法的吹扫效率与诸多因素有关。

1. 吹扫温度

吹扫温度的提高，提高了系统的蒸气压，也就提高了吹扫效率。但对于水溶液样品来说，提高温度的同时水蒸气量也相应增加，不利于吸附。对于高沸点强极性的组分，可以采用低温冷冻捕集技术，降低捕集管的温度。

2. 吹扫气流速及吹扫时间

吹扫气流速取决于组分的挥发性、浓度、在基质中的溶解度、在捕集管中的吸附能力。用氦气作为吹扫气时流速在 20～60mL/min。

在实际操作中，吹扫时间应尽可能的短，提高工作效率。吹扫时间应用回收试验确定，回收率应大于 90%，一般水环境样品吹扫时间在 10min 左右。

3. 解析温度

解析温度是影响吹扫效率的关键因素，解析温度应尽可能高，对于混合样品可以采用程序升温的方法。如水样中苯系物的测定。

3.7.2 吹扫—捕集操作步骤

吹扫—捕集的操作步骤如下：

（1）取一定量的样品加入到吹扫瓶中。

（2）首先使用分子筛、硅胶或活性炭等净化吹扫气，设定一定的流量通入吹扫瓶，吹脱出挥发性组分。

（3）吹脱出的组分用吸收液吸收或吸附柱吸附。

（4）加热吸附柱对组分进行脱附。

3.7.3 吹扫—捕集方法的应用

1. 碘量法测定水中硫化物，采用酸化—吹扫—吸收方法进行样品处理

硫化物在酸性条件下，与过量碘作用，剩余的碘用硫代硫酸钠溶液滴定。由硫代硫酸钠溶液的消耗量间接求出硫化物的含量，如图 3-10 所示。

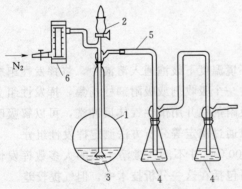

图 3-10 碘量法测定硫化物的吹气装置图

1—500mL 圆底反应瓶；2—加酸漏斗；3—多孔砂芯片；
4—150mL 锥形吸收瓶，亦用作碘量瓶，直接用于
碘量法滴定；5—玻璃连接管，各接口均为
标准玻璃磨口；6—流量计

（1）检查装置的气密性。

（2）在吸收瓶中分别加入 2.5mL 乙酸锌溶液并稀释到 50mL。

（3）取 200mL 已处理的水样，加入到反应瓶中，放在恒温水浴内，通入 400mL/min 的氮气 5min，驱除装置内空气，关闭气源。

（4）迅速向反应瓶中加入磷酸，关闭活塞。

（5）开启气源，水浴温度在 60～70℃，以 75～100mL/min 的流速

吹气 20min，以 300mL/min 的流速吹气 10min，以 400mL/min 的流速吹气 5min，将装置内硫化氢气体赶尽，用碘量法测定吸收瓶中的硫化氢含量。

2. 气相色谱法测定水样中的挥发性有机物，采用吹扫—捕集进行样品处理

通过吹脱管用氮气（或氦气）将水样中的 VOCs 连续吹脱出来，通过气流带入并吸附于捕集管中，待水样中 VOCs 被全部吹脱出来后，停止对水样的吹脱并迅速加热捕集管，将捕集管中的 VOCs 热脱附出来，进入气相色谱仪。气相色谱仪采用在线冷柱头进样，使加热脱附的 VOCs 冷凝浓缩，然后快速加热进样，如图 3－11 所示。

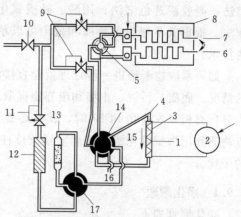

图 3－11　气提和捕集系统（解吸式）

1—捕集器；2—关闭；3—电阻丝；4—捕集器进口（Tenax 端）；5—阀 3，4 通柱选择阀；6—分析柱；7—确证柱至检测器；8—柱烘箱；9—载气流量控制；10—压力调节器；11—气提气体流量控制；12—13X 分子筛过滤器；13—气提装置；14—阀 1；15—捕集器气路；16—出口；17—阀 2

吹脱—捕集条件：吹脱气体为高纯氮气，吹脱流速 40mL/min，吹脱时间 8min，捕集温度 35℃，解析温度 180℃，解析时间 6min。

3.8　流动注射和膜萃取技术

流动注射是向流路中注入一个明确的流体带，在连续非隔离载流中分散而形成浓度梯度，从此浓度梯度中获得信息的技术。

膜萃取，又称固定膜界面萃取，是基于非孔膜技术发展起来的一种样品前处理方法，是膜技术和液液萃取过程相结合的新的分离技术

在膜萃取过程中，萃取剂和料液不直接接触，萃取相和料液相分别在膜两侧流动，其传质过程分为简单的溶解—扩散过程和化学位差推动传质，即通过化学反应给流动载体不断提供能量，使其可能从低浓度区向高浓度区输送溶质。

3.9　净化

将萃取液注射到气相或液相色谱仪中会造成无关的色谱峰，峰的分辨率和柱效的恶化，导致检测器灵敏度的下降，并能严重地缩短昂贵的色谱柱的寿命。下述技术已应用于萃取液的净化：在不相混溶的溶剂之间的分配；吸附色

谱法；凝胶渗透色谱法；用酸、碱或氧化剂进行干扰物质的化学破坏；以及蒸馏法。根据共萃取物的性质和范围可以单独地使用或以不同的组合方式使用这些技术。

如果萃取物未经进一步处理就能直接测定，例如对于一些水样，这是很少见的情况。底质、污泥、土壤和废弃物提取液经常需要几个净化方法的组合。例如当分析有机氯农药和PCBs时，就有必要使用凝胶渗透色谱（GPC）以除去高沸点物质和用微型氧化铝柱或硅酸镁载体柱以消除在GC（ECD）上待测物色谱峰的干扰。

3.9.1 净化原理

净化原理如下：

（1）吸附柱色谱法：氧化铝、硅酸镁载体和硅胶，对于将极性范围比较窄的待测物与不同极性的无关干扰峰分离是有用的。

（2）酸—碱分配：对于从中性有机物分离酸性或碱性有机物是有用的。此法已应用于诸如氯苯氧除草剂和酚类等分析物。

（3）凝胶渗透色谱法（GPC）：对于广泛范围的半挥发性有机物和农药是最通用的净化技术。此法能够从样品待测物中分离高分子量物质。并已成功地应用于与美国环境保护局主要污染物和特级危害性物质目录有关的所有半挥发性碱性、中性和酸性化合物。GPC通常不适用于消除色谱图上干扰欲测物质的无关色谱峰。

（4）硫净化：从样品萃取液中清除硫对欲测定物质所造成色谱的干扰是有用的。

3.9.2 样品净化方法

对从水、底质和污泥中萃取出来的样品溶液的净化方法有多种，一般可以分为如表3-5所示所列出的几种类型。按照目标化合物的性质及使用的分析方法不同，可以针对性地应用其中的一种或多种净化方法。

各类有机污染物适用的净化技术如表3-6所示。

表3-5　　　　　　　　　　样 品 净 化 方 法

净 化 方 法	净 化 类 型	净 化 方 法	净 化 类 型
氧化铝净化	吸附	酸—碱分配净化	酸—碱分配
佛罗里硅土净化	吸附	硫净化	氧化—还原
硅胶净化	吸附	浓硫酸—高锰酸盐净化	氧化—还原
凝胶渗透色谱净化	分子大小分离		

表 3 - 6　　　　　　　　　　　　　各类有机污染物适用的净化技术

目标分析物组	测定分析方法	净 化 方 法
苯酚类	气相色谱	硅胶净化、凝胶渗透色谱净化、酸碱分配净化
邻苯二甲酸酯	气相色谱—电子捕获检测器	氧化铝净化、佛罗里硅土净化、凝胶渗透色谱净化
亚硝胺类	气相色谱	氧化铝净化、佛罗里硅土净化、凝胶渗透色谱净化
有机氯农药	气相色谱	佛罗里硅土净化、凝胶渗透色谱净化、硫净化
多氯联苯	气相色谱	佛罗里硅土净化、硅胶净化、酸—碱分配净化
硝基芳烃和环酮	气相色谱	佛罗里硅土净化、凝胶渗透色谱净化
多环芳烃	气相色谱	氧化铝净化和分离石油废物、硅胶净化、凝胶渗透净化
卤代醚	气相色谱	佛罗里硅土净化、凝胶渗透净化
氯代碳氢化合物	毛细管柱气相色谱	佛罗里硅土净化、凝胶渗透净化
苯胺及其衍生物	气相色谱	佛罗里硅土净化、凝胶渗透净化
有机磷农药	毛细管柱气相色谱	佛罗里硅土净化
氯代除草剂	气相色谱	佛罗里硅土净化
半挥发性有机物	气相色谱—质谱	凝胶渗透净化、酸—碱分配净化、硫净化
石油废物	气相色谱—质谱	氧化铝净化及分离石油废物

第4章 酸碱滴定法

4.1 酸碱滴定概述

在化学分析中,滴定分析法是将已知其准确浓度的试剂溶液(亦称标准溶液)滴加到被测物质的溶液中,直到化学反应完全时为止,然后根据所用试剂溶液的浓度和体积可以求得被测组分的含量的一种分析方法。酸碱滴定法是滴定分析方法之一,亦称中和法。

最初酸碱概念是由巴黎药剂师 Nicolas Lemery(1645~1715 年)提出的。他把酸描述为表面具有尖刺的物质,能对皮肤施加刺痛感,把碱看做是能让酸的尖刺插入的多孔物体。两者结合形成中性盐。

随着化学元素的发现,人们试图把酸性归因于特殊的元素和分子基团。例如 Antoine L. Lavoisier、Joseph L. Gay - Lussac 及 Louis J. Thenard。最终英国化学家 Humphry Davy 将氢作为酸的要素。

阿伦尼乌斯(Arrhenius)在 1883 年提出他的电离理论,将酸归结为离解成氢离子和某种阴离子,将碱归结为离解成氢氧根离子和相应的阳离子。

布朗斯台德和劳瑞(N. Bronsted T. M. Lowry)两人最终将 Arthur Lapworth(1892~1941 年)关于酸为氢离子的给予体理论发展成现代的布朗斯台德—劳瑞理论。

4.2 酸碱滴定原理

按照布朗斯台德—劳瑞理论,酸是质子给予体,碱是质子接受体,酸给出质子后变成共轭碱,碱接受质子后变成它的共轭酸。其相互转化依存关系表示如下:

$$酸 \Longleftrightarrow 碱 + 质子 \tag{4-1}$$

酸碱滴定是以酸碱反应为基础的滴定分析方法,作为滴定物应选用强酸或强碱,待测物质则是具有适当强度的酸碱物质。

在酸碱滴定中,溶液的 pH 怎样随着标准物质的滴入而改变,怎样选择指示剂确定滴定终点,并使该终点能充分接近化学计量点,从而获得尽量准确的测定结果,是至关重要的。根据酸碱平衡原理,通过计算,以溶液 pH 为纵坐标,所滴入的滴定剂为横坐标,绘制滴定曲线,它能展示滴定过程中 pH 的变化规律。

4.2.1 强酸滴定强碱

按酸碱质子理论，当强酸、强碱溶液的浓度不是很大时，由于溶剂的拉平效应，它们相互滴定的反应实质是：

$$H^+ + OH^- \rightleftharpoons H_2O \tag{4-2}$$

因此，滴定到化学计量点时，滴定液中是：

$$[H^+] = [OH^-] = 1.00 \times 10^{-7} \, mol/L, \quad 即 \, pH = 7.00 \tag{4-3}$$

这类反应的平衡常数用 K_t 表示

$$K_t = \frac{1}{\alpha_{H^+} \alpha_{OH^-}} = \frac{1}{K_w} = 1.00 \times 10^{14} \tag{4-4}$$

式中　K_w——离子积常数；

　　α_{H^+}——氢离子活度；

　　α_{OH^-}——氢氧根离子活度。

可见，这类滴定反应进行的相当完全，在实际应用中 K_t 可由反应达到平衡时各组分的平衡浓度代替活度，作近似处理。

指示剂的选择：一般指示剂在满足滴定准确度要求的前提下，其变色点越接近计量点则越好。因此，甲基红（pH4.4～6.2，红～黄，变色点 5.2）、酚酞（pH8.0～9.8，无～红，变色点 9.1）、酚红（pH6.4～8.2，黄～红，变色点 8.0）和溴百里酚蓝（pH6.0～7.6，黄～蓝，变色点 7.30）等均可以选作这种类型滴定的指示剂。

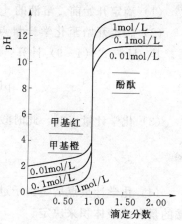

图 4 - 1　不同浓度 NaOH 滴定不同浓度 HCl 时的滴定曲线

注：图中为强碱滴定强酸，如果是强酸滴定强碱则线型刚好相反。

如图 4 - 1 所示为用不同浓度强碱（NaOH）滴定不同浓度 HCl 的滴定曲线，从图中可以看出：

（1）滴定突跃大小与滴定液和被滴定液的浓度有关。

（2）各类酸碱滴定选用指示剂的原则就是将指示剂变色范围必须处于或部分处于计量点附近的 pH 突跃范围内。

4.2.2 强碱滴定弱酸和强酸滴定弱碱

1. 滴定常数

强碱（OH⁻）滴定弱酸（HB）的滴定反应：

$$HB + OH^- \rightleftharpoons H_2O + B^- \tag{4-5}$$

$$K_t = \frac{[B^-]}{[HB][OH^-]} = \frac{K_a}{K_w} \qquad (4-6)$$

式中　K_a——弱酸的离解平衡常数。

强酸（H^+）滴定弱碱（B）的滴定反应：

$$B + H^+ \rightleftharpoons BH^+ \qquad (4-7)$$

$$K_t = \frac{[BH^+]}{[B][H^+]} = \frac{K_b}{K_w} \qquad (4-8)$$

式中　K_b——弱碱的离解平衡常数。

所以滴定反应常数 K_t 比强酸碱滴定的 K_t 小，说明反应的完全程度比前类滴定差，而且酸碱越弱，K_t 越小，逆反应加大，到一定限度时，准确滴定就不可能了。

2. 滴定阶段（以强碱滴定弱酸为例）

（1）滴定开始前，溶液的 [H^+] 主要来自于弱酸的离解。

（2）滴定开始至化学计量点前，由于强碱的滴定溶液存在弱酸－碱缓冲体系，其 pH 按式（4-9）计算：

$$pH = pK_a + \lg \frac{[A^-]}{[HA]} \qquad (4-9)$$

（3）化学计量点时，此时酸度由弱酸和弱酸的共轭碱组成。

$$[OH^-] = \sqrt{\frac{K_w}{K_a} C_{强碱}} \qquad (4-10)$$

（4）化学计量点后，由于过量的强碱的存在，所以溶液的 pH 仅由过量的强碱的量和溶液体积来决定。

3. 特点

（1）滴定曲线的起点高。因弱酸电离度小，溶液中的 [H^+] 低于弱酸的原始浓度。

（2）滴定曲线的形状不同。滴定过程中，开始时溶液 pH 变化较快，其后变化稍慢，接近化学计量点时又逐渐加快。

（3）突跃范围小。因此一般选用酚酞或百里酚酞作指示剂。

4.3　酸碱滴定仪器构造

滴定分析主要仪器有滴定管、移液管、吸量管（及微量进样器）、容量瓶等。

4.3.1　滴定管

滴定管是滴定时可准确测量滴定剂体积的玻璃量器。它的主要部分管身是用细长且内径均匀的玻璃管制成，上面刻有均匀的分度线，线宽不超过 0.3mm。下端的流液口为一尖嘴，中间通过玻璃旋塞或乳胶管连接以控制滴定速度。滴定管分为酸式滴定管［如图 4-2（a）所示］和碱式滴定管［如图 4-2（b）所示］；另有一种自动定零位滴定管［如图 4-2（c）所示］，是将贮液瓶与具塞滴定管通过磨口塞连接在一起的滴定装置，加液方便，自动调零点，主要适用于常规分析中的经常性滴定操作。

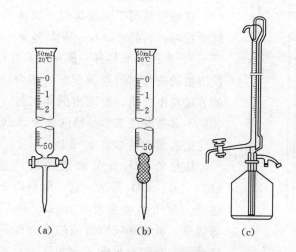

图 4-2　滴定管类型

（a）酸式滴定管；（b）碱式滴定管；（c）侧边旋塞自动定零位滴定管

滴定管的总容量最小的为 1mL，最大的为 100mL。常用的为 50mL、25mL和 10mL。常见的滴定管的容量允差详如表 4-1 所示。

表 4-1　　　　　　　　滴定管的容量允差 （GB 12805-91）

标称总容量（mL）		2	5	10	25	50	100
分度值（mL）		0.02	0.02	0.05	0.10	0.10	0.20
容量允差（mL）	A	0.010	0.010	0.025	0.050	0.050	0.100
容量允差（±）	B	0.020	0.020	0.050	0.100	0.100	0.200

4.3.2　容量瓶

容量瓶是一种细颈梨形的平底玻璃瓶，带有玻璃磨口玻璃塞或塑料塞，可用橡皮筋将塞子系在容量瓶的颈上。颈上有标度刻线，一般表示在 20℃时液体充满标度刻线时的准确容积。

容量瓶精度级别分为 A 级和 B 级，详见常见容量瓶的容量允差（如表 4-2所示）。

表 4 - 2 　容 量 瓶 的 容 量 允 差

标称容量 （mL）		5	10	25	50	100	200	250	500	1000	2000
容量允差（mL）	A	0.02	0.02	0.03	0.05	0.10	0.15	0.15	0.25	0.40	0.60
容量允差（±）	B	0.04	0.04	0.06	0.10	0.20	0.30	0.30	0.50	0.80	1.20

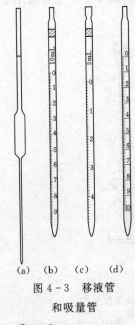

(a)　(b)　(c)　(d)
图 4 - 3　移液管
和吸量管

4.3.3　移液管和吸量管

移液管是用于准确量取一定体积溶液的量出式玻璃量器，它的中间有一膨大部分［如图 4 - 3 （a）所示］，管颈上部刻有一圈标线，在标明的温度下，使溶液的弯月面与移液管标线相切，让溶液按一定的方法自由流出，则流出的体积与管上标明的体积相同。移液管按其容量精度分为 A 级和 B 级。国家规定的容量允差如表 4 - 3 所示。

吸量管是具有分刻度的玻璃管，如图 4 - 2（b）、（c）、（d）所示。它一般只用于量取小体积的溶液。常用的吸量管有 1mL、2mL、5mL、10mL 等规格，吸量管吸取溶液的准确度不如移液管。应该注意，有些吸量管其分刻度不是刻到管尖，而是离管尖尚差 1～2cm。

表 4 - 3　常用移液管的容量允差

标称容量 （mL）		2	5	10	20	25	50	100
容量允差（mL）	A	0.010	0.015	0.020	0.030	0.030	0.050	0.080
容量允差（±）	B	0.020	0.030	0.040	0.060	0.060	0.100	0.160

4.4　酸碱滴定分析方法在水环境分析检测中的应用——氨氮的测定

1. 实验目的

了解以滴定分析法测定酸碱物质摩尔质量的基本方法。

2. 实验原理

滴定法仅试用于已经进行蒸馏预处理的水样。调节水样至 pH6.0～7.4 范围，加入氧化镁使呈微碱性。加热蒸馏，释出的氨被硼酸溶液吸收，以甲基红—亚甲蓝为指示剂，用酸标准溶液滴定馏出液中的铵。

当水样中含有在此条件下可被蒸馏出并在滴定时能与酸反应的物质，如挥发性胺类等，则将使测定结果偏高。

3. 主要试剂及仪器

(1) 混合指示液：称取 200mg 甲基红溶于 100mL 95％乙醇；另称取 100mg 亚甲蓝溶于 50mL 95％乙醇。以两份甲基红溶液与一份亚甲蓝溶液混合后供用。

(2) 硫酸标准溶液：分取 5.6mL （1＋9）硫酸溶液于 1000mL 容量瓶中，稀释至标线，混匀。按下述操作进行标定：

称取经 180℃干燥 2h 的基准试剂及无水碳酸钠约 0.5g，溶于新煮沸放冷的水中，移入 500mL 容量瓶中，稀释至标线。移取 25.00mL 碳酸钠溶液于 150mL 锥形瓶中，加 25mL 水，加 1 滴 0.05％甲基橙指示液，用硫酸溶液滴定至淡橙红色为止。记录用量，用式 （4-11）计算硫酸溶液的浓度：

$$硫酸溶液浓度(1/2H_2SO_4, mol/L) = \frac{W \times 1000}{V \times 52.995} \times \frac{25}{500} \qquad (4-11)$$

(3) 0.05％甲基橙指示液。

4. 实验步骤

(1) 水样的测定。于全部经蒸馏预处理、以硼酸溶液为吸收液的馏出液中，加 2 滴混合指示液，用 0.020mol/L 硫酸溶液滴定至绿色转变成淡紫色为止，记录硫酸溶液的用量。

(2) 空白试验。以无氨水代替水样，同水样处理及滴定的全程序步骤进行测定。

(3) 计算。

$$氨氮(N, mg/L) = \frac{(A-B)M \times 14 \times 1000}{V} \qquad (4-12)$$

式中　A——滴定水样时消耗硫酸溶液体积 （mL）；

　　　B——空白试验消耗硫酸溶液体积 （mL）；

　　　M——硫酸溶液浓度 （mol/L）；

　　　V——水样体积 （mL）；

　　　14——氨氮摩尔质量。

第5章 络合滴定法

5.1 络合滴定概述

19世纪初提出价态理论，并认为络合物是一个化合物，在该化合物形成中，反应物是按照高于其正常价态的化学计量比化合的。最典型的是焦尔根森（Jorgensen）和维尔纳（Alfred Werner，1866～1919年）于1893年合成的化合物，并证明其合成的化合物具有不同颜色、不同的导电性和在沉淀反应中的不同行为。目前，Werner的概念仍可接受。按照其概念，可不必区别络合物和二元化合物，不需要对此引入新的分类，因为两者的结构方面在许多情况下是相同的。

5.2 络合滴定原理

在络合滴定中，通常以EDTA等氨羧络合剂为滴定剂，故也称螯合滴定。络合滴定基本原理主要以EDTA为例。

5.2.1 络合滴定曲线

在络合滴定中，若被滴定的是金属离子，则随着络合滴定剂的加入，金属离子不断被络合，其浓度不断减少。达到化学计量点附近时，溶液 pM 值发生突变。由此可见，讨论滴定过程中金属离子浓度的变化规律，即滴定曲线及影响 pM 突跃的因素是极其重要的。

络合滴定与酸碱滴定相似，若以EDTA为滴定剂，大多数金属离子 M 与 Y 形成1:1型络合物，可视 M 为酸，Y 为碱，与一元酸碱滴定类似。但是，M 有络合效应和水解效应，Y 有酸效应和共存离子效应，所以络合滴定要比酸碱滴定复杂。酸碱滴定中，酸的Ka或碱的Kb是不变的，而络合滴定中 MY 的 $K'_{稳}$ 是随滴定体系中的反应的条件而变化。欲使滴定过程中 K'_{MY} 基本不变，常用酸碱缓冲溶液控制酸度。

设金属离子 M 的初始浓度为 C_M，体积为 $V_M(\mathrm{mL})$，用等浓度的滴定剂 Y 滴定，滴入的体积为 $V_Y(\mathrm{mL})$，则滴定分数：

$$\alpha = \frac{V_Y}{V_M} \tag{5-1}$$

由物料平衡方程式得：

$$MBE \begin{cases} [M] + [MY] = C_M \\ [Y] + [MY] = C_Y = \alpha C_M \end{cases} \tag{5-2}$$

由络合平衡方程：

$$K_{MY} = \frac{[MY]}{[M][Y]} \tag{5-3}$$

整理得：
$$K_{MY} = \frac{C_M - [M]}{[M](\alpha C_M - C_M + [M])} = K_t \tag{5-4}$$

展开得：
$$K_t[M]^2 + [K_t C_M (\alpha - 1) + 1][M] - C_M = 0 \tag{5-5}$$

此即络合滴定曲线方程，在化学计量点时，$\alpha = 1.00$，可简化为：

$$K_{MY}[M]_{sp}^2 + [M]_{sp} - C_M = 0 \tag{5-6}$$

$$[M]_{sp} = \frac{-1 \pm \sqrt{1^2 + 4K_{MY}C_M}}{2K_{MY}} \tag{5-7}$$

一般络合滴定要求 $K_{MY} \geqslant 10^7$，若 $C_M = 10^{-2} \text{mol/L}$，即 $K_{MY}C_M \geqslant 10^5$。由于 $4K_{MY}C_M \gg 1$，因此：

$$[M]_{sp} \approx \frac{\sqrt{4K_{MY}C_M}}{2K_{MY}} = \sqrt{\frac{C_M}{K_{MY}}} \tag{5-8}$$

两边取对数得到：
$$pM_{sp} = \frac{1}{2}(\lg K_{MY} + pC_M^{sp}) \tag{5-9}$$

从而得到滴定曲线如图 5-1、图 5-2 所示。

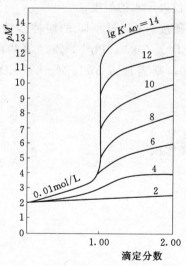

图 5-1　不同 $\lg K'_{MY}$ 时的滴定曲线

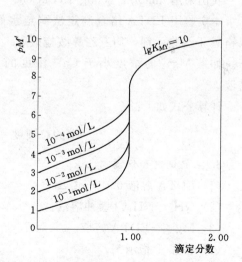

图 5-2　不同浓度 EDTA 与 M 的滴定曲线

5.2.2　影响滴定突跃的主要因素

影响滴定突跃的主要因素有：

(1) 从图 5-1、图 5-2 可以看出，K'_{MY} 值越大，则滴定突跃越明显。而 pH

值不同，K'_{MY}值不同，随着 pH 值增大，K'_{MY}变大，滴定突跃越大，络合物越稳定。因此，在络合滴定中，溶液的 pH 值选择是非常重要的。

（2）C_M 越大，滴定突跃越大。说明被滴定金属离子的浓度 C_M 越大，滴定曲线的起点就越低，pM 突跃就越大；反之则越小。

5.3　络合滴定仪器构造

详见酸碱滴定仪器构造。

5.4　络合滴定分析方法在水环境分析检测中的应用

5.4.1　自来水中总硬度测定

1. 实验目的

（1）学习络合滴定法的原理及其应用。

（2）掌握络合滴定法中的直接滴定法。

2. 实验原理

水硬度的测定分为水的总硬度以及钙－镁硬度两种，前者是测定 Ca，Mg 总量，后者则是分别别测定 Ca 和 Mg 的含量。

我国采用 mmol/L 或 mg/L（CaCO₃）为单位表示水的硬度。

本实验用 EDTA 络合滴定法测定水的总硬度。在 pH＝10 的缓冲溶液中，以铬黑 T 为指示剂，用三乙醇胺掩蔽 Fe^{3+}，Al^{3+}，Cu^{2+}，Pb^{2+}，Zn^{2+} 等共存离子。如果 Mg^{2+} 的浓度小于 Ca^{2+} 浓度的 1/20，则需加入 5mL Mg^{2+}－EDTA 溶液。

计算公式如下：

$$水的总硬度 = \frac{CV}{水样体积} \tag{5-10}$$

3. 主要试剂和仪器

（1）EDTA 溶液 0.01mol/L。

（2）NH_3－NH_4Cl 缓冲溶液。

（3）Mg^{2+}－EDTA 溶液。

（4）铬黑 T 指示剂。

（5）三乙醇胺 200g/L。

（6）Na_2S 20g/L。

（7）HCl 溶液（1+1）。

4. 操作步骤

用移液管移取 100.00mL 自来水于 250mL 锥形瓶中，加入 1～2 滴 HCl 使试液酸化，煮沸数分钟以除去 CO_2。冷却后，加入 3mL 三乙醇胺溶液，5mL 氨性缓冲液，1mL Na_2S 溶液以掩蔽重金属离子，再加入 3 滴铬黑 T 指示剂，立即用 EDTA 标液滴定，当溶液由红色变为蓝色即为终点。平行测定 3 份，计算水样的总硬度，以 mmol/L 表示结果。

5.4.2 铋、铅含量的连续测定

1. 实验目的

(1) 了解由调节酸度提高 EDTA 选择性的原理。

(2) 掌握用 EDTA 进行连续滴定的方法。

2. 实验原理

混合离子的滴定常用控制酸度法、掩蔽法进行，可根据有关副反应系数论证对它们分别滴定的可能性。

Bi^{3+}，Pb^{2+} 均能与 EDTA 形成稳定的 1：1 络合物，$\lg K$ 分别为 27.94 和 18.04。由于两者的 $\lg K$ 相差很大，故可利用酸效应，控制不同的酸度，进行分别滴定。在 $pH\approx1$ 时滴定 Bi^{3+}，在 $pH\approx5\sim6$ 时滴定 Pb^{2+}。

在 $Bi^{3+}-Pb^{3+}$ 混合溶液中，首先调节溶液的 $pH\approx1$，以二甲酚橙为指示剂，Bi^{3+} 与指示剂形成紫红色络合物，用 EDTA 标液滴定 Bi^{3+}，当溶液由紫红色恰变为黄色，即为 Bi^{3+} 滴定的终点。

在滴定 Bi^{3+} 后的溶液中，加入六亚甲基四胺溶液，调节溶液 $pH\approx5\sim6$，此时 Pb^{2+} 与二甲酚橙形成紫红色络合物，溶液再次呈现紫红色，然后用 EDTA 标液继续滴定，当溶液由紫红色恰转变黄色时，即为滴定 Pb^{2+} 的终点。

3. 主要试剂及仪器

(1) EDTA 溶液。

(2) 二甲酚橙 2g/L。

(3) 六亚甲基四胺溶液 200g/L。

(4) HCl 溶液 (1+1)。

(5) Bi^{3+}，Pb^{2+} 混合液含 Bi^{3+}，Pb^{2+} 各约 0.01mol/L。称取 48g $Bi(NO_3)_3$，33g $Pb(NO_3)_2$，放入含 312 mL HNO_3 溶液的烧杯中，在电炉上微热溶解后，稀释至 10L。

4. 操作步骤

$Bi^{3+}-Pb^{2+}$ 混合溶液测定，用移液管移取 25.00mL $Bi^{3+}-Pb^{2+}$ 溶液 3 份于 250mL 锥形瓶中，加 1～2 滴二甲酚橙指示剂，用 EDTA 标液滴定，当溶液由紫红色恰变为黄色，即为 Bi^{3+} 的终点。根据消耗的 EDTA 体积，计算混合液中 Bi^{3+} 的含量。

在滴定 Bi^{3+} 后的溶液中，滴加六亚甲基四胺溶液，至呈现稳定的紫红色后，在过量加入 5mL，此时溶液的 pH≈5～6。用 EDTA 标准溶液滴定，当溶液由紫红色恰转变为黄色，即为终点。根据滴定结果，计算混合液中 Pb^{2+} 的含量。

5.4.3 硝酸银滴定法测定氰化物

1. 实验原理

经蒸馏得到的碱性馏出液（A），用硝酸银标准溶液滴定，氰离子与硝酸银作用形成可溶性的银氰络合离子（$Ag (CN)_2)^-$，过量的银离子与试银灵指示液反应，溶液由黄色变为橙红色，即为终点。本方法试用于氰化物含量在 1mg/L 以上。

2. 主要试剂及仪器

（1）10mL 棕色酸式滴定管。

（2）120mL 具柄瓷蒸发皿或 150mL 锥形瓶。

（3）试银灵指示剂：称取 0.02g 试银灵溶于 100mL 丙酮中。贮存棕色瓶中，于暗处保存，可稳定一个月。

（4）铬酸钾指示液：称取 10g 铬酸钾溶于少量水中，滴加硝酸银溶液至产生橙红色沉淀为止，放置过夜后，过滤，用水稀释至 100mL。

（5）0.0100mol/L 氯化钠标准溶液。

（6）0.0100mol/L 硝酸银标准溶液。

（7）2% 氢氧化钠溶液。

3. 实验步骤

（1）样品测定。取 100mL 馏出液 A 于锥形瓶中。加入 0.2mL 试银灵指示液，摇匀。用硝酸银标准溶液滴定至溶液由黄色变为橙红色止，记下读数（V_a）。

（2）空白试验。另取 100mL 空白试验馏出液 B 于锥形瓶，按样品测定（1）进行测定，记录读数（V_0）。

（3）实验计算。

$$氰化物（CN^-, mg/L）= \frac{C(V_a - V_0) \times 52.04 \times \frac{V_1}{V_2} \times 1000}{V} \quad (5-11)$$

式中　C——硝酸银标准溶液浓度（mol/L）；

　　V_a——测定试样时，硝酸银标准溶液用量（mL）；

　　V_0——空白试验时，硝酸银标准溶液用量（mL）；

　　V——样品体积（mL）；

　　V_1——试样（馏出液 A）的体积（mL）；

　　V_2——试样（测定时，所取馏出液 A）的体积（mL）；

　52.04——氰离子摩尔质量（g/mol）。

第6章 氧化还原滴定法

6.1 氧化还原滴定概述

氧化还原电对常粗略地分为可逆的与不可逆的两大类。在氧化还原反应的任一瞬间，可逆电对都能迅速地建立起氧化还原平衡，其电势基本符合能斯特公式计算出的理论电势。不可逆电对则相反，它不能在氧化还原反应的任一瞬间立即建立起真正的平衡，实际电势与理论相差较大。

在处理氧化还原平衡时，还应注意到电对有对称和不对称的区别。在对称的电对中，氧化态与还原态的系数相同，如 $Fe^{3+} + e^- = Fe^{2+}$ 等。在不对称的电对中，氧化态与还原的系数不同，如 $I_2 + 2e^- = 2I^-$ 等。在实际计算中应注意。

6.2 氧化还原滴定原理

6.2.1 氧化还原滴定指示剂

在氧化还原滴定过程中，除了用电位法确定终点外，还可利用某些物质在化学计量点附近时颜色的改变来指示滴定终点。

氧化还原滴定中常用指示剂有以下几种类型。

（1）自身指示剂。在氧化还原滴定中，有些标准溶液或被滴定的物质本身有颜色，如果反应后变为无色或浅色物质，那么滴定时就不必另加指示剂。

（2）显色指示剂。有的物质本身并不具有氧化还原性，但它能与氧化剂或还原剂产生特殊的颜色，因而可以指示滴定终点。

（3）本身发生氧化还原反应的指示剂。这类指示剂的氧化态和还原态具有不同的颜色，在滴定的过程中，指示剂由氧化态变为还原态，或由还原态变为氧化态，根据颜色的突变来指示终点。

一些氧化还原指示剂的 E^θ 及颜色变化如表 6-1 所示。

表 6-1　　　　　　　一些氧化还原指示剂的 E^θ 及颜色变化

指 示 剂	E^θ_{In}/V （$[H^+]=1mol/L$）	颜 色 变 化	
		氧化态	还原态
亚甲基蓝	0.53	蓝	无色
二苯胺	0.76	紫	无色
二苯胺磺酸钠	0.84	紫红	无色

指 示 剂	E_{In}^{θ}/V ($[H^+]=1mol/L$)	颜 色 变 化	
		氧化态	还原态
邻苯氨基苯甲酸	0.89	紫红	无色
邻二氮菲—亚铁	1.06	浅蓝	红
硝基邻二氮菲—亚铁	1.25	浅蓝	紫红

6.2.2 氧化还原滴定曲线

在氧化还原滴定中，随着滴定剂的加入，被滴定物质的氧化态和还原态的浓度逐渐改变，电对的电势也随之改变，这种情况可以用滴定曲线表示。

(1) 滴定曲线。设某氧化还原滴定反应为：

$$n_2 O_1 + n_1 R_2 \Longleftrightarrow n_2 R_1 + n_1 O_2 \tag{6-1}$$

若以浓度为 C_1^0 的 O_1 滴定体积为 V_0、浓度为 C_2^0 的 R_2，当加入滴定剂体积为 V 时，由物料平衡方程：

$$\left.\begin{aligned} \frac{C_1^0 V}{V+V_0} = C_1 = [O_1] + [R_1] \\ \frac{C_2^0 V}{V+V_0} = C_2 = [O_2] + [R_2] \end{aligned}\right\} \tag{6-2}$$

整理得

$$f = \frac{\dfrac{[O_1]}{[R_1]}+1}{\dfrac{[R_2]}{[O_2]}+1} \tag{6-3}$$

由能斯特方程得到平衡电势：

$$E = E_1^{\theta} + \frac{0.059}{n_1}V\lg\frac{[O_1]}{[R_1]} = E_2^{\theta} + \frac{0.059}{n_2}V\lg\frac{[O_2]}{[R_2]} \tag{6-4}$$

因此

$$\left.\begin{aligned} \frac{[O_1]}{[R_1]} = 10^{n_1(E-E_1^{\theta})/0.059V} \\ \frac{[O_2]}{[R_2]} = 10^{-n_2(E-E_2^{\theta})/0.059V} \end{aligned}\right\} \tag{6-5}$$

整理得

$$f = \frac{1+10^{n_1(E-E_1^{\theta})/0.059V}}{1+10^{-n_2(E-E_2^{\theta})/0.059V}} \tag{6-6}$$

此式即为滴定曲线方程。

0.1000mol/L Ce^{4+} 滴定 0.1000mol/L Fe^{3+} 的滴定曲线如图 6-1 所示。

(2) 影响反应速率的因素。在氧化还原反应中，根据氧化还原电对的标准电势或条件电势，可以判断反应进行的方向和程度。但这只能表明反应进行的可能性，并不能指出反应进行的速率。因此，影响氧化还原反应速率的因素，除了参加反应的氧化还原电对本身的性质外，还有反应时外界的条件，如反应物浓度、温度、催化剂等。

1）反应物浓度。在氧化还原反应中，由于反应机理比较复杂，所以不能从总的氧化还原反应方程式判断反应物浓度对反应速率的影响程度。但一般来说，反应物的浓度越大，反应的速率越快。

2）温度。对大多数反应来说，升高溶液的温度，可提高反应速率。这是由于溶液的温度升高时，不仅增加了反应物之间的碰撞概率，更重要的是增加了活化分子或活化离子的数目，所以提高

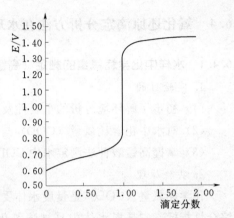

图 6-1　0.1000mol/L Ce^{4+} 滴定 0.1000mol/L Fe^{3+} 的滴定曲线 （1mol/L H_2SO_4）

了反应速率。通常溶液的温度每增高 $10℃$，反应速率约增大 2～3 倍。

3）催化剂。在分析化学中，经常利用催化剂来改变反应速率。催化剂有正催化剂和负催化剂之分。正催化剂加快反应速率，负催化剂减慢反应速率。还有种催化剂是作为反应的诱导作用的，其和催化剂不同，是参加化学反应的，物质会发生变化。

（3）氧化还原滴定结果分析计算。氧化还原反应较为复杂，往往同一物质在不同条件下反应，会得到不同的产物。因此，在计算氧化还原滴定结果时，首先应当把有关的氧化还原反应搞清楚，根据反应式确定化学计量系数。如待测组分 X 经过一系列反应得到 Z 后，用滴定剂 T 来滴定，有各步反应的计量关系可得出：

$$aX+bY\cdots cZ+dT \tag{6-7}$$

试样中 X 的质量分数可用式（6-8）计算：

$$w_X=\frac{\dfrac{a}{b}C_T V_T M_X}{m_s} \tag{6-8}$$

式中　C_T，V_T——滴定剂的浓度（mol/L）和体积（L）；

　　　　M_X——X 的摩尔质量（g/mol）；

　　　　m_s——试样的质量（g）。

6.3　氧化还原滴定仪器构造

详见酸碱滴定仪器构造。

6.4 氧化还原滴定分析方法在水环境分析检测中的应用

6.4.1 水样中化学耗氧量的测定（高锰酸钾法）

1. 实验目的

（1）初步了解环境分析的重要性及水样的采集和保存方法。

（2）对水中化学耗氧量（COD）与水体污染的关系有所了解。

（3）掌握高锰酸钾法测定水中 COD 的原理及方法。

2. 实验原理

化学耗氧量（COD）是量度水体受还原性物质（主要是有机物）污染程度的综合性指标。它是指水体中易被强氧化剂氧化的还原性物质所消耗的氧化剂的量，换算成氧的含量（以 mg/L 计）。测定时，在水样中加入 H_2SO_4 及一定量的 $KMnO_4$ 溶液，置沸水浴中加热，使其中的还原性物质氧化，剩余的 $KMnO_4$ 用一定量过量的 $Na_2C_2O_4$ 还原，再以 $KMnO_4$ 标准溶液返滴 $Na_2C_2O_4$ 的过量部分。由于 Cl^- 对此法有干扰，因而本法仅适合于地表水、地下水、饮用水和生活污水中 COD 的测定，含 Cl^- 较高的工业废水则应采用 $K_2Cr_2O_7$ 法测定。

方法的反应式为：

$$4MnO_4^- + 5C + 12H^+ \Longrightarrow 4Mn^{2+} + 5CO_2 \uparrow + 6H_2O \qquad (6-9)$$

$$2MnO_4^- + 5C_2O_4^{2-} + 16H^+ \Longrightarrow 2Mn^{2+} + 10CO_2 \uparrow + 8H_2O \qquad (6-10)$$

据此，测定结果的计算式为：

$$COD = \frac{\left[\frac{5}{4}C_{MnO_4^-}(V_1+V_2)_{MnO_4^-} - \frac{1}{2}(CV)_{C_2O_4^{2-}}\right] \times 32.00\text{g/mol} \times 1000}{V_{水样}}(O_2\,\text{mg/L})$$

$$(6-11)$$

式中 V_1——第一次加入 $KMnO_4$ 溶液体积；

V_2——第二次加入 $KMnO_4$ 溶液的体积。

3. 主要试剂

（1）$KMnO_4$ 溶液 0.02mol/L。

（2）$KMnO_4$ 溶液 0.002mol/L。吸取 0.02mol/L $KMnO_4$ 标准溶液 25.00mL 置于 250mL 容量瓶中，以新煮沸且冷却的蒸馏水稀释至刻度。

（3）$Na_2C_2O_4$ 标准溶液 0.005mol/L 将 $Na_2C_2O_4$ 于 100~105℃ 干燥 2h，在干燥器中冷却至室温，准确称取 0.17g 左右于小烧杯中，加水溶解后，定量转移至 250mL 容量瓶中，以水稀释至刻度。

（4）H_2SO_4（1+3）。

4. 实验步骤

视水质污染程度取水样 10～100mL，置于 250mL 锥形瓶中，加 10mL H_2SO_4，再准确加入 10mL 0.002mol/L $KMnO_4$ 溶液，立即加热至沸，若此时红色褪去，说明水样中有机物含量较多，应补加适量 $KMnO_4$ 溶液至试样溶液呈现稳定的红色。从冒第一个大泡开始计时，用小火准确煮沸 10min，取下锥形瓶，趁热加入 10.00mL 0.005mol/L $Na_2C_2O_4$ 标准溶液，摇匀，此时溶液应当由红色转为无色。用 0.002mol/L $KMnO_4$ 标准溶液滴定至稳定的淡红色即为终点。平行测定 3 份取平均值。

另取 100mL 蒸馏水代替水样，同时操作，求得空白值，计算耗氧量时将空白值减去。

6.4.2　溴酸钾法测定苯酚

1. 实验目的

（1）掌握 $KBrO_3-KBr$ 溶液的配制方法。

（2）了解溴酸钾法测定苯酚的原理及方法。

2. 实验原理

溴酸钾是一种强氧化剂，在酸性溶液中与还原性物质作用被还原为 Br^-，半反应如下：
$$BrO_3^- + 6H^+ + 6e^- \rightleftharpoons Br^- + 3H_2O, \quad E^\theta = 1.44V \tag{6-12}$$
苯酚是煤焦油的主要成分之一，广泛应用于消毒、杀菌，并作为高分子材料、染料、医药、农药合成的原料，由于苯酚的生产和应用造成了环境污染，因此它也是常规环境监测的主要项目之一。

溴酸钾法测定苯酚是基于 $KBrO_3$ 与 KBr 在酸性介质中反应，定量地产生 Br_2，Br_2 与苯酚发生取代反应生成三溴苯酚，剩余的 Br 用过量 KI 还原，析出的 I_2 以 $Na_2S_2O_3$ 标准溶液滴定，反应式如下：
$$BrO_3^- + 5Br^- + 6H^+ \rightleftharpoons 3Br_2 + 3H_2O \tag{6-13}$$

$$\tag{6-14}$$

$$Br_2 + 2I^- \rightleftharpoons I_2 + 2Br^- \tag{6-15}$$

$$I_2 + 2S_2O_3^{2-} \rightleftharpoons 2I^- + S_4O_6^{2-} \tag{6-16}$$

计量关系为：
$$C_6H_5OH \sim BrO_3^- \sim 3Br_2 \sim 3I_2 \sim 6S_2O_3^{2-} \tag{6-17}$$

$$W_{C_6H_5OH} = \frac{\left[(CV)_{BrO_3^-} - \dfrac{1}{6}(CV)_{S_2O_3^{2-}}\right]M_{C_6H_5OH}}{m_s} \tag{6-18}$$

式中　$W_{C_6H_5OH}$——苯酚质量含量；

$\quad\quad M_{C_6H_5OH}$——苯酚摩尔质量分数；

$\quad\quad m_s$——溶液质量。

3. 主要试剂和仪器

（1）$KBrO_3$－KBr 标准溶液 $C_{\frac{1}{6}KBrO_3}=0.1000mol/L$ 准确，称取 0.6959g $KBrO_3$ 置于小烧杯中，加入 4g KBr 用水溶解后，定量转移至 250mL 容量瓶中，加水稀释至刻度，摇匀。

（2）$Na_2S_2O_3$ 0.05mol/L。

（3）淀粉溶液 5g/L。

（4）KI 100g/L。

（5）HCl（1+1）。

（6）NaOH 100g/L。

（7）苯酚试样。

4. 实验步骤

（1）$Na_2S_2O_3$ 溶液的标定。准确移取 25.00mL $KBrO_3$－KBr 标准溶液于 250mL 测量瓶中，加入 25mL 水，10mL HCl 溶液，摇匀，盖上表面皿，放置 5～8min，然后加入 KI 20mL，摇匀，再放置 5～8min，用 $Na_2S_2O_3$ 溶液滴定至浅黄色。加入 2mL 淀粉溶液，继续滴定至蓝色消失为终点。平行测定 3 份。

（2）苯酚试样的测定。于 100mL 烧杯中准确称取 0.2～0.3g 试样，加入 5mL NaOH，用少量水溶解后，定量转入 250mL 容量瓶中，稀释至刻度，摇匀。分取 10mL 试样溶液于 250mL 锥形瓶中，用移液管加入 25.00mL $KBrO_3$－KBr 标准溶液，然后加入 10mL HCl 溶液。充分摇动 2min，使三溴苯酚沉淀完全分散后，盖上表面皿，再放置 5min，加入 20mL KI，放置 5～8min 后，用 $Na_2S_2O_3$ 标准溶液滴定至浅黄色。加入 2mL 淀粉溶液，继续滴定至蓝色消失为终点。平行测定 3 份，计算苯酚含量。

6.4.3　硫化物的测定

1. 实验原理

硫化物在酸性条件下，与过量的碘作用，剩余的碘用硫代硫酸钠溶液滴定。由硫代硫酸钠溶液所消耗的量，间接求出硫化物的含量。

2. 主要试剂和仪器

（1）酸化—吹气—吸收装置，如图 3-10 所示。

（2）恒温水浴：0～100℃。

（3）150mL 或 250mL 碘量瓶。

（4）25mL 或 50mL 棕色滴定管。

（5）盐酸、磷酸、乙酸。

（6）载气：高纯氮。

（7）氢氧化钠溶液：$C=1mol/L$。

（8）乙酸锌溶液：$C=1mol/L$。

（9）重铬酸钾标准溶液：$C=0.1000mol/L$。

（10）1‰淀粉指示液。

（11）碘化钾。

（12）硫代硫酸钠标准溶液：$C=0.1mol/L$，$C=0.01mol/L$。

（13）碘标准溶液 $C=0.1mol/L$，$C=0.01mol/L$。

3. 实验步骤

（1）试样的预处理。

1）按图 3-10 连接好酸化—吹气—吸收装置，通载气检查各部位气密性。

2）分别加 2.5mL 乙酸锌溶液于两个吸收瓶中，用水稀释至 50mL。

3）取 200mL 现场已固定并混匀的水样于反应瓶中，放入恒温水浴内，装好导气管、加酸漏斗和吸收瓶。开启气源，以 400mL/min 的流速连续吹氮气 5min 驱除装置内空气，关闭气源。

4）向加酸漏斗加入（1+1）磷酸 20mL，待磷酸全部流入反应瓶后，迅速关闭活塞。

5）开启气源，水浴温度控制在 60～70℃ 时，以 75～100mL/min 的流速吹气 20min，以 300mL/min 流速吹气 10min，再以 400mL/min 流速吹气 5min，赶尽最后残留在装置中的硫化氢气体。关闭气源，按下述碘量法操作步骤分别测定两个吸收瓶中硫化物含量。

（2）测定。于上述两个吸收瓶中，加入 10.00mL 0.01mol/L 碘标准溶液；再加 5mL 盐酸溶液，密塞混匀。在暗处放置 10min，用 0.01mol/L 硫代硫酸钠标准溶液滴定至溶液呈淡黄色时，加入 1mL 淀粉指示液，继续滴定至蓝色刚好消失为止。

（3）空白试验。以水代替试样，加入与测定试样时相同体积的试剂，按前述步骤进行空白试验。

（4）结果表示。

1）预处理二级吸收的硫化物含量 C_i（mg/L）按式（6-19）计算：

$$C_i = \frac{C(V_0 - V_i) \times 16.03 \times 1000}{V} \quad (i=1,2) \qquad (6-19)$$

式中 V_0——空白试验中，硫代硫酸钠标准溶液用量（mL）；

V_i——滴定二级吸收硫化物含量时，硫代硫酸钠标准溶液用量（mL）；

V——试样体积（mL）；

C——硫代硫酸钠标准溶液浓度（mol/L）。

2）试样中硫化物含量 $C(mg/L)$ 按式（6-20）计算：

$$C=C_1+C_2 \qquad (6-20)$$

式中　C_1——一级吸收硫化物含量；

　　　C_2——二级吸收硫化物含量。

6.4.4　碘量法测定总氯

1. 实验原理

氯在酸性溶液中与碘化钾作用，释放出定量的碘，再用硫代硫酸钠标准容颜滴定。

$$
\left.
\begin{aligned}
&2KI+2CH_3COOH \longrightarrow 2CH_3COOK+2HI\\
&2HI+HOCl \longrightarrow I_2+HCl+H_2O\\
&I_2+2Na_2S_2O_3 \longrightarrow 2NaI+Na_2S_4O_6
\end{aligned}
\right\} \qquad (6-21)
$$

本法测定的总氯包括 $HOCl$、OCl^-、NH_2Cl 和 $NHCl_2$ 等。

2. 主要试剂和仪器

（1）碘量瓶：$250\sim300mL$。

（2）碘化钾。

（3）（1+5）硫酸溶液。

（4）重铬酸钾标准溶液：$C=0.0250mol/L$。

（5）0.05mol/L 硫代硫酸钠标准溶液。

（6）0.0100mol/L 硫代硫酸钠标准溶液。

（7）1%淀粉溶液。

（8）乙酸盐缓冲溶液（pH4）。

3. 实验步骤

（1）移取 100mL 水样于 300mL 碘量瓶内，加 0.5g 碘化钾和 5mL 乙酸盐缓冲溶液。

（2）自滴定管加入 0.0100mol/L 硫代硫酸钠标准溶液至变成淡黄色，加入 1mL 淀粉溶液，继续滴定至蓝色消失，纪录用量。

（3）计算：

$$总氯(Cl_2,mg/L)=\frac{CV_1\times35.46\times1000}{V} \qquad (6-22)$$

式中　C——硫代硫酸钠标准溶液浓度（mol/L）；

V_1——硫代硫酸钠标准滴定溶液用量（mL）；

V——水样体积（mL）；

35.46——总余氯（Cl_2）摩尔质量（g/mol）。

6.4.5　碘量法测定溶解氧

1. 实验原理

水样中加入硫酸锰和碱性碘化钾，水中溶解氧将低价锰氧化成高价锰，生成四价锰的氢氧化物棕色沉淀。加酸后，氢氧化物沉淀溶解并与碘离子反应释放出游离碘。以淀粉作指示剂，用硫代硫酸钠滴定释放出的碘，可计算溶解氧的含量。

2. 主要试剂和仪器

（1）250～300mL 溶解氧瓶。

（2）硫酸锰溶液：称取 480g 硫酸锰或 364g $MnSO_4 \cdot H_2O$ 溶于水，用水稀释至 1000mL。此溶液加至酸化过的碘化钾溶液中，遇淀粉不得产生蓝色。

（3）碱性碘化钾溶液：称取 500g 氢氧化钠溶解于 300～400mL 水中，另称取 150g 碘化钾溶于 200mL 水中，待氢氧化钠溶液冷却后，将两溶液合并，混匀，用水稀释至 1000mL。

（4）（1+5）硫酸溶液。

（5）1‰淀粉溶液。

（6）重铬酸钾标准溶液：$C=0.0250mol/L$。

（7）硫代硫酸钠溶液：称取 3.2g 硫代硫酸钠溶于煮沸放冷的水中，加入 0.2g 碳酸钠，用水稀释至 1000mL。

3. 实验步骤

（1）溶解氧的固定。用吸水管插入溶解氧瓶的液面下，加入 1mL 硫酸锰溶液、2mL 碱性碘化钾溶液，盖好瓶塞，颠倒混合数次，静置。

（2）析出碘。轻轻打开瓶塞，立即用吸管插入液面下加入 2.0mL 硫酸。小心盖好瓶塞，颠倒混合摇匀至沉淀物全部溶解为止，放置暗处 5min。

（3）滴定。移取 100mL 上述溶液于 250mL 锥形瓶中，用硫代硫酸钠溶液滴定至溶液呈淡黄色，加入 1mL 淀粉溶液，继续滴定至蓝色刚好褪去为止，记录硫代硫酸钠溶液用量。

（4）计算。

$$溶解氧(O_2, mg/L) = \frac{MV \times 8 \times 1000}{100} \qquad (6-23)$$

式中　M——硫代硫酸钠溶液浓度（mol/L）；

V——滴定时消耗硫代硫酸钠溶液体积（mL）。

6.4.6　硫酸亚铁铵滴定法测定总铬

1. 实验原理

在酸性溶液中，以银盐作催化剂，用过硫酸铵将三价氧化成六价铬。加入少量氯化钠并煮沸，除去过量的过硫酸铵及反应中产生的氨。以苯基代邻氨基苯甲酸作指示剂，用硫酸亚铁按溶液滴定，使六价铬还原为三价铬，溶液呈绿色为终点。根据硫代硫酸铵溶液的用量，计算出水样中总铬的含量。本方法试用于废水中高浓度（1mg/L）总铬的测定。

2. 主要试剂和仪器

（1）（1＋19）硫酸溶液：取硫酸 50mL，缓慢加入到 950mL 水中，混匀。

（2）硫酸—磷酸混合液：取 150mL 硫酸缓慢加入到 700mL 水中，冷却后，加入 150mL 磷酸，混匀。

（3）25％过硫酸铵溶液。

（4）重铬酸钾标准溶液：$C=0.01000mol/L$。

（5）硫酸亚铁铵标准滴定溶液：称取硫酸亚铁铵 3.95g，用（1＋19）硫酸溶液 500mL 溶解，过滤至 2000mL 容量瓶中，用（1＋19）硫酸溶液稀释至标线。

（6）1％硫酸锰溶液。

（7）0.5％硝酸银溶液。

（8）5％碳酸钠溶液。

（9）1＋1 氨水。

（10）1％氯化钠溶液。

（11）苯基代邻氨基苯甲酸作指示剂：称取苯基代邻氨基苯甲酸 0.27g，溶于 5％碳酸钠溶液 5mL 中，用水稀释至 250mL。

3. 实验步骤

（1）吸取适量水样于 150mL 烧杯中，经酸消解后转移至 500mL 锥形瓶中。用氨水中和溶液 pH 值为 1～2。加入 20mL 硫酸—磷酸混合液、1～3 滴硝酸银溶液、0.5mL 硫酸锰溶液、25mL 过硫酸铵溶液，摇匀。加入几粒玻璃珠，加热至出现高锰酸盐的紫红色，煮沸 10min。

（2）取下稍冷，加入 5mL 氯化钠溶液，加热微沸 10～15min，除尽氯气。取下迅速冷却，用水洗涤瓶壁并稀释至 250mL 左右。加入 3 滴苯基代邻氨基苯甲酸指示液，用硫酸亚铁铵标准滴定溶液滴定至溶液有红色突变为绿色即为终点，记下用量（V_1），同时取同体积纯水代替水样进行测定，记下用量（V_2）。

（3）计算。

$$总铬(Cr,mg/L) = \frac{V_1 - V_2}{V_3} \times C \times 17.332 \times 1000 \qquad (6-24)$$

式中　V_1——滴定水样时，硫酸亚铁铵标准滴定溶液用量（mL）；

　　　V_2——滴定空白样时，硫酸亚铁铵标准滴定溶液用量（mL）；

　　　V_3——水样的体积（mL）；

　　　C——硫酸亚铁铵标准滴定溶液的浓度（mol/L）；

17.332——1/3 Cr 的摩尔质量（g/mol）。

6.4.7　重铬酸钾容量法测定有机质

1. 实验原理

在加热的条件下，以过量的 $K_2Cr_2O_7 - H_2SO_4$ 溶液氧化底质中有机碳，以 $FeSO_4$ 标准溶液滴定剩余的 $K_2Cr_2O_7$，反应式如下：

$$2K_2Cr_2O_7 + 3C + 8H_2SO_4 \longrightarrow 2K_2SO_4 + 2Cr_2(SO_4)_3 + 3CO_2 + 8H_2O \quad (6-25)$$

$$K_2Cr_2O_7 + 6FeSO_4 + 7H_2SO_4 \longrightarrow K_2SO_4 + 2Cr_2(SO_4)_3 + 3Fe_2(SO_4)_3 + 7H_2O$$

$$(6-26)$$

测得有机碳的含量乘上一个经验系数 1.724，即为有机质的含量。在本方法的加热条件下，有机碳的氧化效率为 90%，故对其结果还要乘一个校正系数 1.08。

2. 主要试剂和仪器

（1）玻璃试管：18mm×180mm。

（2）油浴锅：装甘油或石蜡作加热介质。

（3）铁丝笼：消解样品插玻璃试管用。

（4）温度计：0～300℃。

（5）全自动微量滴定管：10mL。

（6）滴定管：25mL。

（7）（1/6 $K_2Cr_2O_7$）＝0.4mol/L 的硫酸溶液。

（8）（$FeSO_4$）＝0.2000mol/L 标准溶液。

（9）（1/6 $K_2Cr_2O_7$）＝0.200mol/L 的 $K_2Cr_2O_7$ 标准溶液。

（10）邻菲啰啉指示液：称取分析纯 $FeSO_4$ 0.7g 和邻菲啰啉 1.49g，溶于 100mL 水中。

（11）Ag_2SO_4：碾研成细粉。

（12）灼烧过的土壤：取土壤 200g 并通过 0.25mm 筛，分装于数个瓷蒸发皿中，在 700～800℃马弗炉中灼烧 1～2h，将有机质完全烧尽后备用。

3. 实验步骤

（1）准确称取风干样品 0.1000～0.5000g（准确至 0.0001g）放入干燥的硬

质玻璃试管中，加入约 0.1g Ag$_2$SO$_4$ 粉末，用微量滴定慢慢加入 0.400mol/L K$_2$Cr$_2$O$_7$ 硫酸溶液 10.0mL，插入铁丝笼中，放入预先加热至 $185\sim190℃$ 的甘油浴中，待试液开始沸腾计时，保持沸腾 5min，取出铁丝笼，待试管冷却，擦净外部油液。

(2) 将试液移入 150mL 锥形瓶中，并用水洗涤试管 $2\sim3$ 次，洗液并入锥形瓶中，使试液总体积为 $40\sim50$mL。

(3) 往试液中加指示剂 $2\sim3$ 滴，用 FeSO$_4$ 标准溶液滴定至棕红色即为终点。消耗 FeSO$_4$ 溶液 V(mL)。

(4) 与样品操作的同时，用 0.2g 灼烧过的土壤代替样品作全程空白试验，消耗 FeSO$_4$ 溶液 V_0(mL)。

(5) 计算。

$$有机质(\%) = \frac{(V_0 - V)C \times 0.003 \times 1.724 \times 1.08}{W} \times 100 \qquad (6-27)$$

式中　　V_0——空白试验消耗的 FeSO$_4$ 体积（mL）；

　　　　V——滴定样品时消耗的 FeSO$_4$ 体积（mL）；

　　　　C——FeSO$_4$ 标准溶液的摩尔浓度；

　　0.003——毫克当量碳的克数（g）；

　　1.724——由有机碳换算为有机质的经验系数；

　　1.08——氧化校正系数；

　　　　W——风干样品重（g）。

第7章 原子吸收光谱法

7.1 概述

原子吸收光谱法（Atomic Absorption Spectrometry，AAS），通常亦被称为原子吸收分光光度法（Atomic Absorption Spectrophotometry，AAS），是根据呈气态的待测元素的基态原子对其共振辐射的吸收量进行测定试样中该元素含量的定量分析方法，简称原子吸收法。

1802 年，英国 W. H. Wollaston 提出了在太阳连续光谱中有暗线存在。1860年德国 G. Kirchhoff 和 R. Bunson 在研究碱金属和碱土金属的火焰光谱之后，发现太阳连续光谱中的暗线与钠蒸气发射的典型黄线相同，断言任何物质既然能发射特定波长辐射，就一定能吸收该辐射，认为大气圈中的钠原子吸收了太阳光中的钠辐射，造成了太阳连续光谱中暗线的存在。

1955 年，澳大利亚 A. Walsh 发表了 "The application of atomic absorption spectra to chemical analysis" 论文，奠定了原子吸收光谱法的基础。A. Walsh 发明了封闭式空心阴极灯锐线光源，指出吸光度与试样中被测元素浓度具有线性相关性，开创了火焰原子吸收光谱法。

1959 年，前苏联 B. V. L'vov 将样品引入到充满氩气包围的封闭石墨坩埚中快速完全蒸发，开创了石墨炉原子吸收光谱法，阐述了原子化过程中石墨炉的温度测量和控制，吸收信号的测量技术。但因系统结构复杂，操作繁琐未能推广。

1965 年，英国 J. B. Willis 将氧化亚氮—乙炔火焰代替乙炔—空气火焰，测定了难熔元素，拓广了火焰原子化法测定元素的范围。

1965 年，我国吴廷照等成功研制了空心阴极灯，组装了实验室型原子吸收光谱仪。

1968 年，德国 H. Massmann 在 B. V. L'vov 石墨炉的基础上，将封闭系统改造成半封闭系统，采用低电压大电流、程序化升温过程加热石墨炉，样品直接在石墨管中原子化，构建了商品化石墨炉的雏形。

1976 年，C. Lau 等提出了水冷原子捕集技术。

1977 年，R. J. Watling 提出了缝管原子捕集技术。

1978 年，前苏联 B. V. L'vov 提出了在 H. Massmann 石墨炉中实现等温原子化的 3 条途径：平台原子化、探针原子化和电容放电强脉冲。

20 世纪 70 年代、80 年代各国工作者在石墨管性能改进、测量背景校正、化学改进剂消除化学干扰、氢化物原子化和流动注射等方面丰富完善了原子光谱实验技术。

20 世纪 80 年代后，采用了色谱—原子吸收光谱联用在元素形态分析领域进行了广泛应用。

原子吸收光谱法已经形成了火焰法、石墨炉法及石英管 3 种成熟原子化方法，该方法具有选择性好、检出限低、精密度高、抗干扰能力强，广泛应用于水环境介质中金属元素和准金属元素的测定。

7.2 原子吸收法的原理

原子由原子核和其核外电子组成，由于最外层的价电子组态内的各电子之间的相互耦合作用，形成了各种能量不同的原子态。在通常情况下，原子处于基态，能量最低。当有受热、吸收辐射等获得外界能量时，原子跃迁到较高能态。

原子在两个不同能态之间跃迁伴随着能量的发射和吸收，两者波长相同。当辐射的频率与原子中电子由基态跃迁到第一激发态所需能量相匹配时，原子发生共振吸收，该谱线称为共振吸收线，即为元素的特征谱线。原子吸收光谱通常位于光谱的紫外区和可见区。

原子吸收光谱法就是光源系统发出待测元素的特征辐射，将其通过样品的蒸汽，待测元素的基态原子吸收辐射，通过测量辐射能量的减弱程度（吸光度），计算样品中待测元素的含量。

锐线光源条件下，在一定的浓度范围内，吸光度与原子蒸气中待测元素的基态原子数成线形关系，遵从朗伯—比尔定律：

$$A = \lg \frac{I_0}{I} = k'C \qquad (7-1)$$

式中 A——吸光度；

     I_0，I——入射光和透射光的强度；

     k'—— 一定实验条件下的常数；

     C——待测元素的浓度。这是原子吸收光谱法定量分析的基础。

原子吸收谱线并不是严格的几何意义上的线。谱线的宽度受多种因素的影响，包括由于原子不规则热运动引起的多普勒变宽、原子与外界气体分子之间碰撞引起的压力变宽、同种元素及太原子之间碰撞引起的共振变宽以及磁场效应和电厂效应引起的场致变宽。谱线变宽是影响常数 k' 的主要因素。

7.3 原子吸收光谱仪

20 世纪 50 年代末，火焰原子吸收分光光度计问世。

1965年高温氧化亚氮—乙炔火焰法引入原子吸收分析法，同年研发了连续光源背景校正方法。

1969年产生了塞曼背景校正方法。

1970年第一台石墨炉原子吸收分光光度计推出。

1976年恒定磁场塞曼原子吸收光谱仪投放市场。

1983年提出了自吸收背景校正方法，同年仪器问世。

1990年推出了第一个纵向磁场、横向加热石墨炉塞曼原子吸收分光光度计。

1997年推出了富氧空气乙炔火焰原子化器的原子吸收光谱仪。

2009年沈阳华光精密仪器有限公司生产LAB600原子吸收分光光度计采用微流控技术，将氢化物发生器内置于主机，并且与石墨炉、火焰集成一体，实现了自动化控制，优化了仪器结构，操作简单。

2009年上海光谱仪器有限公司生产SP－3880AA原子吸收分光光度计，采用横向可变交直流磁场塞曼背景校正一体化设计，实现背景有效扣除。

如今多元素同时测定是原子吸收光谱仪的研究热点。

原子吸收光谱仪通常由光源、原子化系统、光学系统和检测系统组成，如图7-1所示。

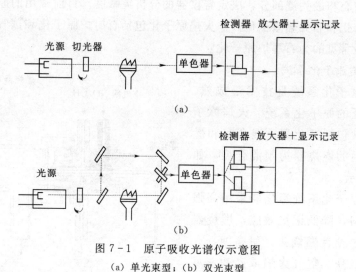

图7-1 原子吸收光谱仪示意图

（a）单光束型；（b）双光束型

7.3.1 光源

原子吸收光源的功能是发射待测元素的特征共振辐射谱线。光源要求发射的谱线宽度窄，要远远小于吸收线的宽度，即为锐线光源。谱线有足够的强度、稳定性和纯度。谱线噪声低寿命长。光源常用的是封闭式空心阴极灯，亦称为元素灯，如图7-2所示。

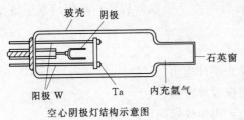

图 7-2　空心阴极灯结构示意图

空心阴极灯外壳为密闭的硬质玻璃，顶部熔接光学窗口。灯的中心用待测元素的纯金属材料或合金制作成内径为 $2\sim 5mm$ 的圆筒状，作为阴极。阴极放在陶瓷或玻璃套管中，起到屏蔽作用，阴极的外部有一由钨或钛或镍等材料制成的阳极。灯内一般充入高纯的惰性气体氖气或氩气，压力为 $0.1\sim 0.7kPa$。灯一般外接八角灯座。

在灯的两极施加一定的电压后，管内的惰性气体发生电离，使自由电子和正离子分别向阳极和阴极移动，若电压足够高时，质量较大的正离子获得足够的能量轰击阴极表面，使一些金属原子被溅射出来，其中一些获得能量被激发到高能态的原子回到基态时，发射出相应元素的特征共振辐射谱线。当溅射出的原子数目与返回到灯内的原子数达到平衡时，空心阴极灯达到稳定状态。

7.3.2　原子化系统

原子化系统的功能是将样品中的待测元素转化为基态原子，这是原子吸收光谱仪的最核心和最关键部分，决定着仪器的分析灵敏度。目前常用的原子化技术有火焰原子化和非火焰原子化，非火焰原子化包括石墨炉原子化和蒸气发生原子化，其中最常见的为石墨炉原子化。

1. 火焰原子化系统

火焰原子化系统是技术最成熟、应用最广泛的原子化系统。火焰原子化系统通常包括雾化器、混合室和燃烧器。常用的燃烧器为预混合型，如图 7-3 所示。

火焰原子化系统雾化器采用高强耐腐蚀材料，降低记忆效应，燃烧器广泛采用了全钛燃烧头，耐腐蚀，火焰通常为乙炔—空气火焰或乙炔—氧化亚氮火焰。

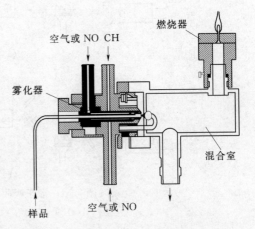

图 7-3　预混合型燃烧器结构示意图

在火焰原子化中，高速流动的助燃气在流经毛细管，在毛细管出口处时产生负压，由于虹吸作用将待测溶液吸入毛细管，溶液被气流分散成细小雾滴，高速流动的混合气体撞击在雾化器前的玻璃撞击球上，进一步分散成细雾，在混合室中大的雾滴由于重力的作用下沉，经废液管排出，含雾化溶液的助燃气体与燃气在混合室中充分混合，一起进入燃烧器，在火焰的作用下经历干燥、熔融、蒸发、离解等过程产生大量基态原子。

火焰原子化系统重现性好，操作简便，测量所需时间短，不足之处为原子化效率低，仅为10%左右，试样用量大、灵敏度下降。

2. 石墨炉原子化系统

石墨炉原子化系统采用电加热替代了火焰加热。20世纪70～80年代均为纵向加热的Massmann管炉，在石墨管两端通大电流加热使石墨管温度达到2000～3000℃，在石墨管两端的电极水冷，使整个石墨管的温度不均匀，两端低中间高。20世纪90年代后采用集成式接触方式连接石墨管和电极方式后，横向加热方式的石墨炉问世，电流通过的方向与石墨管方向正交，解决了石墨管长度方向存在温度梯度的问题，如图7-4所示。

图7-4 管式石墨炉结构示意图

待测试样由进样口经微量进样器注入，在石墨管内外通氩气，内气路中氩气自两端流入，由管中心进样孔流出，外气路氩气沿石墨管外壁流动，隔绝空气，以防氧化。在石墨炉的加热过程中经过干燥、灰化过程，内气路中氩气有效去除产生的基体成分。在原子化的过程中，停止通气，延长基态原子在石墨炉中的停留时间，进行吸收信号测量，在净化阶段温度升至最大允许值，去除残留物，消除记忆效应。

石墨炉原子化系统原子化效率高，能达到90%以上，测量用样量少，基态原子在光路中停留时间长，灵敏度高，检出限比火焰法低100～1000倍，并且能够直接分析固体样品。但石墨炉原子化系统背景效应和基体效应较强，条件不易控制，重现性准确度不如火焰原子化法。

3. 石英管原子化器

石英管原子化器是由带通气支管的石英管制成的一种原子化器，适合某些较

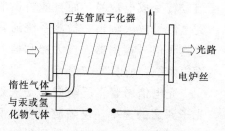

图7-5 石英管原子化器示意图

低温度下就能实现原子化的气态分析物。待测元素需要通过化学反应将其转化成气态挥发物，如氢化物发生法及汞蒸气法等。石英管原子化器通常采用在石英管外壁缠绕电炉丝加热或火焰加热方式，如图7-5所示。

石英管原子化器制作简单，灵敏度

高，但应用范围窄，仅用于汞、氢化物及易挥发元素的化合物的原子化。操作时防止液体进入到石英原子化器中，损坏石英管，污染光线系统。

7.3.3 光学系统

光学系统分为单色器和外光路系统。单色器作用就是将待测元素的共振线与其他谱线分开，使检测系统只接受分析线，通常采用光栅作为色散元件，放在原子化器后面，在多元素同时测定时须要用高分辨单色器。外光路系统是使光源发出的特征辐射谱线能够准确通过原子化区，投射到单色器的入射狭缝上，目前可分为单光束和双光束两种形式。图为单光束分光结构示意图，如图 7-6 所示。

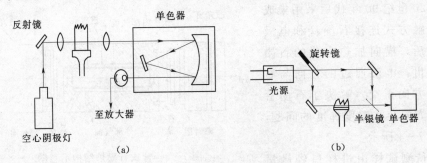

图 7-6　火焰原理分光系统
(a) 单光束型；(b) 双光束型

单光束分光系统结构简单、体积小、灵敏度较高，仪器价格便宜，能够满足一般分析要求。缺点是不能消除由于光源波动引起的基线漂移，在测量过程中需校正零点，光源预热时间长，要 20～30min。

双光束分光系统，两光束来自同一光源，在一定程度上消除了光源波动造成的影响，由于参比光束不通过火焰，不能够消除火焰带来的影响，光源不需要预热就可以工作。

7.3.4 检测系统

检测系统的功能是信号的检测和数据的输出。原子吸收光谱仪通常采用光电倍增管作为检测器，其不仅能将光信号转变成电信号，而且能将微弱的电信号放大输出。检测系统通常包括光信号检测器、放大器和信号输出系统，如图 7-7 所示。

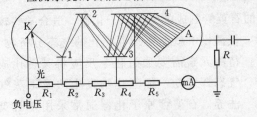

图 7-7　光电倍增管工作原理图
K—光敏阴极；1～4—打拿极；
A—阳极；R，R_1～R_5—电阻

光电倍增管，所响应的是入射光子到达的速率，仅随波长发生变化，相应时间快。当分光照射在光

敏阴极 C 上，释放出光电子，当 C 释放的光电子撞击到第一集束极 D1 上时，就会放出 25 倍的光电子，经过多极集束极的放大，到达最后一个打拿极上时比最初阴极发出的光电子多到 10^5 倍以上，在阳极上形成电流，光电流通过负载电阻 R 转换成电压信号送至放大器，放大器的信号频率与光源调制频率相同，只放大光源辐射的信号，消除其他光谱对测量信号的干扰，最后由信号输出系统显示输出。

近些年的发展，也有采用 CCD 作为检测器。

7.4　原子吸收光谱分析方法的构建

7.4.1　测定条件的选择

1. 火焰类型的选择

火焰原子化通常用乙炔、氢气等作为燃气，用空气、氧化亚氮、氧气作为助燃气。如表 7-1 所示列出了火焰原子化中常用火焰及火焰的燃烧性质。

表 7-1　　　　　　　　常用火焰及火焰的燃烧性质

燃　气	助　燃　气	温度（℃）	燃烧速率（cm/s）
乙炔	空气	2100～2400	158～266
	氧气	3050～3150	1100～2480
	氧化亚氮	2600～2800	285
天然气	空气	1700～1900	39～43
	氧气	2700～2800	370～390
氢气	空气	2000～2100	300～440
	氧气	2550～2700	900～1400

不同元素由于其熔点和氧化还原性质的不同，以及测量浓度范围的不用，需要采用不同类型的火焰。

同种火焰燃气和助燃气的比例组成决定了火焰的温度及氧化还原特性，可将火焰分为：

（1）贫燃火焰：燃气和助燃气的比例小于化学计量，这种火焰氧化性强，温度较低，适合测定碱金属。

（2）中性火焰：燃气和助燃气的比例与化学计量相当，这种火焰温度高、背景低、干扰小，适合大部分元素的测定。

（3）富燃火焰：燃气和助燃气的比例大于化学计量，这种火焰燃烧不完全，温度低，背景较高，干扰多，但其还原性强，温度较低，适合测定难离解氧化物的元素，如铁、镍、钴等。

2. 燃烧器高度的调节

经过一系列物理和化学反应的复杂过程，被测元素在火焰中原子化。在条件一定的情况下，不同元素由于火焰不同区域的温度和氧化还原性不同，其在火焰中的自由原子浓度的分布是不同的。需要调节燃烧器的高度使特征光束通过自由原子浓度最大的区域，得到最大稳定的吸收值，最高的灵敏度，即为最佳测量高度。

火焰最靠近燃烧器缝隙处，亮度较小，试样在这里干燥，为干燥区。其上一条明亮的蓝色光带，固体颗粒在这里溶化、蒸发，为蒸发区。紧贴蒸发区上一薄层区域，元素在这里原子化，自由原子浓度最高，不同元素自由原子浓度最高的区域也不相同，火焰再往上由于温度降低，原子被电离，形成化合物，如图 7-8 所示。

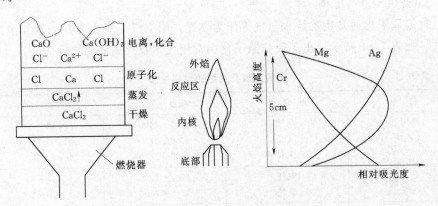

图 7-8　吸收值与火焰高度的曲线图

3. 空心阴极灯工作电流的选择

空心阴极灯的灯电流越大，灯辐射强度越大，光源强度变高；但灯电流过大会引起谱线的多普勒和压力变宽，导致工作曲线线形范围变窄，同时会降低灯的使用寿命。灯电流过小，光源强度不足，信噪比下降，稳定性变差。

空心阴极灯工作电流的选择原则：在保证光源稳定输出和适当的光强时，尽量使用较低的工作电流。通常选用的灯工作电流不超过最大允许灯电流的 2/3，并将灯预热一段时间后得到稳定的光能。

4. 吸收线的选择

在原子吸收光谱分析中，大多数元素通常选用其共振线作为吸收线，获得高灵敏度。然而，当分析某些多谱线的元素时，共振线附近有可能有其他吸收线的干扰，需要选择合适的非共振线作为分析线。共振线在远紫外区的元素 As、Bi、Hg、Pb 等，容易受到火焰、背景、大气的干扰，同样不适合选用共振线作为分析线。

选用分析线是应全面考虑灵敏度、其他谱线的干扰、背景干扰、校正曲线的线性范围等方面，选用测试吸光度最大的谱线为分析线。如表 7-2 所示为元素常用的分析线。

表 7-2　　　　　　　　　　　　　　　　元素常用的吸收线

元素	波长 λ（nm）	元素	波长 λ（nm）	元素	波长 λ（nm）
Ag	328.07，338.29	Hg	253.65	Ru	349.89，372.80
Al	309.27，308.22	Ho	410.38，405.39	Sb	217.58，206.83
As	193.64，197.20	In	303.94，325.61	Sc	391.18，402.04
Au	242.80，267.60	Ir	209.26，208.88	Se	196.09，203.99
B	249.68，249.77	K	766.49，769.90	Si	251.61，250.69
Ba	553.55，455.40	La	550.13，418.73	Sm	429.67，520.06
Be	234.86	Li	670.78，323.26	Sn	224.61，286.33
Bi	223.06，222.83	Lu	335.96，328.17	Sr	460.73，407.77
Ca	422.67，239.86	Mg	285.21，279.55	Ta	271.47，277.59
Cd	228.80，326.11	Mn	279.48，403.68	Tb	432.65，431.89
Ce	520.00，369.70	Mo	313.26，317.04	Te	214.28，225.90
Co	240.71，242.49	Na	589.00，330.30	Th	371.90，380.30
Cr	357.87，359.35	Nb	334.37，358.03	Ti	364.27，337.15
Cs	852.11，455.54	Nd	463.42，471.90	Tl	267.79，377.58
Cu	324.75，327.40	Ni	232.00，341.48	Tm	409.40
Dy	421.17，404.60	Os	290.91，305.87	U	351.46，358.49
Er	400.80，415.11	Pb	216.70，283.31	V	318.40，385.58
Eu	459.40，462.72	Pd	247.64，244.79	W	255.14，294.74
Fe	248.33，352.29	Pr	495.14，513.34	Y	410.24，412.83
Ga	287.42，294.42	Pt	265.95，306.47	Yb	398.80，346.44
Gd	368.41，407.87	Rb	780.02，794.76	Zn	213.86，307.59
Ge	265.16，275.46	Re	346.05，346.47	Zr	360.12，301.18
Hf	307.29，286.64	Rh	343.49，339.69		

5. 光谱通带宽度的选择

单色器的光谱通带是单色器的倒数色散率与狭缝宽度的乘积，是指在狭缝的单位距离内包含的波长范围。由于单色器固定后，倒数色散率相应是一定的，因此通过调节狭缝宽度调节光谱通带宽度。

过小的光谱通带虽然减少了其他光谱的干扰，但使透过的光能减弱，灵敏度降低。过大的光谱通带虽然增强了透过光能，提高了灵敏度和信噪比，但会受到附近谱线的干扰。选择合适的光谱通带的原则是在保证能消除干扰谱线和非吸收光干扰的前提下，选用较宽的光谱通带。

6. 进样量的选择

原子吸收样品的进样量影响着测试方法的灵敏度、重现性以及火焰的温度。在一定范围内随着进样量的增加，产生的基态原子数目增多，提高了灵敏度。但对于火焰法，过大的进样量会消耗大量热量使火焰温度降低，导致蒸发不完全，原子化效率降低。对于石墨炉法，过大的进样量会延长原子化时间，净化难度加大，造成记忆效应，同时降低石墨管使用寿命。确定合适的进样量原则是通过实验方法，以获得稳定的最大吸光度。

7. 石墨炉原子化条件的选择

石墨炉通常采用程序升温使石墨管达到原子化温度。样品在石墨炉中原子化经过干燥、灰化、原子化和净化四个阶段。

干燥阶段是去除溶液样品中的溶剂和固体样品中的水分或挥发物，不能损失待测元素，并防止样品飞溅。对于未知样品应采用斜坡升温方式，缓慢升高温度。对于已知样品将温度快速升温到略低于沸点，然后再斜坡升温到高于沸点 1～5℃，保持 10～20s。干燥的时间和温度配合调节。

灰化阶段是去除基体和共存物质，减少基体干扰和背景吸收，保留待测元素。不同的元素采用不同的灰化温度，通常采用斜坡升温的方式升温至灰化温度，并保留 1～3s。在保证待测元素不损失的前提下，尽可能地提高灰化温度。

原子化阶段是使样品中的待测元素迅速完全变成自由状态的原子。由灰化温度阶段迅速升温至原子化温度，过程历时决定原子化损失率，现代仪器通常小于 1s。原子化的温度不仅影响着测试的灵敏度，而且还影响石墨管的使用寿命。应选用达到最大吸光度的最低温度作为原子化温度，原子化阶段采用恒温方式。

净化阶段是去除样品残留，消除石墨管记忆效应，净化温度应高于原子化温度。

8. 物理干扰的抑制方法

物理干扰是指试样在转移、蒸发和原子化过程中，由于试样的物理性质变化引起吸光度变化的效应，主要是试样的黏度、密度、表面张力、蒸汽压等物理性质发生变化。物理干扰是非选择性干扰，对试样中各元素的影响基本相似。

物理干扰的消除通常采用稀释溶液以减小黏度的影响；标准溶液和样品溶液基质尽量一致；采用标准加入法消除基体效应。

9. 化学干扰的抑制方法

化学干扰是试样溶液中或气相中待分析元素与干扰组分发生化学反应引起的干扰效应。化学干扰广泛存在于原子吸收过程中，是主要的干扰源。

化学干扰的机理很复杂。待测元素与干扰组分有的形成热力学更稳定的化合物或难溶的氧化物，有的生成难解离的碳化物覆盖在石墨表面，产生记忆效应，有的生成易挥发的化合物引起挥发损失等，这类化学干扰直接作用是降低了原子化效率。由于样品中干扰组分的存在使被测元素的吸光度增强，而标准溶液没有该组分，影响了测试结果的准确性。

化学干扰的消除通常采用分离提纯，加入释放剂、缓冲剂、保护剂以及各种化学改进剂。

（1）分离提纯。采用萃取、沉淀及离子交换等分离方法将待测元素与干扰组分分离、富集。但需要使用大量的有机溶剂，有可能会引起损失和玷污，导致空白值增高。

（2）加释放剂。通过加入某种物质使干扰组分与该物质生成更稳定的化合物，把待测元素从与干扰组分形成的化合物中释放出来，加入的该物质称为释放剂。例如溶液在测定钙元素时，试样中的磷酸盐会产生干扰，加入镧于磷酸根结合，消除磷酸盐对测定钙元素的干扰。

（3）加缓冲剂。当试样中的干扰组分对待测元素产生正干扰，而且当干扰组分浓度较高时，干扰趋于稳定，在标准溶液和试样中加入过量的干扰组分物质，消除系统干扰，加入的该物质称为缓冲剂。例如溶液在测定钛元素时，铝在 $200\mu g/mL$ 浓度时，干扰趋于稳定，在标准溶液和试样中加入铝，使溶液铝浓度超过 $200\mu g/mL$，消除铝的干扰。

（4）加保护剂。通过加入某种物质使待测元素与该物质生成稳定的化合物（一般为络合物），阻止了待测元素与干扰组分发生化学反应，加入的该物质称为保护剂。例如溶液在测定钙元素时，试样中的磷酸盐会产生干扰，加入 EDTA 与钙络合，消除磷酸盐对测定钙元素的干扰。

10. 背景干扰的校正技术

试样中共存的干扰组分在气相中生成的化合物分子，产生的分子吸收光谱与待测元素分析线重叠，产生背景吸收干扰；当试样中的难熔金属氧化物的颗粒与入射特征波长同数量级或增大时，入射光被散射，造成"假吸收"现象。这两种干扰统称为背景干扰，为原子非特征吸收，导致测量到的吸光度值偏高。

原子吸收测得的吸光度包括原子特征吸收和原子非特征吸收两部分。背景干扰校正技术就是为了消除原子非特征吸收部分。通常需要两次测量完成，首先试样通过特征光束测量原子特征吸收和背景吸收总和，然后试样通过参比光束，测量背景吸收，两者相减，得到扣除背景干扰后的吸光度，近似作为真实吸光度。

（1）连续光源氘灯校正法。氘灯作为连续光源，光束的波长范围在 350nm

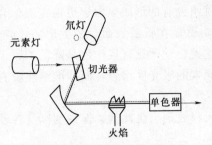

图 7-9　氙灯背景校正原理图

以内，可测元素的波长范围 70％以上都在 400nm 以下，且背景吸收也集中在短波段，氙灯能够满足大部分原子吸收背景校正任务。氙灯背景校正原理图如图 7-9 所示。

背景校正时，空心阴极灯和氙灯发射出的光交替通过原子化器，检测器分别测出两光束的吸收信号，两者相减，扣除了背景干扰。

连续光源氙灯校正法由于使用了两种不同类型的光源，光源能量、光斑大小及位置同一性等原因，不能准确校正空间特征很强的背景。由于波长的限制不能校正背景长波范围的背景。

（2）塞曼效应背景校正法。1896 年荷兰 Zeeman 发现在强磁场的作用下，原子的一条谱线，由于电子能级的裂分，形成了几条谱线，波长没有变化偏振方向与磁场方向相同的谱线称为 π 线，频率有变化的偏振方向与磁场方向垂直的谱线称为 σ 线，波长变化在 0.01nm 左右。这种现象称为塞曼效应。分裂成三条谱线称为正常塞曼效应，分裂成三条以上谱线称为反常塞曼效应。

π 线测量特征吸收（AA）和背景非特征吸收（BG），σ 线测量背景非特征吸收（BG），如图 7-10、图 7-11 所示。

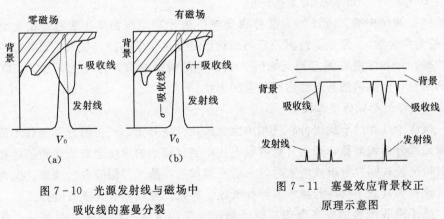

图 7-10　光源发射线与磁场中
吸收线的塞曼分裂
（a）谱线加背景吸收；（b）背景吸收

图 7-11　塞曼效应背景校正
原理示意图

空心阴极灯发射出特征谱线，当不加磁场时，原子吸收线不发生裂变，和普通原子吸收相同，测量的信号为 AA＋BG；当外加磁场后，原子吸收线发生裂变，偏光镜只允许与磁场垂直的 σ 线通过，测量的为 BG，实现背景校正。

塞曼效应背景校正技术同用一光源，光的能量、光斑大小、光路、光谱通带完全相同，测量基线非常稳定，校正技术是现有最先进的，但会降低灵敏度和缩短标准曲线的线形范围。

7.5　原子吸收光谱法在水环境分析检测中的应用

原子吸收光谱法在水环境分析检测中应用及其广泛。水环境样品中的银、汞、铅、砷、铍、铁、铝、钡、总铬、锑、锌、钒、铊、铟、镉、锰、镍、钾、钠、钙、镁、锡、硒和硫酸盐 24 种元素环保总局监测分析方法推荐使用原子吸收光谱法。

推荐使用火焰分光光度法测量的元素有 17 种，分别为：银、铝、钡、镉、铜、铅、锌、总铬、铁、锰、镍、锑、钠、钾、钙、镁、硫酸盐。

推荐使用萃取火焰法测量的有 4 种，分别为：镉、铜、铅、锌。

推荐使用石墨炉法测量的有 12 种，分别为：铍、镉、铜、铅、锌、锰、硒、钒、铊、铟、锡、镍。

推荐使用冷原子原子吸收法测量汞。

推荐使用氢化物原子吸收法测量砷。

7.5.1　直接吸入火焰原子吸收法测定镉、铜、铅和锌

1. 方法原理

将水样或消解处理好的试样直接吸入火焰，火焰中形成的原子蒸气对光源发射的特征电磁辐射产生吸收。将测得的样品吸光度和标准溶液的吸光度进行比较，确定样品中被测元素的含量。

2. 干扰及消除

地下水和地表水中的共存离子和化合物，在常见浓度下不干扰测定。当钙的浓度高于 1000mg/L 时，抑制镉的吸收，浓度为 2000mg/L 时，信号抑制达 19％。在弱酸性条件下，样品中六价铬的含量超过 30mg/L 时，由于生成铬酸铅沉淀而使铅的测定结果偏低，在这种情况下需要加入 1％抗坏血酸将六价铬还原成三价铬。样品中溶解性硅的含量超过 20mg/L 时干扰锌的测定，使测定结果偏低，加入 200mg/L 钙可消除这一干扰。铁的含量超过 100mg/L 时，抑制锌的吸收。当样品中含盐量很高，分析波长又低于 350nm 时，可能出现非特征吸收。如高浓度钙，因产生非特征吸收，即背景吸收，使铅的测定结果偏高。

基于上述原因，分析样品前需要检验是否存在基体干扰或背景吸收。一般通过测定加标回收率，判断基体干扰的程度。通过测定分析线附近 1nm 内的一条非特征吸收线处的吸收，可判断背景吸收的大小。根据如表 7-3 所示的选择与选用分析线相对应的非特征吸收谱线。

表 7－3　　　　　　　　　　　　　　**背景校正用的邻近线波长**

元　　素	分析线波长（nm）	非特征吸收谱线（nm）
镉	228.8	229（氘）
铜	324.7	324（锆）
铅	283.3	283.7（锆）
锌	213.8	214（氘）

根据检验的结果，如果存在基体干扰，可加入干扰抑制剂，或用标准加入法测定并计算结果。如果存在背景吸收，用自动背景校正装置或邻近非特征吸收谱线法进行校正。

3．方法的适用范围

本法适用于测定地下水、地表水和废水中的镉、铅、铜和锌。适用浓度范围与仪器的特性有关，如表 7－4 所示列出一般仪器的适用浓度范围。

表 7－4　　　　　　　　　　　　　**适 用 浓 度 范 围**

元　　素	适用浓度范围（mg/L）	元　　素	适用浓度范围（mg/L）
镉	0.05～1	铅	0.2～10
铜	0.05～5	锌	0.05～1

4．仪器

原子吸收分光光度计、背景校正装置，所测元素的元素灯及其他必要的附件。

5．试剂

（1）硝酸，优级纯。

（2）高氯酸，优级纯。

（3）去离子水。

（4）燃气：乙炔，纯度不低于 99.6％。

（5）助燃气：空气，由空气压缩机供给，经过必要的过滤和净化。

6．步骤

（1）样品预处理。取 100mL 水样放入 200mL 烧杯中，加入硝酸 5mL，在电热板上加热消解（不要沸腾）。蒸至 10mL 左右，加入 5mL 硝酸和 2mL 高氯酸，继续消解，直至 1mL 左右。如果消解不完全，再加入硝酸 5mL 和高氯酸 2mL，再次蒸至 1mL 左右。取下冷却，加水溶解残渣，用水定容至 100mL。

取 0.2％硝酸 100mL，按上述相同的程序操作，以此为空白样。

（2）样品测定。按如表 7－5 所示的参数选择分析线和调节火焰。仪器用 0.2％硝酸调零，吸入空白样和试样，测量其吸光度。扣除空白样吸光度后，从校准曲线上查出试样中的金属浓度。如可能，也可从仪器上直接读出试样中的金属浓度。

表 7 - 5 　　　　　　　　　　分析线波长和火焰类型

元　　素	分析线波长（nm）	火　焰　类　型
镉	228.8	乙炔—空气，氧化型
铜	324.7	乙炔—空气，氧化型
铅	283.3	乙炔—空气，氧化型
锌	213.8	乙炔—空气，氧化型

（3）校准曲线。配置混合标准溶液，此混合标准系列各金属的浓度如表 7 - 6 所示。接着按样品测定的步骤测量吸光度，用经空白校正的各标准的吸光度对相应的浓度作图，绘制校准曲线。

表 7 - 6 　　　　　　　　　　标准系列的配制和浓度

元　　素	标准系列各金属浓度（mg/L）					
镉	0	0.05	0.10	0.30	0.50	1.00
铜	0	0.25	0.50	1.50	2.50	5.00
铅	0	0.50	1.00	3.00	5.00	10.00
锌	0	0.05	0.10	0.30	0.50	1.00

注　用 0.2% 硝酸稀释定容至 100mL。

7. 计算

$$被测金属(mg/L) = \frac{m}{V} \tag{7-2}$$

式中　m——从校准曲线上查出或仪器直接读出的被测金属量（μg）；

　　　V——分析用的水样体积（mL）。

7.5.2 石墨炉原子吸收法测定镉、铜和铅

1. 方法原理

将样品注入石墨管，用电加热方式使石墨炉升温，样品蒸发离解形成原子蒸气，对来自光源的特征电磁辐射产生吸收。将测得的样品吸光度和标准吸光度进行比较，确定样品中被测金属的含量。

2. 干扰及消除

石墨炉原子吸收分光光度法的基体效应比较显著和复杂。在原子化过程中，样品基体蒸发，在短波长范围出现分子吸收或光散射，产生背景吸收。可以用连续光源背景校正法，或塞曼偏振光校正法、自吸收法进行校正，也可采用邻近的

非特征吸收线校正法，或通过样品稀释降低样品中的基体浓度。另一类基体效应是样品中基体参加原子化过程中的气相反应，使被测元素的原子对特征辐射的吸收增强或减弱，产生正干扰或负干扰。如氯化钠对镉、铜、铅的测定，硫酸钠对铅的测定均产生负干扰。在一定的条件下，采用标准加入法可部分补偿这类干扰。此外，也可使用基体改良剂。测铜时，$20\mu L$ 水样加入 40% 硝酸铵溶液 $10\mu L$；测铅时，$20\mu L$ 水样加入 15% 钼酸铵溶液 $10\mu L$；测镉时，$20\mu L$ 水样加入 5% 磷酸钠溶液 $10\mu L$。以上基体改良剂对于抑制基体干扰均有一定作用，1% 磷酸溶液也可作为镉、铅测定的基体改良剂。而硝酸钯是用于镉、铜、铅最好的基体改进剂，同时使用 La、W、Mo、Zn 等金属碳化物涂层石墨管测定，既可提高灵敏度，也能克服基体干扰。

3. 方法的适用范围

本法适用于地下水和清洁地表水。分析样品前要检查是否存在基体干扰并采取相应的校正措施。测定浓度范围与仪器的特性有关，如表 7 - 7 所示列出一般仪器的测定浓度范围。

表 7 - 7　　　　　　　　　　分析线波长和适用浓度范围

元　素	分析线（nm）	适用浓度范围（mg/L）
镉	228.8	0.1～2
铜	324.7	1～50
铅	283.3	1～5

4. 仪器

原子吸收分光光度计、石墨炉装置、背景校正装置及其他有关附件。

5. 试剂

(1) 硝酸，优级纯。

(2) 硝酸 (1+1)，0.2％。

(3) 去离子水：金属含量应尽可能低，最好用石英蒸馏器制备的蒸馏水。

(4) 硝酸钯溶液：称取硝酸钯 0.108g 溶于 $10mL(1+1)$ 硝酸，用水定容至 $500mL$，则含 Pd $10\mu g/mL$。

(5) 混合标准溶液：可由标准溶液稀释配制，用 0.2％硝酸进行稀释。制成的溶液每毫升含镉、铜、铅 0，$0.1\mu g$，$0.2\mu g$，$0.4\mu g$，$1.0\mu g$，$2.0\mu g$，含基体改进剂钯 $1\mu g$ 的标准系列。

6. 步骤

(1) 试样的预处理。同方法 7.5.1，但在试样消解时不能使用高氯酸，用 $10mL$ 过氧化氢代替。在过滤液中加入 $10mL$ 硝酸钯溶液，定容至 $100mL$。

（2）样品测定。

1）直接法：将 $20\mu L$ 样品注入石墨炉，如表 7 - 8 所示的仪器参数测量吸光度。以零浓度的标准溶液为空白样，扣除空白样吸光度后，从校准曲线上查出样品中被测金属的浓度，如可能也可用浓度直读法进行测定。

表 7 - 8　　　　　　　　　　　　　仪 器 工 作 参 数

工 作 参 数	元　素		
	Cd	Pb	Cu
光源	空心阴极灯	空心阴极灯	空心阴极灯
灯电流（mA）	7.5	7.5	7.0
波长（nm）	228.8	283.3	324.7
通带宽度	1.3	1.3	1.3
干燥	80～100℃/5s	80～180℃/5s	80～180℃/5s
灰化	450～500℃/5s	700～750℃/5s	450～500℃/5s
原子化	2500℃/5s	2500℃/5s	2500℃/5s
清除	2600℃/3s	2700℃/3s	2700℃/3s
Ar 气流量	200mL/min	200mL/min	200mL/min
进样体积（μL）	20	20	20

2）标准加入法：一般用三点法。第一点，直接测定水样。第二点，取 10mL 水样，加入混合标准溶液 $25\mu L$ 后混匀。第三点，取 10mL 水样，加入混合标准溶液 $50\mu L$ 后混匀。以上三种溶液中的标准加入浓度，镉依次为 0、0.5$\mu g/L$ 和 1.0$\mu g/L$；铜和铅依次为 0、5.0$\mu g/L$ 和 10$\mu g/L$。以零浓度的标准溶液为空白样，参照表 7-8 的仪器参数测量吸光度。用扣除空白样吸光度后的各溶液吸光度对加入标准的浓度作图，将直线延长，与横坐标的交点即为样品的浓度（加入标准的体积所引起的误差不超过 0.5%）。

7. 注意事项

（1）因 Pb、Cd 和 Cu 在一般地表水中含量差别较大，测定 Cu 时可将水样适当稀释后测定。

（2）因仪器设备不同，工作条件差异也较大，如果使用横向塞曼扣除背景的仪器，可将灰化、原子化和清除温度降低 100～200℃。

（3）如果测定基体简单的水样可不使用硝酸钯做基体改进剂。

（4）硝酸钯亦可用硝酸镧代替，但其空白较高，必须注意扣除。

7.5.3 火焰原子吸收法测定钙和镁

1. 方法原理

将试液喷入空气—乙炔火焰中，使钙、镁原子化，并选用 422.7nm 共振线的吸收定量钙，用 285.2nm 共振线的吸收定量镁。

2. 方法的适用范围

本方法适用于测定地下水、地表水和废水中的钙、镁。

本方法适用的校准溶液浓度范围（如表 7－9 所示）与仪器的特性有关，随着仪器的参数变化而变化。通过样品的浓缩和稀释还可使测定实际样品浓度范围得到扩展。

表 7－9　　　　　　　　测定范围及最低检出浓度

元　素	最低检出浓度 （mg/L）	测定范围 （mg/L）	元　素	最低检出浓度 （mg/L）	测定范围 （mg/L）
钙	0.02	0.05～1	镁	0.002	0.2～10

3. 干扰

原子吸收法测定钙镁的主要干扰有铝、硫酸盐、磷酸盐、硅酸盐等。它们能抑制钙、镁的原子化，产生干扰，可加入锶、镧或其他释放剂来消除干扰。火焰条件直接影响着测定灵敏度，必须选择合适的乙炔量和火焰观测高度。试样需检查是否有背景吸收，如有背景吸收应予以校正。

4. 仪器

（1）原子吸收分光光度计及其附件。

（2）钙、镁空心阴极灯。

（3）仪器工作参数如表 7－10 所示。因仪器不同而异，可根据仪器说明书选择，此表所列仅供参考。

表 7－10　　　　　　　　仪 器 工 作 参 数

元素	光　源	灯电流 （mA）	测量波长 （nm）	通带宽度 （nm）	观测高度 （mm）	火　焰　类　型
钙	空心阴极灯	10.0	422.7	2.6	12.5	空气—乙炔化学计量火焰
镁	空心阴极灯	7.5	285.2	2.6	7.5	空气—乙炔化学计量火焰

5. 试剂

除另有说明外，分析时均使用符合国家标准或专业标准的分析纯试剂，去离子水或同等纯度的水。

（1）硝酸：优级纯。

（2）高氯酸：优级纯。

（3）硝酸溶液：（1+1）。

（4）燃气：乙炔，用钢瓶气供给，也可用乙炔发生器供给，但要适当纯化。

（5）助燃气：空气，一般由空气压缩机供给，进入燃烧器以前应经过适当过滤，以除去其中的水、油和其他杂质。

（6）镧溶液，0.1g/mL：称取氧化镧（La_2O_3）23.5g，用少量硝酸溶液溶解，蒸至近干加 10mL 硝酸溶液及适量水，微热溶解，冷却后用水定容至 200mL。

6. 步骤

（1）试样的制备。

1）分析可滤态钙、镁时，如水样有大量的泥沙，悬浮物，样品采集后应及时澄清，清液通过 0.45μm 有机微孔滤膜过滤，滤液加硝酸酸化至 pH 为 1～2。

2）分析钙、镁总量时，采集后立即加硝酸酸化至 pH 为 1～2。如果样品需要消解，校准曲线溶液，空白溶液也要消解。

3）消解步骤如下：取 100mL 待处理样品，置于 200mL 烧杯中，加入 5mL 硝酸，在电板上加热消解，蒸至 10mL 左右，加入 5mL 硝酸和 2mL 高氯酸，继续消解，蒸至 1mL 左右，取下冷却，加水溶解残渣，通过用酸洗涤后的中速滤纸，滤入 50mL 容量瓶中，用水稀至标线（注意：消解中使用的高氯酸易爆炸，要求在通风柜中进行）。

（2）测定试样溶液。准确吸取经预处理的试样 1.00～10.00mL（含钙不超过250μg，镁不超过 25μg）于 50mL 容量瓶中，加入 1mL 硝酸溶液和 1mL 镧溶液用水稀释至标线，摇匀。

（3）空白试验。在测定的同时应进行空白试验。空白试验时用 50mL 水取代试样。所用试剂及其用步骤与试样完全相同。

（4）标准系列。如表 7-11 所示配制钙、镁标准系列，至少配制五个标准溶液（不包括零点）。

表 7-11　　　　　　　　　　钙、镁标准系列配制

元　素	序　号							
	1	2	3	4	5	6	7	8
钙（mg/L）	0	0.50	1.00	2.00	3.00	4.00	5.00	6.00
镁（mg/L）	0	0.05	0.10	0.20	0.30	0.40	0.50	0.60

（5）测定。根据表选择波长等参数并调节火焰至最佳工作状态，依次从稀至浓测定标准系列和水样的吸光度，根据试样扣除空白后的吸光度在校准曲线上查出（或用回归方程计算出）试样中的钙、镁浓度。

7. 计算

$$X = fC \qquad\qquad (7-3)$$

式中 X——钙或镁含量，以 Ca 或 Mg 计（mg/L）；

　　　　f——试样定容体积与试样体积之比；

　　　　C——由校准曲线查得的钙、镁浓度（mg/L）。

第8章 原子荧光光谱法

8.1 概述

原子荧光光谱法（Atomic Fluorescence Spectrometry，AFS），AFS 是待测物质的基态原子在辐射下选择性吸收光子而被光致激发，激发态原子不稳定，发出原子特征谱线荧光，回到稳定态，通过测量特征谱线荧光的强度，测定其待测元素的含量。

1902 年，美国 R. W. wood 等首次在火焰中观察到 Na 589.0nm 的 D 线荧光。

1912 年，R. W. wood 等观察到汞蒸气中 Hg 253.7nm 的荧光发射。

1923 年，E. L. Nichols 和 H. L. Howes 首次报道了火焰中钙、锶、钠、钡和锂的原子荧光。

1926 年，Badger 和 Mannkopff 报道了若干挥发性原子荧光。

1956 年，Boers 研究了火焰中荧光猝灭过程。

1962 年，Alkemade 预言了原子荧光在分析化学法应用的可能性。

1965 年，Winefordner 等首次成功用原子荧光光谱测定了锌、镉和汞，开创了火焰原子荧光光谱分析方法。

1974 年，Tsujiu 等首次将氢化物发生与原子荧光光谱相结合测定了砷含量。

1976 年，我国杜文虎自行研制了非色散冷原子荧光测汞仪。

1983 年，我国郭小伟成功研制出双道氢化物无色散原子荧光光谱仪，为氢化物－原子荧光光谱仪在我国实现商品化奠定了基础。

1988 年，刘钟明等成功研制出间歇式脉冲供电方式的空心阴极灯。

1988 年，高英奇等研制出高强度空心阴极灯。

氢化物－原子荧光光谱仪是为数不多的我们拥有自主知识产权的分析仪器，在仪器的研发、分析方法的开发推广，处于国际领先水平，并得到国际同行的一致认可。

原子荧光光谱法灵敏度高，检出限低，某些元素灵敏度高于 AAS，能达到 ng/L 级别。原子荧光谱线简单，干扰少，标准曲线线形范围宽，可跨越 3～5 个数量级。原子荧光法可以实现多元素同时检测，仪器结构简单，价格适中，符合我国的国情。但由于散射光干扰及荧光猝灭效益，该方法适用范围较窄，仅适于测定易氢化反应的元素如砷、硒、锑、锌、铅、锗等和特殊元素汞、镉等。

8.2　原子荧光光谱法的原理

8.2.1　原子荧光的产生和类型

在气态条件下，处于基态的自由原子吸收电磁辐射的光子，外层电子由基态跃迁至高能态，激发态电子以发射辐射去活化，发射的光即为该原子的特征原子荧光光谱。当激发光源停止辐射后，再发射过程立即停止，若再发射过程还延续，这种发射的光被称为磷光。原子荧光分为共振原子荧光、非共振原子荧光、敏化原子荧光和多光子原子荧光，如图 8-1 所示。

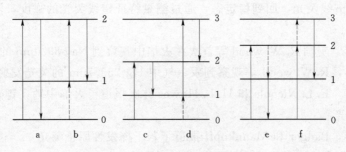

图 8-1　原子荧光光谱类型

1. 共振原子荧光

共振原子荧光是指原子激发光源的波长与原子再发射的波长相同的荧光。某些原子受热激发，处于亚稳态，当其吸收适宜的非共振线后激发，再发射出相同波长的共振荧光。如图 8-1 所示中的 a、b 线。

2. 非共振原子荧光

非共振原子荧光是指自由原子激发光源的波长与原子再发射的波长不相同的荧光。

当再发射的荧光波长比激发光源波长长时，为斯托克斯荧光。当自由原子吸收辐射被激发，电子由基态跃迁至较高激发态，然后跃迁回能量高于基态的亚稳态能级，发出的原子荧光称为直跃线荧光，如图 8-1 所示中的 c 线。当自由原子受热激发到亚稳态，再通过吸收非共振线而激发的直跃线荧光称为热助直跃线荧光，如图 8-1 所示中的 d 线。当自由原子吸收辐射被激发到第一激发态以上的高能态，由于碰撞引起无再发射跃迁至某一较低能态，然后再发射辐射跃迁回更低能态所产生的荧光，称为正常阶跃线荧光，如图 8-1 所示中的 e 线。当自由原子吸收辐射被激发到第一激发态以上的高能态，可以由于受热激发到更高能态，然后再发射辐射跃迁回更低能态所产生的荧光，称为热助阶跃线荧光，如图 8-1 所示中的 f 线。

当再发射的荧光波长比激发光源波长短时，为反斯托克斯荧光。当自由原子受热跃迁到比基态稍高的能级上再吸收光源辐射被激发法到更高能级，然后跃迁回基态；或者当自由原子吸收光源辐射被激发至较高能级，然后由于受热跃迁到更高能级，然后跃迁回基态，两者再发射的荧光称为反斯托克斯荧光。

3. 敏化原子荧光

敏化原子荧光是指光源辐射激发高浓度的另一种原子或分子，该原子或分子通过非弹性碰撞把能量转移给待测原子，使待测原子受激发，去活发射出的荧光。例如：铊和高浓度的汞蒸气混合体，用 253.65nm 的汞线激发，能观测到铊原子 377.57nm 和 535.05nm 的敏化荧光。

4. 多光子荧光

多光子荧光是指自由原子吸收两个或两个以上相同光子受激跃迁到激发态，去活跃迁回基态所产生的荧光。双光子荧光其荧光波长为激发波长的一半。

在原子荧光光谱分析中，共振原子荧光最为普遍，也是最重要的检测信号；由于非共振原子荧光的波长与激发波长不同，在消除散射上有优势，也是重要的分析线；敏化原子荧光和多光子原子荧光能量低，在分析中很少应用。

8.2.2　原子荧光的强度及影响因素

原子荧光的发射强度与样品中的基态原子数即待测元素含量有线性关系，同时还与激发的光源强度和荧光光量子效率有关。

随着自由原子数目的增加，原子荧光强度随之增强，但达到一定浓度时，荧光再吸收作用加强，原子荧光强度反而减弱。

随着提高激发光源的强度，可增加原子荧光强度。但当增加到一定程度时，处于激发态的原子数和基态原子数相当时，进一步增加激发光源强度，原子荧光强度基本保持不变，即出现荧光饱和效应。

激发态的原子除以去活发射荧光方式跃迁至低能级外，还可以与自由原子、分子、电子发生碰撞，以无辐射去活方式返回低能级，称为荧光猝灭效应，影响荧光光量子效率。

在一定的激发光源强度和一定的待测元素浓度下，荧光的强度 I_f 与待测元素的浓度 C 成正比。

$$I_f = a'C \qquad (8-1)$$

式中　a'——一定条件下的常数。

这是原子荧光光谱法定量分析的基础。

8.3　原子荧光光谱仪

20 世纪 70 年代，美国 Technicon 公司生产了 AFS-6 型多道非色散原子荧光光谱仪。激发源为脉冲调制空心阴极灯，火焰原子化器，但因技术缺陷，未推广。

1975 年，我国西安无线电八厂研制了冷原子荧光测汞仪，激发源为低压汞灯。

1975 年，我国温州天平仪器厂投产双道非色散原子荧光光谱仪。激发源为高强度空心阴极灯，氩隔离空气—乙炔火焰作为原子化器。

20 世纪 80 年代初，江苏宝应无线电一厂和北京地质仪器厂与郭小伟等合作生产了双道原子荧光光谱仪，分别为 WYD 型和 XDY—1 型。激发源为溴化物无机放电灯，氢化物发生原子化器。

1985 年，北京地质仪器厂将 XDY—1 型原子荧光光谱仪的激发源改为微波无极放电灯。

1987 年，刘明钟等研制出以脉冲供电的空心阴极灯代替微波无极放电灯，开发了 XDY—2 型无色散双通道原子荧光光谱仪，并有微机控制。

20 世纪 80 年代，美国 Baird 生产了 AFS—2000 多道非色散原子荧光光谱仪。激发源为脉冲调制空心阴极灯，电感耦合等离子体原子化器，可测 40 多种元素。但因造价高等原因停产。

1994 年，郭小伟发明了断续流动进样装置。

1996 年，刘明钟等推出了 AFS—230 型全自动氢化物发生—无色散双道原子荧光光谱仪。

1995 年，张锦茂等研制成功用于氩氢火焰的低温自动点火装置。

1997 年，郭小伟与西安索坤技术开发有限公司生产了小火焰原子荧光光谱仪 SK—800，可检测金、银等元素，扩大了测量种类。

2002 年，方肇伦等研制成功了 AFS—930 型顺序注射进样原子荧光光谱仪。

20 世纪初，美国利曼—徕伯斯公司和德国耶拿分析仪器公司推出了原子荧光测汞仪。

2005 年，北京吉天仪器有限公司推出"N＋D"原子荧光光谱仪，将无色散和有色散有机结合起来，可测 RoHS 中所有有害重金属元素汞、铅、镉和六价铬。

2005 年，北京瑞利分析仪器公司推出了 AF—630/640 环保型多道原子荧光光谱仪，拥有"用于原子荧光光谱仪环境保护的除汞装置"、"用于原子荧光光谱仪的气汞测量装置"、"喷流型氢化物发生三级气液分离装置"和"用于原子荧光光谱仪的水样中超痕量汞测量装置"等 7 项技术。

2007 年，北京瑞利分析仪器公司推出 AF—610D2 型色谱—原子荧光联用仪。

2009 年，北京科创海光仪器有限公司推出 AFS—9700 全自动双道注射泵原子荧光光度计。采用注射泵、蠕动泵联用技术，使用夹管阀替代多通道阀，避免了记忆效应和交叉污染，提高了进样精度，降低了使用和维护成本。

原子荧光光谱技术与气相色谱、离子色谱、高效液相色谱及毛细管电泳技术联用，在元素形态分析方面的研究也是近年国内研究的热点。

　　原子荧光光谱已有色散和无色散的区别，就是有色散仪器多了一个单色器，而无色散仪器在检测器前加了一个光学滤光片，现在的仪器以无色散仪器为主。

　　原子荧光光谱仪通常由光源、原子化器、光学系统和检测系统组成。如图8-2所示为原子荧光光谱仪结构示意图。

图8-2　原子荧光光谱仪结构示意图
(a) 色散型；(b) 无色散型

8.3.1　光源

　　激发光源是原子荧光光谱仪的重要组成部分。在光源的发展研究过程中经历了空心阴极灯、高强度空心阴极灯、无极放电灯、等离子体光源和激光光源。现商品原子荧光光谱仪常用还是高强度空心阴极灯。

　　1. 空心阴极灯

　　用于原子荧光仪器上空心阴极灯的结构和工作原理与用于原子吸收光谱法的空心阴极灯相同，详见7.3.1。但专用于无色散原子荧光仪器的光源有其特点，灯的焦距较短，减少能量损耗；灯的直径较大，易于延长易挥发元素的使用寿命；灯的孔径大，输出光斑较大，能够提高仪器灵敏度。空心阴极灯的供电方式对其性能有直接影响。

　　2. 高强度空心阴极灯

　　高强度空心阴极灯增加了带有易发射电子的氧化物涂层的热丝电极。采取二次独立放电激发的方式，空心阴极灯一次放电产生原子蒸气溅射，在负辉区激发一部分原子蒸气，辅助电极间低压大电流电弧二次放电，再次激发部分原子蒸气，极大增强了输出光的强度。如图8-3所示。

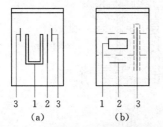

图8-3　高强度空心阴极灯示意图
(a) sulliivan-walsh型
1—阴极；2—阳极；3—辅助电极
(b) lowe型
1—阴极；2—阳极；3—涂氧化物的阴极

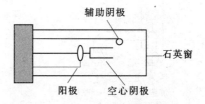

图8-4　高性能空心阴极灯示意图

我国高英奇研制了高性能空心阴极灯，采用双阴极。辅助阴极采用了一端或两端开口的空心圆柱形空心阴极，主阴极和副阴极单独供电，可分别控制参数，使光源在低原子密度和高电子及离子密度条件下工作，减少了光源的自吸和变宽，能够获得长寿命高质量的强光谱线，广泛应用于我国厂家生产的原子荧光仪器上。如图 8-4 所示。

　　3. 无极放电灯

　　在 2450MHz 的微波场中，无极放电灯中填充的碘化物或溴化物受热形成等离子区，然后含有待测元素的填料被原子化，并被激发，发射出特征谱线。由于微波辐射和操作复杂现已不再使用。

　　4. 激光光源

　　激光光源在脉冲燃料可调谐激光器的作用下，波长范围可涵盖 118.8～800nm 波段，能量高，检出限低，光谱带宽可调，是理想的通用荧光光源，但不能多元素同时检测，结构复杂，目前还没有商品仪器。

8.3.2　原子化器

　　原子化器装置与原子吸收光谱仪相同。火焰中含有 CO_2、CO 及 N_2 等荧光猝灭成分，导致某些原子化效率不高。无火焰原子化器虽然检出限更低，但重现性较差，干扰更多。我国广泛应用的电热石英管氩氢火焰原子化器，增加了氩屏蔽，改善了火焰性能，减少了猝灭效应，是比较理想的原子化器。如图 8-5 所示。

　　氢化物发生器生成的待测元素的气态氢化物，在载气的推动下进入屏蔽式石英管内层，屏蔽气氩气进入外层，在管口的上端氩氢焰的周围形成氩气屏蔽层，防止周围空气进入原子化区，降低了荧光猝灭的效应，使灵敏度提高。

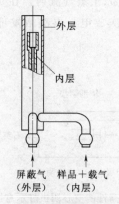

图 8-5　屏蔽式石英管
结构示意图

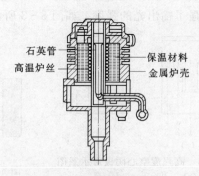

图 8-6　高温石英管原子
化器示意图

高温石英管是将加热电阻丝缠绕在石英管外壁，通过控制加热电阻丝两端的电压的大小调节加热温度，提高检测灵敏度，如图 8－6 所示。

　　低温石英管的上口管端设点火炉丝，点燃氩氢焰，并将石英管整个加热，改善了元素的工作温度，如图 8－7 所示。

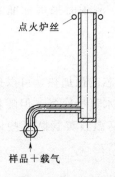

图 8－7　低温石英管原子化器示意图

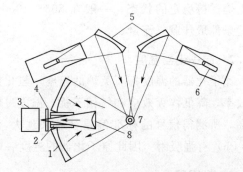

图 8－8　某型原子荧光的光学系统示意图

1—总流量控制器；2—进样口；3—隔垫吹扫气调节阀；
4—隔垫吹扫气出口；5—分流器；6—分流/不分流电磁阀；
7—柱前压调节阀；8—柱前压表

8.3.3　光学系统

　　色散型仪器用光栅，非色散型仪器用滤光片，分离分析线及邻近的谱线，降低背景。如图 8－8 所示。

8.3.4　检测系统

　　有色散型仪器用光电倍增管检测系统。无色散型仪器用日盲光电倍增管测试系统，阴极由 Cs－Te 材料制成，详见 7.3.4。

8.3.5　氢化物发生系统

　　氢化物发生系统是利用还原剂将样品中的待测组分还原为挥发性的氢化物或者原子蒸气，然后再载气（如氩气）的推动下导入原子化器。

　　还原体系常用硼氢化物—酸还原体系，生产氢化物的总反应为：

$$(m+n)BH_4^- + 3(m+n)H_2O + 8E^{m+} \longrightarrow (m+n)H_3BO_3 + 8EH_n \uparrow + (7m-n)H^+$$

$$(8-2)$$

8.4　原子荧光光谱分析方法的构建

8.4.1　载气流量

　　对于硼氢化物—酸还原体系的原子荧光光谱系统，氢化物反映产生的氢化物、氢气在氩气的推动下进入原子化器，氢气和氩气形成氩氢火焰，载气的流量对二者都是有影响的。载气流量小，氩氢火焰不稳定，测量重现性差，流量过小，有可能不能形成氩氢火焰；载气流量大，氢化物浓度被降低，导致荧光强度降低，流量过大会吹断氩氢火焰。因此应仔细观察火焰的状态来调节载气流量，使火焰保持稳定的状态，一般在 $800\sim1000mL/min$。测汞时采用标准溶液进行试验条件最佳载气流量。

8.4.2　原子化器温度

原子化器的温度指石英炉的温度。氢化物通过炉芯被预加热，可以提高原子化效率，降低淬灭效应和气相干扰。温度过低会引起水蒸气冷凝，但随着温度的升高，所测得信号的标准偏差会越来越大，而且在高温石英管队某些待测元素（如 Pb）有强吸附。因此原子化器的温度一般在 $200℃$ 左右。

8.4.3　灯电流

光源空心阴极灯电流的大小决定激发光源发射强度的大小，在一定范围内灯电流的增加荧光强度成线性增大，但灯电流过大，会产生自吸现象，同时噪声也会增大，灯的寿命会缩短。因此在满足分析灵敏度的情况下，尽量选择小的灯电流；对于多通道仪器，辅助灯电流要小于主灯电流，低压汞灯电流在 $15\sim50mA$。

8.4.4　负高压

负高压指加在光电倍增管两端的电压。在一定范围内荧光信号的强度与负高压成正比，负高压越高，放大倍数越大，但同时暗电流等噪声越高。因此在满足分析灵敏度的情况下，尽量选择较低的负高压，负高压一般在 $200V$ 左右。

8.5　原子荧光光谱法在水环境分析检测中的应用

8.5.1　原子荧光法测水中的砷、硒、锑、铋含量

1. 方法原理

在消解处理水样后加入硫脲，把砷、锑、铋还原成三价，硒还原成四价。

在酸性介质中加入硼氢化钾溶液，三价砷、锑、铋和四价硒分别形成砷化氢、锑化氢、铋化氢和硒化氢气体，由载气（氩气）直接导入石英管原子化器中，进而在氩氢火焰中原子化。基态原子受特种空心阴极灯光源的激发，产生原子荧光，通过检测原子荧光的相对强度，利用荧光强度与溶液中的砷、锑、铋和硒含量呈正比的关系，计算样品溶液中相应成分的含量。

2. 干扰及消除

该方法存在的主要干扰元素是高含量的 Cu^{2+}、Co^{2+}、Ni^{2+}、Ag^{2+}、Hg^{2+} 以

及形成氢化物元素之间的互相影响等。一般的水样中，这些元素的含量在本方法的测定条件下，不会产生干扰。其他常见的阴阳离子没有干扰。

3. 方法的适用范围

方法每测定一次所需溶液为 2～5mL。方法检出限砷、锑、铋为 0.0001～0.0002mg/L；硒为 0.0002～0.0005mg/L。本方法适用于地表水和地下水中痕量砷、锑、铋和硒的测定。水样经适当稀释后亦可用于污水和废水的测定。

4. 仪器及测量条件

(1) 砷、锑、铋、硒高强度空心阴极灯。

(2) 原子荧光光谱仪、工作条件如表 8-1 所示。

表 8-1　　　　　　　　测　定　条　件

元　素	灯电流 (mA)	负高压 (V)	氩气流量 (mL/min)	原子化温度 (℃)
砷	40～60	240～260	1000	200
锑	60～80	240～260	1000	200
铋	40～60	250～270	1000	300
硒	90～100	260～280	1000	200

5. 试剂

(1) 硝酸，优级纯。

(2) 高氯酸，优级纯。

(3) 盐酸，优级纯。

(4) 氢氧化钾或氢氧化钠，优级纯。

6. 步骤

(1) 样品预处理。清洁的地下水和地表水，可直接取样进行测定。污水等按下述步骤进行预处理。

取 50mL 污水样于 100mL 锥形瓶中，加入新配制的 HNO_3-HClO_4 (1+1) 5mL，于电热板上加热至冒白烟后，取下冷却。再加 5mL HCl (1+1) 加热至黄褐色烟冒尽，冷却后用水转移到 50mL 容量瓶中，定容，摇匀。

(2) 样品测定。移取 20mL 清洁的水样或经过预处理的水样于 50mL 烧杯中，加入 3mL HCl，10％硫脲溶液 2mL，混匀。放置 20min 后，用定量加液器注入 5.0mL 于原子荧光仪的氢化物发生器中，加入 4mL 硼氢化钾溶液，进行测定，或通过蠕动泵进样测定（调整进样和进硼氢化钾溶液流速为 0.5mL/s），但须通过设定程序保证进样量的准确性和一致性，记录相应的相对荧光强度值。从校准曲线上查得测定溶液中砷（或硒、锑、铋）的浓度。

（3）校准曲线的绘制。用含 As、Sb、Si 和 Se 0.1μg/mL 的标准工作溶液制备标准系列，在标准系列中各种金属元素的浓度如表 8-2 所示。

表 8-2　　　　　　　　标准系列各元素的浓度（μg/L）

元　素	标　准　系　列					
As	0.0	1.0	2.0	4.0	8.0	12.0	16.0
Sb	0.0	0.5	1.0	2.0	4.0	6.0	8.0
Bi	0.0	0.5	1.0	2.0	4.0	6.0	8.0
Se	0.0	1.0	2.0	4.0	8.0	12.0	16.0

准确移取相应量的标准工作溶液于 100mL 容量瓶中，加入 12mL HCl、8mL 10％硫脲溶液，用去离子水定容，摇匀后按样品测定步骤进行操作。记录相应的相对荧光强度，绘制校准曲线。

7. 计算

由校准曲线查得测定溶液中各元素的浓度，再根据水样的预处理稀释体积进行计算。

$$砷（锑、铋、硒，μg/L）= \frac{V_1 C}{V_2} \tag{8-3}$$

式中　C——从校准曲线上查得相应测定元素的浓度（μg/L）；

　　　V_1——测量时水样的总体积（mL）；

　　　V_2——预处理时移取水样的体积（mL）。

8. 注意事项

（1）分析中所用的玻璃器皿均需用（1＋1）HNO_3 溶液浸泡 24h，或热 HNO_3 荡洗后，再用去离子水洗净后方可使用。对于新器皿，应作相应的空白检查后才能使用。

（2）对所用的每一瓶试剂都应作相应的空白实验，特别是盐酸要仔细检查。配制标准溶液与样品应尽可能使用同一瓶试剂。

（3）所用的标准系列必须每次配制，与样品在相同条件下测定。

第 9 章　紫外—可见吸收光谱法

9.1　概述

紫外—可见吸收光谱法又被称为紫外—可见分光光度法（Ultraviolet－Visible Spectrophoto metry，UV－VIS），它是研究物质在紫外、可见光区的分子吸收光谱的分析方法，这种吸收光谱是由分子中电子能级跃迁产生的，是分子吸收光谱的一种，位于紫外可见光区，可用紫外—可见分光光度计进行测定，广泛用于无机和有机物质的定性和定量分析。

1729 年，波格（Bouguer）首先发现物质对光的吸收与吸光物质的厚度有关。之后他的学生朗伯（Lambert）进一步研究，并于 1760 年指出，如果溶液的浓度一定，则光的吸收程度与液层的厚度成正比，这个关系称为朗伯定律。

1852 年，比耳（Beer）通过研究发现，当单色光通过液层厚度一定的有色溶液时，溶液的吸光度与溶液的浓度成正比，这个关系成为比耳定律。在应用中，人们将朗伯定律与比耳定律结合起来称之为朗伯—比耳定律。随后，人们开始重视研究物质对光的吸收，并尝试在物质的定性、定量分析方面予以应用，很多科学家开始研制以朗伯—比耳定律为理论基础的仪器装置。

1854 年，杜包斯克（Duboscq）和奈斯勒（Nessler）等人将此理论应用于定量分析化学领域，并且设计了第一台比色计。

1918 年，美国国家标准局制成了第一台紫外—可见分光光度计。此后，紫外—可见分光光度计经不断改进和发展，又出现自动记录、自动打印、数字显示、微机控制等各种类型的仪器，使光度法的灵敏度和准确度不断提高，其应用范围也不断扩大。

1945 年，美国 Beackman 公司推出了第一台成熟的紫外—可见分光光度计商品仪器。

目前，紫外—可见分光光度法作为一种传统、有效的分析技术，被广泛应用在水环境样品检测、生化分析、卫生防疫等诸多方面。凭借其仪器简单易普及、操作简便易掌握、灵敏度高、小巧便携的优点，成为分析科学中最常用的方法。

近年来，随着大量高灵敏有机发色剂的合成，络合、缔合、复合新反应的不断开发，各种新技术如双波长法、导数法、催化光度等的建立，计算科学、化学计量学、化学信息学等学科的快速发展以及高灵敏、高分辨率、微型现场仪器的研制等给分子光谱技术注入了新的活力，紫外—可见吸收光谱法也有了新的进展。我国吴玉田教授等提出"褶合光谱"法并成功应用在药物分析方面，该方法不需要对试样进行分离，可以直接用紫外—可见分光光度计分析含有六个不同组分的试样。2004 年俞汝勤院士因"高阶张量数据解析方法"荣获国家自然科学二等奖，该法将紫外可见光谱法与电化学法相结合，适用于复杂体系的成分分析，在很多领域都有广阔的应用前景。美国 PE 公司推出了一个 Quset 软件包，与紫外—可见分光光度计连用，可以分析检测 10 个组分的试样。

紫外—可见分光光度法在环境监测中，可直接或间接的测定大多数的金属离子、非金属离子和有机污染物的含量，还可用于研究物质的组成、推测有机物的结构、研究反应的动力学；在一定条件下，选取合适的波长，利用吸光度的加和性，可同时测定多种组分。但是它也有一定的局限性，例如谱线重叠引起的光谱干扰较严重，这是选择性有时不好的主要原因；分析物质通常必须将其转变为吸收光物质，这种操作较麻烦，有时会带来附带物的干扰。

9.2 紫外—可见吸收光谱法的基本原理

9.2.1 物质对光的选择性吸收

1. 溶液对光的作用及物质的颜色

当光束照射到物质溶液上时，光与物质发生相互作用，产生反射、散射、吸收或透射，如图 9-1 所示，若被照射的是均匀溶液，则光的散射可以忽略。

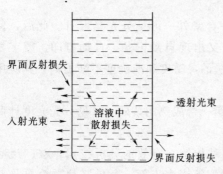

图 9-1　溶液对光的作用

当一束白光通过某一有色溶液时，一些波长的光被吸收，另一些波长的光则透过，透射光（或反射光）刺激人眼使人感觉到颜色的存在，人眼能感觉到的光称为可见光。在可见光区不同波长的光呈现不同的颜色，因此溶液的颜色由透射光的波长所决定。如硫酸铜溶液因吸收了白光中的黄色光而呈现蓝色，黄色与蓝色即互为补色。如表 9-1 所示列出了物质颜色与吸收光颜色的互补关系。

表 9-1　　　　　　　　　物质的颜色与吸收光颜色的互补关系

物 质 颜 色	吸 光 度	
	颜色	波长（nm）
黄绿	紫	400～450
黄	蓝	450～480
橙	绿蓝	480～490
红	蓝绿	490～500
紫红	绿	500～560
紫	黄绿	560～580
蓝	黄	580～600
绿蓝	橙	600～650
蓝绿	红	650～780

2. 吸收的本质

当一束光照射到某物质或其溶液时，组成该物质的分子、原子或离子与光子发生碰撞，光子的能量就转移到分子、原子上，使这些离子由最低能态（基态）跃迁到较高能态（激发态）：

$$M + h\nu \rightarrow M*　　　　　　　　　　　　　　（9-1）$$
$$（基态）　　　（激发态）$$

这个作用叫做物质对光的吸收。分子、原子或离子具有不连续的量子化能级，只有当照射光光子的能量（$h\nu$）与被照射物质粒子的基态和激发态能量之差相当时才能发生吸收。不同的物质微粒由于结构不同而具有不同的量子化能级，其能量差也不相同。所以物质对光的吸收具有选择性。

3. 吸收曲线和最大吸收波长

将不同波长的光透过某一固定浓度和厚度的有色溶液，测量每一波长下溶液对光的吸收程度（即吸光度 A）。然后以波长（λ）为横坐标，以吸光度（A）为纵坐标作图，可得一条曲线。该曲线描述了物质对光的吸收能力，称为吸收曲线（吸收光谱），如图 9-2 所示。该图列出了不同浓度的某物质的吸收曲线。曲线上吸光度最大的地方所对应的波长即为该物质的最大吸收波长。不同物质其吸收曲线的形状和最大吸收波长各不相同，根据这一特性可对物质做初步的定性分析。不同浓度的同一物质在吸

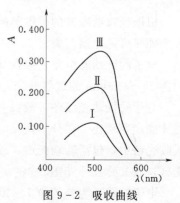

图 9-2　吸收曲线

收峰附近吸光度随浓度增加而增大，但最大吸收波长不变。若在最大吸收波长处测定吸光度，灵敏度最高。

4. 分子吸收光谱的形成

原子或分子中的电子，总是处在某种运动状态之中，每一种运动状态都具有一定的运动能量，属于一定的运动能级，这些运动的电子受到电磁辐射的激发，从一个能级转移到另一个能级称为跃迁。当电子从一个能量较低的能级跃迁到另一个能量较高的能级时，对应着吸收一定的能量。分子、原子或离子具有不连续的量子化能级，只有当照射光光子的能量与被照射物质粒子的基态和激发态能量之差相当时才能发生吸收。不同的物质微粒由于结构不同而具有不同的量子化能级，其能量差也不相同。所以物质对光的吸收具有选择性。当原子吸收能量发生跃迁时就会产生原子吸收光谱，而当分子吸收能量发生跃迁时则对应产生分子吸收光谱。分子吸收光谱包括远红外吸收光谱、红外吸收光谱、紫外及可见吸收光谱。

原子吸收光谱与紫外—可见光谱的主要区别在于吸收机理不同。前者属于原子光谱，是由原子所产生的吸收，它是线状光谱，谱线宽度很窄；而后者是属于分子光谱，是因分子吸收所引起，产生带状光谱，谱线宽度很宽，其半宽度约为10nm，这是由于分子内部各质点的运动能级远较原子光谱复杂所致。原子内部不存在振动和转动能级，所发生的仅仅是单一的电子能级的跃迁，而分子内部既有价电子的运动，又有内部原子在平衡位置的振动和分子绕其质心的转动，因此，分子内部具有电子能级、振动能级和转动能级。分子的总能量可以认为是这三种能量的总和即：$E_{分子} = E_{电子} + E_{振动} + E_{转动}$。每一个电子能级的跃迁都伴随着分子振动能级和转动能级的变化，因此电子跃迁的吸收线就变成了含有分子振动和转动精细结构的较宽的谱带。当分子间作用力较弱时（如蒸汽状态时），采用高分辨率的仪器才可检测出这些吸收带，在多数情况下，只能观察到平滑的曲线。

根据吸收电磁波的范围不同，可将分子吸收光谱分为远红外光谱、红外光谱及紫外—可见光谱三类。

分子的转动能级差一般在 0.005～0.05eV。产生此能级的跃迁，需吸收波长约为 25～250μm 的远红外光，因此，形成的光谱称为转动光谱或远红外光谱。

分子的振动能级差一般在 0.05～1eV，需吸收波长约为 1.25～25μm 的红外光才能产生跃迁。在分子振动时同时有分子的转动运动。这样，分子振动产生的吸收光谱中，包括转动光谱，故常称为振—转光谱。由于它吸收的能量处于红外光区，故又称红外光谱。

电子的跃迁能差约为 1～20eV，比分子振动能级差要大几十倍，所吸收光的

波长约为 $0.06\sim1.25\mu m$，主要在紫外到可见光区，对应形成的光谱，称为电子光谱或紫外可见光谱。

由于氧、氮、二氧化碳、水等在远紫外区（$10\sim200nm$）均有吸收，因此在测定这一范围的光谱时，必须将光学系统抽成真空，然后充以一些惰性气体，如氦、氖、氩等。鉴于真空紫外吸收光谱的研究需要昂贵的真空紫外分光光度计，故在实际应用中受到一定的限制。我们通常所说的紫外—可见分光光度法，实际上是指近紫外—可见分光光度法，所使用的波长范围通常在 $200\sim900nm$。

5. 光吸收的基本定律

吸光光度法的定量依据是朗伯—比耳定律，它是由实验观察得到的。当一束平行单色光通过液层厚度为 b 的有色溶液时，溶质吸收了光能，光的强度就要减弱。溶液的浓度愈大，通过的液层厚度愈大，入射光愈强，则光被吸收得愈多，光强度的减弱也愈显著。朗伯—比耳定律表达式：

$$A=\lg \frac{I_0}{I}=abc \tag{9-2}$$

或

$$A=\varepsilon bc \tag{9-3}$$

$$\varepsilon=Ma$$

式中　A——溶液的吸光度，无因次量，表示单色光通过溶液时被吸收的程度；

　　I_0——入射光强度；

　　I——透射光强度；

　　a——吸光系数；

　　b——液层厚度（光程长度），通常以 cm 为单位；

　　c——有色溶液的浓度；

　　M——物质的摩尔质量；

　　ε——摩尔吸光系数。

若 c 以 g/L 为单位，则 a 的单位为 L/(g·cm)；若 c 以 mol/L 为单位，则此时的吸光系数称为摩尔吸光系数，用 ε 表示，单位为 L/(mol·cm)，它表示物质的浓度为 1mol/L，液层厚度为 1cm 时溶液的吸光度。摩尔吸光系数表明物质对某一特定波长光的吸收能力，ε 越大，表示该物质对某一波长光的吸收能力越强。

透光度　　　　$$T=\frac{I}{I_0}（透射光强度 I 与入射光强度 I_0 之比）\tag{9-4}$$

$$A=\lg \frac{1}{T} \tag{9-5}$$

朗伯—比耳定律成立条件：①入射光为单色光。②吸收过程中各物质间无相互作用。③辐射与物质的作用仅限于吸收过程，没有荧光、散射和光化学现象。

④吸收物是一种均匀分布的连续体系。

6. 工作曲线

根据朗伯—比耳定律，当波长和强度一定的入射光通过光程长度固定的有色

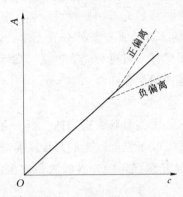

图 9-3　分光光度工作曲线

溶液时，吸光度与有色溶液浓度成正比。通常在比色分析及紫外—可见光分光光度分析中，需要绘制标准曲线（工作曲线）。即在固定液层厚度及入射光的波长和强度的情况下，测定一系列不同浓度标准溶液的吸光度，以吸光度为纵坐标，标准溶液浓度为横坐标作图。这时应得到一条通过原点的直线。该直线称为标准曲线（工作曲线），如图 9-3 所示。

在溶液浓度较高时，标准曲线不一定为直线，会发生一定的偏离。偏离原因有以下几点：

（1）非单色光引起的偏离。朗伯—比耳定律的基本假设条件是入射光为单色光。但目前仪器所提供的入射光实际上是由波长范围较窄的光带组成的复合光。由于物质对不同波长光的吸收程度不同，因而引起了对比耳定律的偏离，如图 9-4所示。

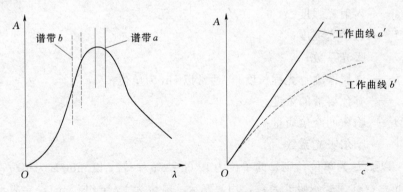

图 9-4　复合光引起的偏离（谱带 a 是合适的测量波长范围）

（2）化学因素引起的偏离。朗伯—比耳定律的基本假设之一是假设吸收粒子是独立的，彼此之间无相互作用，因此稀溶液能很好地服从该定律，但在高浓度时（通常＞0.01mol/L）由于吸收组分粒子间的平均距离减小，以致每个粒子都可影响其邻近粒子的电荷分布，这种相互作用可使它们的吸光能力发生改变。一般认为比耳定律仅适用于稀溶液。

（3）其他原因。溶液中由吸光物质等构成的化学体系，常因条件的变化而形成新的化合物或改变吸光物质的浓度，如吸光组分的缔合、离解，互变异构，络

合物的逐级形成，以及与溶剂的相互作用等，都将导致偏离比耳定律。

9.3　紫外—可见分光光度计

9.3.1　紫外—可见分光光度计的组成

紫外—可见分光光度计的基本结构是由五个部分组成：即光源、单色器、吸收池、检测器和信号显示记录系统。

1. 光源

对光源的基本要求是应在仪器操作所需的光谱区域内能够发射连续辐射，有足够的辐射强度和良好的稳定性，而且辐射能量随波长的变化应尽可能小。

分光光度计中常用的光源有热辐射光源和气体放电光源两类。

热辐射光源用于可见光区，如钨丝灯和卤钨灯。气体放电光源用于紫外光区，如氢灯和氘灯。钨灯和碘钨灯可使用的范围在 340～2500nm。近紫外区测定时常用氢灯和氘灯。它们可在 160～375nm 范围内产生连续光源。氘灯是紫外光区应用最广泛的一种光源，其光谱分布与氢灯类似，但光强度比相同功率的氢灯要大 3～5 倍。

2. 单色器

单色器是能从光源辐射的复合光中分出单色光的光学装置。其主要功能：产生光谱纯度高的波长且波长在紫外可见区域内任意可调。

单色器一般由入射狭缝、准光器（透镜或凹面反射镜使入射光成平行光）、色散元件、聚焦元件和出射狭缝等几部分组成。其核心部分是色散元件，起分光的作用。单色器的性能直接影响入射光的单色性，从而也影响到测定的灵敏度、选择性及校准曲线的线性关系等。

能起分光作用的色散元件主要是棱镜和光栅。用得较多的是光栅。

光栅是利用光的衍射与干涉作用制成的，它可用于紫外、可见及红外光域，而且在整个波长区具有良好的、几乎均匀一致的分辨能力。它具有色散波长范围宽、分辨本领高、成本低、便于保存和易于制备等优点。

入射、出射狭缝，透镜及准光镜等光学元件中狭缝在决定单色器性能上起重要作用。狭缝的大小直接影响单色光纯度，但过小的狭缝又会减弱光强。

狭缝是指由一对隔板在光通路上形成的缝隙，用来调节入射单色光的纯度和强度，也直接影响分辨力。出射狭缝的宽度通常有两种表示方法：一为狭缝的实际宽度，以毫米（mm）表示；另一种为光谱频带宽度，即指由出射狭缝射出光束的光谱宽度，以纳米（nm）表示。例如，出射狭缝的宽度是 6nm，并不是说出射狭缝的宽度是 6nm，而是指由此狭缝射出的光具有 6nm 的光谱带宽。纯粹的单色光只是一种理想情况，分光光度计所能得到的"单色光"，实际上只是具有一定波长范围的谱带，狭缝越宽，所包括的波长范围也愈宽。对单色光纯度来说，狭缝是愈窄愈好，但光的强度也就越弱，因此狭缝不能无限制地小。狭缝的最小宽度取决于检测器能准确地进行测量的最小光能量。目前达到的最小宽度为 0.1nm。

3. 吸收池

吸收池（即比色皿）用于盛放分析试样，一般有石英和玻璃材料两种。石英池适用于可见光区及紫外光区，玻璃吸收池只能用于可见光区。为减少光的损失，吸收池的光学面必须完全垂直于光束方向。在高精度的分析测定中（紫外区尤其重要），吸收池要挑选配对。因为吸收池材料的本身吸光特征以及吸收池的光程长度的精度等对分析结果都有影响。常用的吸收池光程为 1cm。

4. 检测器

检测器用于检测光信号，并将光信号转变为电信号。对检测器的要求是灵敏度高，响应时间短，线性关系好，对不同波长的辐射具有相同的响应，噪音低，稳定性好等。常用的检测器有光电池、光电管和光电倍增管。

硒光电池对光的敏感范围为 300～800nm，其中又以 500～600nm 最为灵敏。这种光电池的特点是能产生可直接推动微安表或检流计的光电流，但由于容易出现疲劳效应而只能用于低档的分光光度计中。

光电管在紫外一可见分光光度计上应用较为广泛。它的结构是由一个半圆柱形的金属片为阴极，内表面涂有光敏层；在圆柱形的中心置一金属丝为阳极，接受阴极释放的电子。两电极密封于真空玻璃或石英管内。阴极上的光敏材料不同，光谱的灵敏区也不同，常用的光电管有蓝敏和红敏两种，前者适用的波长范围为 210～625nm；后者适用 625～1000nm。

光电倍增管是检测微弱光最常用的光电元件，它的灵敏度比一般的光电管要高 200 倍，因此可使用较窄的单色器狭缝，从而对光谱的精细结构有较好的分辨能力。它在强光照射时容易损坏。

5. 信号显示记录系统

它的作用是放大信号并以适当方式显示或记录下来。常用的信号显示记录装置有直读检流计、电位计、记录仪、示波器和微处理机。很多型号的分光光度计装配有计算机：一方面可对分光光度计进行操作控制；另一方面可进行数据处理。

9.3.2 紫外一可见分光光度计的类型

紫外一可见分光光度计的类型很多，但可归纳为三种类型，即单光束分光光度计、双光束分光光度计和双波长分光光度计，如图 9-5 所示。

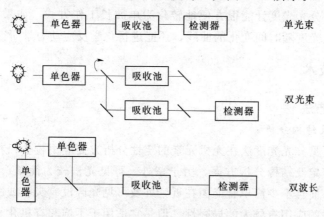

图 9-5　不同类型分光光度计结构简图

1. 单光束分光光度计

经单色器分光后的一束平行光，轮流通过参比溶液和样品溶液，以进行吸光度的测定。这种简易型分光光度计结构简单，操作方便，维修容易，适用于常规分析，其主要缺点是测量结果受光源波动性影响较大，给分析结果带来较大的误差。

2. 双光束分光光度计

经单色器单色化的光一分为二，一束通过参比溶液，一束通过样品溶液。光度计能在不同的瞬间接收和处理参比信号和样品信号，将两信号的比值通过对数转换为吸光度。

双光束分光光度计一般都能自动记录吸收光谱曲线。由于两束光同时分别通过参比池和样品池，故这种仪器能自动消除光源强度变化所引起的误差。

3. 双波长分光光度计

单光束和双光束分光光度计就测量波长而言，都是单波长的，它们让相同波长的光束分别通过样品池和吸收池，然后测得样品池和参比池吸光度之差。而双波长分光光度计是由同一光源发出的光被分成两束，分别经过两个单色器，得到两束不同波长（λ_1 和 λ_2）的单色光。利用切光器使两束光以一定的频率交替照射同一吸收池，然后经过光电倍增管和电子控制系统，最后由显示器显示出两个波长处的吸光度差值 $\Delta A(\Delta A = A_{\lambda_1} - A_{\lambda_2})$。

双波长分光光度计不用参比溶液，只用一个待测试液，因而完全扣除了背景，包括溶液的混浊及比色皿的误差等，大大提高了测定的准确度，可用于微成分的分析。对于多组分混合物、混浊试样（如生物组织液）分析，以及存在背景干扰或共存组分吸收干扰的情况下，利用双波长分光光度法，往往能提高方法的灵敏度和选择性。利用双波长分光光度计，能获得导数光谱。通过光学系统转换，使双波长分光光度计能很方便地转化为单波长工作方式。如果能在 λ_1 和 λ_2 处分别记录吸光度随时间变化的曲线，还能进行化学反应动力学研究。

9.4　实验技术

9.4.1　实验方法

1. 定性及结构分析

紫外—可见分光光度法在无机元素的定性分析方面应用较少，在有机化合物的定性分析鉴定及结构分析方面，由于紫外—可见光谱较为简单，光谱信息少，特征性不强，而且不少简单官能团在近紫外及可见光区没有吸收或吸收很弱，因此，这种方法的应用有较大的局限性。但是它适用于不饱和有机化合物，尤其是共轭体系的鉴定，以此推断未知物的骨架结构，所以它常作为辅助方法配合红外光谱、核磁共振波谱和质谱等进行定量鉴定和结构分析。利用紫外—可见分光光度法确定不饱和化合物的结构骨架时，一般有两种方法：一种是比较吸收光谱曲线。另一种是先用经验规则计算最大吸收波长，然后再与实测值比较，吸收光谱曲线的形状、吸收峰的数目以及最大吸收波长的位置和相应的摩尔吸光系数等参数是进行定性鉴定的依据。其中最大吸收波长及相应的摩尔吸光系数是定性鉴定的主要参数。常采用比较法，即在相同的测试条件下，比较未知物与已知标准物的吸收光谱曲线，若它们完全相同，则可认为待测样品与已知化合物有相同的生色团。采用对比法时，亦可借助紫外—可见光谱标准谱图或有关电子光谱数据表。

2. 定量分析

（1）单组分的定量分析。如果在一个试样中只要测定一种组分，且在选定的测量波长下，试样中其他组分对该组分不干扰，这种单组分的定量分析较简单。一般有标准对照法、标准曲线法和标准加入法。

1）标准对照法。在相同条件下，平行测定试样溶液和某一浓度 C_s（应与试样浓度接近）的标准溶液的吸光度 A_x 和 A_s，则由 C_s 可计算试样溶液中被测物质的浓度 C_x：

$$A_s = kC_s l \qquad\qquad (9-6)$$

$$A_x = kC_x l \qquad\qquad (9-7)$$

$$C_x = C_s \frac{A_x}{A_s} \qquad\qquad (9-8)$$

标准对照法因只使用单个标准，引起误差的偶然因素较多，故往往较不可靠。

2）标准曲线法。这是实际分析工作中最常用的一种方法。配制一系列不同浓度的标准溶液，以不含被测组分的空白溶液作参比，测定标准系列溶液的吸光度，绘制吸光度—浓度曲线，称为校正曲线（也叫标准曲线或工作曲线）。在相同条件下测定试样溶液的吸光度，从校正曲线上找出与之对应的未知组分的浓度。

3）标准加入法。样品组成比较复杂，难于制备组成匹配的标样时用标准加入法。将待测试样分成若干等份，分别加入不同已知量 0，C_1，C_2，…，C_n 的待测组分配制溶液。由加入待测试样浓度由低至高依次测定上述溶液的吸收光谱，作一定波长下浓度与吸光度的关系曲线，得到一条直线。若直线通过原点，则样品中不含待测组分；若不通过原点，将直线在纵轴上的截距延长与横轴相交，交点离开原点的距离为样品中待测组分的浓度。

（2）多组分的定量分析。根据吸光度具有加和性的特点，在同一试样中可以同时测定两个或两个以上组分。假设要测定试样中的两个组分 A、B，如果分别绘制 A、B 两种组分的吸收光谱，绘出三种情况，如图 9-6 所示。

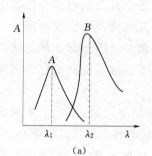 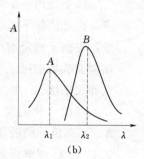 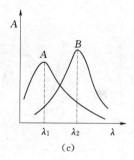

图 9-6 多组分定量分析图

1）情况表明两组分互不干扰，可以用测定单组分的方法分别在 λ_1、λ_2 测定 A、B 两组分。

2）情况表明 A 组分对 B 组分的测定有干扰，而 B 组分对 A 组分的测定无干扰，则可以在 λ_1 处单独测量 A 组分，求得 A 组分的浓度 C_A。然后在 λ_2 处测量溶液的吸光度 $A_{\lambda_2}^{A+B}$ 及 A、B 纯物质的 $\varepsilon_{\lambda_2}^{A}$ 和 $\varepsilon_{\lambda_2}^{B}$ 值，根据吸光度的加和性，即得：

$$A_{\lambda_2}^{A+B}=A_{\lambda_2}^{A}+A_{\lambda_2}^{B}=\varepsilon_{\lambda_2}^{A}bC_A+\varepsilon_{\lambda_2}^{B}bC_B \tag{9-9}$$

则可以求出 C_B。

3）情况表明两组分彼此互相干扰，此时，在 λ_1、λ_2 处分别测定溶液的吸光

度 $A_{\lambda_1}^{A+B}$ 及 $A_{\lambda_2}^{A+B}$，而且同时测定 A、B 纯物质的 $\varepsilon_{\lambda_1}^A$、$\varepsilon_{\lambda_2}^B$ 及 $\varepsilon_{\lambda_2}^A$、$\varepsilon_{\lambda_2}^B$。然后列出联立方程：

$$A_{\lambda_1}^{A+B} = \varepsilon_{\lambda_1}^A bC_A + \varepsilon_{\lambda_1}^B bC_B \qquad (9-10)$$

$$A_{\lambda_2}^{A+B} = \varepsilon_{\lambda_2}^A bC_A + \varepsilon_{\lambda_2}^B bC_B \qquad (9-11)$$

解得 C_A、C_B。显然，如果有 n 个组分的光谱互相干扰，就必须在 n 个波长处分别测定吸光度的加和值，然后解 n 元一次方程以求出各组分的浓度。应该指出，这将是繁琐的数学处理，且 n 越多，结果的准确性越差。用计算机处理测定结果将使运算大为方便。

（3）双波长分光光度法。当试样中两组分的吸收光谱重叠较为严重时，用解联立方程的方法测定两组分的含量可能误差较大，这时可以用双波长分光光度法测定。这种方法不需要用空白溶液作参比，而只需要把另一波长下的测出同一样品的吸光度作为参比。双波长分光光度法定量分析的依据为吸光度的差值与待测物质的浓度成正比。

$$\Delta A = A_{\lambda 1} - A_{\lambda 2} = (\varepsilon_{\lambda 1} - \varepsilon_{\lambda 2})bC \qquad (9-12)$$

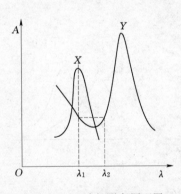

图 9-7　双波长测定原理图

由于仅用一个吸收池，且用试液本身作参比液，因此消除了吸收池及参比液所引起的测量误差，提高了测定的准确度。又因为测定的是试液在两波长处的吸光度差值，故可提高测定的选择性和灵敏度。

在混合物的定量测定中，如图 9-7 所示为 X、Y 两组分的吸收光谱曲线，测定试液中 C_x 时选 λ_1 和 λ_2 作测定波长和参比波长。Y 在两个波长处摩尔吸光系数相等，组分 X 在 λ_1 处有最大吸收。

对 X 组分：

$$A_{\lambda_1} = \varepsilon_{\lambda_1}^X bC_X + \varepsilon_{\lambda_1}^Y bC_Y \qquad (9-13)$$

$$A_{\lambda_2} = \varepsilon_{\lambda_2}^X bC_X + \varepsilon_{\lambda_2}^Y bC_Y \qquad (9-14)$$

因为
$$\varepsilon_{\lambda_1}^Y = \varepsilon_{\lambda_2}^Y \qquad (9-15)$$

所以
$$\Delta A = A_{\lambda_1} - A_{\lambda_2} = (\varepsilon_{\lambda_1}^X - \varepsilon_{\lambda_2}^X)bC_X \qquad (9-16)$$

由于测定时两波长的光通过同一吸收池和试液，因此散射程度相同，光程长度相同。如固定一个波长，而改变另一波长，可用于测定高度混浊试样的吸收光谱特性。

固定两种不同波长，测定两种组分的吸光度变化，记录它们对时间的变量。这一方法特别适用于研究反应动力学过程。

（4）导数分光光度计法。对 $A_\lambda = \varepsilon_\lambda bC$ 进行 n 次求导后，吸光度的导数值仍与物质的浓度成正比，借此可进行定量分析。下图为一近似于高斯型吸收曲线和它的一至四阶导数光谱曲线。这些光谱曲线有如下特征：

1）零阶曲线的极大处相应于奇阶导数（$n=1$，3，5，…）曲线通过的零点；零阶曲线的拐点处，相应于奇阶导数曲线的极大或极小，这有助于精确确定吸收峰的位置和肩的存在。

2）偶阶曲线的形状和零阶曲线较为相似，零阶曲线的极大处相应于偶阶导数曲线的极大或极小，零阶曲线的拐点相应于偶阶导数曲线通过零点。

3）谱带的极值数随导数阶数的增加而增加，一个吸收带经过 n 次求导后，产生的极值（极大或极小）数为 $n+1$ 个。

4）在导数曲线中，随着求导阶次的增加，谱带变锐，带宽变窄，二阶导数曲线的半宽度仅为零阶曲线半宽度的 1/3，四阶曲线仅为零阶曲线半宽度的 1/5，如图 9-8 所示。

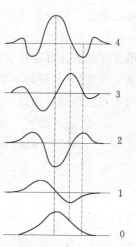

图 9-8 导数光谱曲线

在一定条件下，导数信号与被测组分的浓度成比例。采用校准曲线法，配制一系列浓度不同的标注样品，在相同条件下测量标样和样品的导数吸收光谱，在光谱图上选定的波长处，测量导数峰高，以标样浓度为横坐标，导数峰高为纵坐标绘制校准曲线，根据样品的峰高可在工作曲线上查出对应的含量。测量导数光谱曲线的峰高方法有基线法、峰谷法和峰零法，如图 9-9 所示。

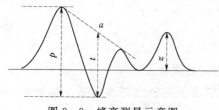

图 9-9 峰高测量示意图

基线法又称切线法，在相邻两峰的极大或极小处画一公切线，再由峰谷引一条平行于纵坐标的直线相交于 a 点，然后测量 a 点距离峰谷的距离 t 的大小，该值即为峰高值。

峰谷法测量相邻两峰的极大和极小之间的距离 p，这种方法用于多组分的定量分析。

峰零法测量峰至基线的垂直距离 z。该法只适用与导数光谱曲线对称于横坐标的高阶导数光谱。

　　导数分光光度法对吸收强度随波长的变化非常敏感，灵敏度高，能有效分辨出波长十分靠近的谱带，亦能区别出相似的谱带和精细结构，尤其是当分析用的谱带被宽带谱带或非特征背景谱带淹没的时候，它也能检测出分析谱带来，这一点在测定组合成分和消除干扰方面有着重大的意义。对重叠谱带及平坦谱带的分辨率高，噪声低。导数分光光度法对痕量分析、稀土元素、药物、氨基酸、蛋白质的测定，以及废气或空气中污染气体的测定非常有用。

　　（5）高含量组分的测定——示差法。当待测组分含量较高时，测得的吸光度值常常偏离比耳定律。即使不发生偏离，也因为通常采用纯溶剂作参比溶液（普通光度法），使测得的吸光度太高，超出适宜的读数范围而引入较大的误差。采用示差法就能克服这一缺点，如图 9-10 为示差法标尺放大原理图。

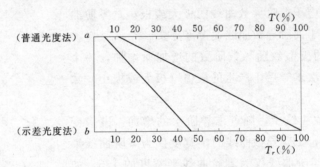

图 9-10　示差法标尺放大原理图

　　示差法测定试液浓度 C_x 时，首先使用浓度稍低于试液的标准溶液 C_s 作参比溶液调节仪器透光度读数为 $100\%(A=0)$，然后测定试液的吸光度，该吸光度称为相对吸光度 A_r，对应的透光度称为相对透光度 T_r。如果用普通光度法以纯溶剂或空白作参比溶液，测得试液及标准液的吸光度分别为 A_x 及 A_s，对应的透光度为 T_x 及 T_s，则根据比耳定律得：

$$A_x = kbC_x \tag{9-17}$$

$$A_s = kbC_s \tag{9-18}$$

$$A_r = A_x - A_s = kbC(C_x - C_s) = kb\Delta C \tag{9-19}$$

　　应用示差法时，要求仪器光源有足够的发射强度或能增大光电流放大倍数，以便能调节参比溶液透光度为 100%。这就要求仪器单色器质量高，电子学系统稳定性好。

　　（6）分光光度滴定法。以一定的标准溶液滴定待测物溶液，测定滴定中溶液的吸光度变化，通过作图法求得滴定终点，从而计算待测组分含量的方法称为分光光度滴定。一般有直接滴定法和间接滴定法两种。前者选择被滴定物、滴定剂或反应生成物之一摩尔吸光系数最大的物质的最大吸收波长进行滴定。滴定曲线有如下几种形式。间接滴定法需使用指示剂。光度滴定与通过指示剂颜色变化用肉眼确定滴定终点的普通滴定法相比，准确性、精密度及灵敏度都要高。光度滴定已用于酸碱滴定、氧化还原滴定、沉淀滴定和络合滴定。

（7）其他分析方法。

1）动力学分光光度法。一般的分光光度法是在溶液中发生的化学反应达到平衡后测量吸光度，然后根据吸收定律算出待测物质的含量。而动力学分光光度法则是利用反应速率与反应物、产物或催化剂的浓度之间的定量关系，通过测量与反应速率成正比例关系的吸光度，从而计算待测物质的浓度。根据催化剂的存在与否，动力学分光光度法可分为非催化和催化分光光度法。当利用酶这种特殊的催化剂时，则称为酶催化分光光度法。

动力学分光光度法灵敏度高、选择性好（有时是特效的）、应用范围广（快速、慢速反应，有副反应，高、低浓度均可），但它的影响因素较多，测量条件不易控制，误差经常较大。

2）胶束增容分光光度法。胶束强度分光光度法是利用表面活性剂的增强、增敏、增稳、褪色、析向等作用，以提高显色反应的灵敏度、对比度或选择性，改善显色反应条件，并在水向中直接进行光度测量的分光光度法。

表面活性剂（有阳离子型、阴离子型、非离子型之分）在水相中有生成胶体的倾向，随其浓度的增大，体系由真溶液转变为胶体溶液，形成极细小的胶束，体系的性质随之发生明显的变化。体系由真溶液转变为胶束溶液时，表面活性剂的浓度称为临界胶束浓度。由于形成胶束而使显色产物溶解度较大的现象，称为胶束增容效应。由于胶束与显色产物的相互作用，结合成胶束化合物，增大了显色分子的有效吸光截面，增强其吸光截面，增强其吸光能力，使 ε 增大，提高显色反应的灵敏度，称为胶束的增敏效应。胶束增容分光光度法比普通分光光度法的灵敏度由显著的提高。近年来，这种方法得到了广泛的应用。

9.4.2 紫外可见吸收光谱测试条件的选择

1. 显色反应及显色条件的选择

在进行光度分析时，首先要把待测组分转变成有色化合物，然后进行光度测定。将待测组分转变成有色化合物的反应叫显色反应。与待测组分形成有色化合物的试剂称为显色剂。

（1）显色反应的选择。显色反应可分为两大类，即络合反应和氧化还原反应，而络合反应是最主要的显色反应。如何选择显色反应，需考虑以下因素：

1）灵敏度高，ε 为 $10^4 \sim 10^5$。

2）选择性好，指显色剂仅与一个组分或少数几个组分发生显色反应。只与一种离子发生反应的显色剂称为特效（或专属）显色剂。

3）显色剂在测定波长处无明显吸收，有色化合物与显色剂之间的差别较大，两种有色物质最大吸收波长之差即（对比度）大于 60nm。

4）有色化合物的组成恒定，化学性质应稳定。

（2）显色条件的选择。

1）显色剂用量。显色剂用量对显色反应有很大影响，过量的显色剂使显色反应趋于完全，但过量太大有可能改变有色化合物的组成，影响化合物的颜色。合适的显色剂用量可用单因素实验测定溶液吸光度随显色剂用量的变化，根据变化曲线，选择即可有高灵敏度又能使吸光度稳定的显色剂用量。

2）溶液酸度。溶液酸度对待测组分的测定有显著影响，它直接影响待测组分的吸收光谱、显色剂的形态、待测组分的化合状态及显色化合物的组成。实际工作中常用单因素实验来确定适宜的溶液酸度，具体做法为：将待测组分与显色剂浓度固定，改变溶液的酸度，测定溶液的吸光度与酸度的曲线关系，找出最佳酸度范围。实验中常加入缓冲溶液使溶液保持一定酸度。

3）显色温度。显色反应一般在室温下进行，有的反应则需要加热，以加速显色反应进行完全。有的有色物质当温度偏高时又容易分解。为此，对不同的反应，应通过实验找出各自适宜的温度范围。

4）显色时间。这里包括两种时间：一种是由于显色反应速度不同，达到反应完全所需的时间；另一种是有色化合物维持稳定的时间。这两种时间都可以通过单因素实验来确定。

2. 吸光度测量条件的选择

（1）入射光波长的选择。一般根据待测组分的吸收光谱，选择最大吸收波长作为测定波长，这样灵敏度最高，吸光度随波长变化最小，测定精度较好，但有时待测组分在最大波长处受到共存杂质干扰或待测组分浓度太高应选择其他波长进行测定。

（2）参比溶液的选择。若显色剂和所用其他试剂均无色，而且被测试液中又无其他有色离子存在时，可用蒸馏水作参比溶液；若显色剂无色，被测试液中存在其他有色离子时，应采用不加显色剂的被测试液作参比溶液；若显色剂有色，可选择不加被测试液的试剂空白做参比溶液；若显色剂和试剂均有色，可在一份试液中加入适当的掩蔽剂将被测组分掩蔽起来，使之不与显色剂作用，再加入显色剂及其他试剂，以此作为参比溶液。这样可以消除显色剂和一些共存组分的干扰。

（3）吸光度读数范围的选择。吸光度在 0.2～0.8 之间时，吸光度测定误差最小，因此应把待测组分浓度的吸光度控制在 $0.2 \sim 0.8$ 之间，可以通过控制溶液的浓度和选择不同厚度的吸收池来实现。

9.4.3 干扰的消除

样品中若存在干扰组分则会影响被测组分的测定，若这些组分本身有颜色，或者能与显色剂反应生成有色物质，则使测定结果偏高；若这些组分与显色剂反应，使显色剂或被测组分的浓度降低，则使测定结果偏低。要消除这些干扰作用，可采用以下方法：

（1）加入适当的掩蔽剂。掩蔽剂可与体系中的干扰物质进行络合反应，降低干扰物质的浓度，减少对被测组分的影响。该掩蔽剂应当不与被测组分反应，掩蔽剂与干扰物质生成的络合物应不影响被测组分的测定。同一元素有多种掩蔽剂，应根据实际情况选择合适的掩蔽剂。如用二苯硫腙法测 Hg^{2+} 时，可用 KSCN 掩蔽 Ag^+，EDTA 掩蔽 Bi^{3+}。

（2）改变干扰离子的价态。利用氧化剂或还原剂改变干扰离子的价态，使其不影响被测组分的测定。如用铬天青 S 测定 Al^{3+} 时，Fe^{3+} 有干扰，可加入抗坏血酸将 Fe^{3+} 还原为 Fe^{2+} 消除其干扰。

（3）选择适当的波长。该法适用于干扰组分与被测组分的吸收峰波长相距较大的情况。如测定 MnO_4^- 时，若有 $Cr_2O_7^{2-}$ 存在，因 $Cr_2O_7^{2-}$ 在 MnO_4^- 的最大波长 525nm 处亦有吸收故影响测定，为此可选用 545nm 甚至 575nm 波长进行测定，这是测定灵敏度虽然较低，却可在很大程度上消除 $Cr_2O_7^{2-}$ 的干扰。

（4）控制溶液酸度。如用二苯硫腙法测 Hg^{2+} 时，Cd^{2+}、Cu^{2+}、Co^{2+}、Ni^{2+}、Sn^{2+}、Zn^{2+}、Pb^{2+} 均可能发生反应产生干扰，若在稀酸（0.5mol/L）介质中进行萃取，则这些离子的干扰可以消除。

（5）利用参比溶液消除显色剂和某些共存有色离子的干扰。如用铬天青 S 测定钢中 Al^{3+} 时，Co^{2+}、Ni^{2+} 等会干扰测定，故可取一定量的被测溶液加入少量的 NH_4F，使 Al^{3+} 形成 AlF_6^{3-} 配离子而不再显色，然后加入显色剂及其他试剂，以此作参比溶液，从而消除 Co^{2+}、Ni^{2+} 的干扰。

（6）分离干扰离子。若上述方法均不能奏效，则只能用预分离的方法如萃取分离、色谱分离、沉淀分离、离子交换、蒸馏等方法将干扰组分除去。

9.4.4 实验注意事项

1. 比色皿

比色皿应该保持清洁，干燥。油腻、指纹、灰尘、投射面上的任何沉积物都会严重影响比色皿的透光特性。比色皿的配对、保存方法、使用方法都直接关系到分析测试结果的准确性与可靠性。因此，比色皿在使用前后的彻底清洗是必不可少的。

在清洗和使用过程中，不能用硬质纤维和手指擦、摸透光面，只能拿其不透光的毛面，禁止用硬物碰或擦透光面。需要干燥的比色皿不能放在炉子或火焰上加热烘烤，否则会引起损坏或透光性能变差。有污物污染时，可用 10％的盐酸溶液浸泡，然后用无水乙醇冲洗 2～3 次。当比色皿被严重污染时，可用 20W 的超声波清洗 30min，绝对不可用大功率超声波来清洗比色皿，否则会损毁。比色皿具有方向性，使用时要注意，仔细观察，一般比色皿上方会有一个箭头标志，代表入射光方向。注入和倒出溶液时，应该选择非透光面。

在分析测试时，一般是同时利用两个分别盛有参比溶液和被测样品溶液的比色皿，对它们进行分别测试，比较测试的吸光度。即使同一批生产的同一规格的比色皿，其光路长度不可能万千相等，透光面的透光特性、几何尺寸、平行程度都可能会有差异，因此需要挑选配对使用。取吸收池时，手指应拿毛玻璃面的两侧，装盛样品以池体的 2/3 为度，使用挥发性溶液时应加盖，透光面要用擦镜纸由上而下擦拭干净，检视应无溶剂残留。吸收池放入样品室时应注意方向相同。用后用溶剂或水冲洗干净，晾干防尘保存。

2. 样品浓度控制

在常规分析时，对大多数样品浓度大多控制在 10～100mg/L，即吸光度为 0.2～0.8 范围内为最佳。样品浓度过大，则因杂散光的原因会使分析测试结果严重偏离比耳定律，导致误差变大。因此，测定浓度高的溶液时，要稀释或使用短光程池使吸收值降低后再测定。

（1）稀释。例如，浓度 100 的样品吸收值为 2.7 时，稀释为 1/5 的浓度，即 20。测定得到的吸收值乘以 5，换算得出浓度 100 的吸收值。

（2）使用短光路光程池。稀释繁复时，可以使用短光程池（1mm/2mm/5mm 等，但要与专用隔板一起使用，保证光垂直照射样品池）例如，上面的例子可以使用 2mm 光程池测定。可以得到一个和上面一样的低吸收值（当然测空白也要用 2mm 光程池）。如果想换算为 10mm，可以用这个吸收值乘以 5。

9.4.5 易出现的问题及解决方法

（1）若峰出现很多"毛刺"，可能是扫描速度过快，浓度过高或者狭缝过小，对于大部分样品，狭缝取 2nm 即可，少部分样品如青霉素钠、青霉素钾就不能用 2nm 进行测试，应根据实际情况选取合适的狭缝宽度。

（2）紫外分光光度计用来测紫外光时，石英皿用来调零时若不稳定，则需要从以下几方面找原因：首先确定是否用成玻璃比色皿，判断方法在紫外区任一波长下用空气调零测比色皿的吸光度如果超过 1，则比色皿用错；再次用空气调零看零点是否稳定，如不稳则是仪器问题；如空气稳定而放入石英皿后不稳定，则检查是否空白溶液吸光度太高，是否空白溶液药品过期，或者空白溶液透明范围不适合此波长测量，比如甲醇在 210nm 以下吸光度很大无法调零。

（3）若紫外测量吸光度值不准，可能有如下原因：

1）仪器调零后跳动大的话那可能是仪器有问题。

2）调零稳定的话，看样品浓度是否过高，最好控制在 0～1 个吸光度之间。

3）浓度合适的话，看是否比色皿没擦干净，一般可用蒸馏水冲洗一下，擦干后用镜头纸擦干净。

4）检查样品是否稳定，如果零点不变而放上样品变化，那么是样品有变化，检查样品是否有问题。

9.5　紫外—可见吸收光谱法在水环境分析检测中的应用

9.5.1　水中六价铬的测定

1. **方法原理**

在酸性溶液中，六价铬与二苯碳酰二肼反应，生成紫红色化合物，其最大吸收波长为 540nm，摩尔吸光系数为 4×10^4 L/（mol·cm）。

2. **干扰及消除**

铁含量大于 1mg/L 水样显黄色，六价钼和汞也和显色剂反应生成有色化合物，但在本方法的显色酸度下反应不灵敏。钼和汞达 200mg/L 不干扰测定。钒有干扰，其含量高于 4mg/L 即干扰测定。但钒与显色剂反应后 10min，可自行褪色。氧化性及还原性物质，如：ClO^-、Fe^{2+}、SO_3^{2-}、$S_2O_3^{2-}$ 等，以及水样有色或混浊时对测定均有干扰，须进行预处理。

3. **方法的适用范围**

本方法适用于地表水和工业废水中六价铬的测定。当取样体积为 50mL，使用 30mm 比色皿，方法的最小检出量为 0.2μg 铬，方法的最低检出浓度为 0.004mg/L，使用 10mm 比色皿，测定上限浓度为 1mg/L。

4. **仪器**

分光光度计，10mm、30mm 比色皿。

5. **试剂**

（1）丙酮。

（2）（1＋1）硫酸：将硫酸（$\rho = 1.84$g/mL）缓缓加入到同体积水中，混匀。

（3）（1＋1）磷酸：将磷酸（$\rho = 1.69$g/mL）与等体积的水混合。

（4）0.2％氢氧化钠溶液：称取氢氧化钠 1g，溶于 500mL 新煮沸放冷的水中。

(5) 氢氧化锌共沉淀剂。

1) 硫酸锌溶液：称取硫酸锌（$ZnSO_4 \cdot 7H_2O$）8g，溶于水并稀释至 100mL。

2) 2%氢氧化钠溶液：称取氢氧化钠 2.4g，溶于新煮沸放冷的水至 120mL，同时将①、②两溶液混合。

(6) 4%高锰酸钾溶液：称取高锰酸钾 4g，在加热和搅拌下溶于水，稀释至 100mL。

(7) 铬标准贮备液：称取于 120℃干燥 2h 的重铬酸钾（$K_2Cr_2O_7$，优级纯）0.2829g，用水溶解后，移入 1000mL 容量瓶中，用水稀释至标线，摇匀。每毫升溶液含 0.100mg 六价。

(8) 铬标准溶液（Ⅰ）：吸取 5.00mL 铬标准贮备液，置于 500mL 容量瓶中，用水稀释至标线，摇匀。每毫升溶液含 1.00μg 六价铬，使用时当天配制。

(9) 铬标准溶液（Ⅱ）：吸取 25.00mL 铬标准贮备液；置于 500mL 容量瓶中，用水稀释至标线，摇匀。每毫升溶液含 5.00μg 六价铬，使用时当天配制。

(10) 20%尿素溶液：将尿素［$(NH_2)_2CO$］20g 溶于水并稀释至 100mL。

(11) 2%亚硝酸钠溶液：将亚硝酸钠 2g 溶于水并稀释至 100mL。

(12) 显色剂（Ⅰ）：称取二苯碳酰二肼（$C_{13}H_{14}N_4O$）0.2g，溶于 50mL 丙酮中，加水稀释至 100mL，摇匀。贮于棕色瓶置冰箱中保存。色变深后不能使用。

(13) 显色剂（Ⅱ）：称取二苯碳酰二肼 1g，溶于 50mL 丙酮中，加水稀释至 100mL，摇匀贮于棕色瓶置冰箱中保存。色变深后不能使用。

6. 步骤

(1) 样品预处理。

1) 样品中不含悬浮物，低色度的清洁地表水可直接测定。

2) 色度校正：如水样有色但不太深则另取一份水样，在待测水样中加入各种试液进行同样操作时，以 2mL 丙酮代替显色剂，最后以此代替水作为参比来测定待测水样的吸光度。

3) 锌盐沉淀分离法：对混浊、色度较深的水样可用此法预处理。取适量水样（含六价铬少于 100μg）置 150mL 烧杯中，加水至 50mL，滴加 0.2%氢氧化钠溶液，调节溶液 pH 为 7～8。在不断搅拌下，滴加氢氧化锌共沉淀剂至溶液 pH 值为 8～9。将此溶液转移至 100mL 容量瓶中，用水稀释至标线。用慢速滤纸干过滤，弃去 10～20mL 初滤液，取其中 50.0mL 滤液供测定。

4) 二价铁、亚硫酸盐、硫代硫酸盐等还原性物质的消除：取适量水样（含六价铬少于 50μg）置于 50mL 比色管中，用水稀释至标线，加入 4mL 显色剂（Ⅱ），混匀。放置 5min 后，加入（1+1）硫酸溶液 1mL，摇匀。5～10min 后，于 540nm 波长处，用 10 或 30mm 的比色皿，以水作参比，测定吸光度。扣除空白试验吸光度后，从校准曲线查得六价铬含量。用同法作校准曲线。

5）次氯酸盐等氧化性物质的消除：取适量水样（含六价铬少于 50μg）置于 50mL 比色管中，用水稀释至标线，加入（1+1）硫酸溶液 0.5mL，（1+1）磷酸溶液 0.5mL，尿素溶 1.0mL，摇匀。逐滴加入 1mL 亚硝酸钠溶液，边加边摇，以除去过量的亚硝酸钠与尿素反应生成的气泡，待气泡除尽后，以下步骤同样品测定（免去加硫酸溶液和磷酸溶液）。

（2）样品测定。

1）取适量（含六价铬少于 50pg）无色透明水样或经预处理的水样，置于 50mL 比色管中，用水稀释至标线，加入（1+1）硫酸溶液 0.5mL 和（1+1）磷酸溶液 0.5mL，摇匀。

2）加入 2mL 显色剂（Ⅰ），摇匀。5～10min 后，于 540nm 波长处，用 10 或 30mm 比色皿，以水作参比，测定吸光度并作空白校正，从校准曲线上查得六价铬含量。

（3）校准曲线的绘制。

1）向一系列 50mL 比色管中分别加入 0、0.20mL、0.50mL、1.00mL、2.00mL、4.00mL、6.00mL、8.00mL、10.00mL 铬标准溶液（Ⅰ）（如用锌盐沉淀分离须预加入标准溶液时，则应加倍加入标准液），用水稀释至标线。然后按照和水样同样的预处理和测定步骤操作。

2）从测得的吸光度经空白校正后，绘制吸光度对六价铬含量的校准曲线。

7. 计算

$$六价铬(Cr, mg/L) = \frac{m}{V} \tag{9-20}$$

式中　m——由校准曲线查得的六价铬量（mg）；

　　　V——水样的体积（mL）。

8. 注意事项

（1）所有玻璃仪器（包括采样的），不能用重铬酸钾洗液洗涤。可用硝酸、硫酸混合液或洗涤剂洗涤，洗涤后要冲洗干净。玻璃器皿内壁要求光洁，防止铬被吸附。

（2）铬标准溶液有两种浓度，其中每毫升含 5.00μg 六价铬的标准溶液适用于高含量水样的测定，测定时使用显色剂（Ⅱ）和 10mm 比色皿。

（3）六价铬与二苯碳酰二肼反应时，显色酸度一般控制在 0.05～0.3mol/L

（$1/2H_2SO_4$），0.2mol/L 时显色最好。显色前，水样应调至中性。显色时，温度和放置时间对显色有影响，在温度 15℃，5～15min，颜色即可稳定。

（4）如测定清洁地表水，显色剂可按下法配制：溶解 0.20g 二苯碳酰二肼于 95％乙醇 100mL 中，边搅拌边加入（1＋9）硫酸 400mL。存放于冰箱中，可用一个月。用此显色剂在显色时直接加入 2.5mL 显色剂即可，不必再加酸。加入显色剂后要立即摇匀，以免六价铬被乙醇还原。

（5）水样经锌盐沉淀分离预处理后，仍含有机物干扰测定时，可用酸性高锰酸钾氧化法破坏有机物后再测定。即取 50.0mL 滤液置于 150mL 锥形瓶中，加入几粒玻璃珠，加入（1＋1）硫酸溶液 0.5mL，（1＋1）磷酸溶液 0.5mL，摇匀。加入 4％高锰酸钾溶液 2 滴，如紫红色消褪，则应添加高锰酸钾溶液保持紫红色。加热煮沸至溶液体积约剩 20mL，取下稍冷，用中速定量滤纸过滤，用水洗涤数次，合并滤液和洗液至 50mL 比色管中。加入 1mL 尿素溶液，摇匀。用滴管滴加亚硝酸钠溶液，每加一滴充分摇匀，至高锰酸钾的紫红色刚好褪去。稍停片刻，待溶液内气泡逸出，用水稀释至标线，直接加入显色剂后测定。

9.5.2　水中氨氮的测定（纳氏试剂光度法）

1. 方法原理

碘化汞和碘化钾的碱性溶液与氨反应生成淡红棕色胶态化合物，此颜色在较宽的波长内具有强烈吸收。通常测量用波长在 410～425nm 范围。

2. 干扰及消除

脂肪胺、芳香胺、醛类、丙酮、醇类和有机氯胺类等有机化合物，以及铁、锰、镁和硫等无机离子，因产生异色或浑浊而引起干扰，水中颜色和浑浊亦影响比色。为此，须经絮凝沉淀过滤或蒸馏预处理，易挥发的还原性干扰物质，还可在酸性条件下加热以除去。对金属离子的干扰，可加入适量的掩蔽剂加以消除。

3. 方法的适用范围

本法最低检出浓度为 0.025mg/L（光度法），测定上限为 2mg/L。采用目视比色法，最低检出浓度为 0.02mg/L 水样作适当的预处理后，本法可适用于地表水、地下水、工业废水和生活污水中氨氮的测定。

4. 仪器

（1）分光光度计。

（2）pH 计。

5. 试剂

配制试剂用水均应为无氨水。

（1）纳氏试剂：可选择下列一种方法制备。

1）称取 20g 碘化钾溶于约 100mL 水中，边搅拌边分次少量加入二氯化汞（HgCl₂）结晶粉末（约 10g），至出现朱红色沉淀不易溶解时，改为滴加饱和二氯化汞溶液，并充分搅拌，当出现微量朱红色沉淀不易溶解时，停止滴加氯化汞溶液。

另称取 60g 氢氧化钾溶于水，并稀释至 250mL，充分冷却至室温后，将上述溶液在搅拌下，徐徐注入氢氧化钾溶液中，用水稀释至 400mL，混匀。静置过夜。将上清液移入聚乙烯瓶中，密塞保存。

2）称取 16g 氢氧化钠，溶于 50mL 水中，充分冷却至室温。

另称取 7g 碘化钾和 10g 碘化汞（HgI₂）溶于水，然后将此溶液在搅拌下缓慢注入氢氧化钠溶液中，用水稀释至 100mL，贮于聚乙烯瓶中，密塞保存。

（2）酒石酸钾钠溶液：称取 50g 酒石酸钾钠（KNaC₄H₄O₆·4H₂O）溶于 100mL 水中，加热煮沸以除去氨，放冷，定容至 100mL。

（3）铵标准贮备溶液：称取 3.819g 经 100℃ 干燥过的优级纯氯化铵（NH₄Cl）溶于水中，移入 1000mL 容量瓶中，稀释至标线。此溶液每毫升含 1.00mg 氨氮。

（4）铵标准使用溶液：移取 5.00mL 铵标准贮备液于 500mL 容量瓶中，用水稀释至标线。此溶液每毫升含 0.010mg 氨氮。

6. 步骤

（1）校准曲线的绘制。

1）吸取 0、0.50mL、1.00mL、3.00mL、5.00mL、7.00mL 和 10.0mL 铵标准使用液于 50mL 比色管中，加水至标线，加 1.0mL 酒石酸钾钠溶液，混匀。加 1.5mL 纳氏试剂，混匀。放置 10min 后，在波长 420nm 处，用光程 2mm 比色皿，以水为参比，测量吸光度。

2）由测得的吸光度，减去零浓度空白的吸光度后，得到校正吸光度，绘制以氨氮含量（mg）对校正吸光度的校准曲线。

（2）水样的测定。

1）分取适量经絮凝沉淀预处理后的水样（使氨氮含量不超过 0.1mg），加入 50mL 比色管中，稀释至标线，加 1.0mL 酒石酸钾钠溶液。以下同校准曲线的绘制。

2）分取适量经蒸馏预处理后的馏出液，加入 50mL 比色管中，加一定量 1mol/L 氢氧化钠溶液以中和硼酸，稀释至标线。加 1.5mL 纳氏试剂，混匀。放置 10min 后，同校准曲线步骤测量吸光度。

（3）空白实验。以无氨水代替水样，做全程序空白测定。

7. 计算

由水样测得的吸光度减去空白试验的吸光度后，从校准曲线上查得氨氮含量（mg）。

$$氨氮(N，mg/L) = \frac{m}{V} \times 1000 \tag{9-21}$$

式中　m——由校准曲线查得的氨氮量（mg）；

　　　V——水样体积（mL）。

8. 注意事项

（1）纳氏试剂中碘化汞与碘化钾的比例，对显色反应的灵敏度有较大影响。静置后生成的沉淀应除去。

（2）滤纸中常含痕量铵盐，使用时应注意用无氨水洗涤。所用玻璃器皿避免实验室空气中氨的沾污。

第10章 电化学分析法

10.1 电化学分析法概述

应用电化学原理进行物质成分分析的方法称为电化学分析。在进行电化学分析时，通常是将被测物制成溶液，根据它的电化学性质，选择适当电极组成化学电池，通过测量电池某种电信号（电压、电流、电阻、电量等）的强度或变化，对被测组分进行定性、定量的分析。

电化学分析是最早应用的仪器分析法，始于19世纪初，至今已有近200年历史。在20世纪中期获得了新的推动力，目前仍属于快速发展的学科。

电化学分析法可分为以下4类。

1. 电解法

是根据通电时，待测物在电池电极上发生定量沉积的性质以确定待测物质含量的分析方法。

（1）电重量法：根据待测物在电极上发生定量沉淀后电极质量的增加以确定待测物的含量。

（2）库仑法：根据待测物完全电解时消耗的电量以确定待测物的含量。

（3）以电极反应生成物进入溶液作为滴定剂，与溶液中待测物作用，根据滴定终点消耗的电量确定待测物的含量。

2. 电导法

根据测量分析溶液的电导，以确定待测物含量的分析方法。若直接根据测量的电导数据确定待测物的含量，称为电导分析法；若根据滴定过程中溶液电导的变化以确定滴定终点的方法，称为电导滴定法。

3. 电位法

根据测量电极电位，以确定待测物含量的分析方法。

4. 伏安法

将一微电极插入溶液中，利用电解时得到的电流—电压曲线为基础，演变出来的各种分析方法的总称。

10.2 电化学分析法原理

10.2.1 指示电极

1. 金属极电极

（1）金属—金属离子电极。将具有氧化还原反应的金属 M 浸入该金属离子的溶液 M^{n+} 中达到平衡后即组成金属—金属离子电极，可表示为：

$$M \mid M^{n+}(a_{M^{n+}}) \tag{10-1}$$

电极反应为：

$$M^{n+} + ne^- \Longrightarrow M \tag{10-2}$$

电极电位（25℃）为：

$$\varphi_{M^{n+}/M} = \varphi^\theta_{M^{n+}/M} + \frac{0.059}{n} \lg a_{M^{n+}} \tag{10-3}$$

式中 $\varphi^\theta_{M^{n+}/M}$ 锰离子的标准电极电位；

     $a_{M^{n+}}$ ——锰离子活度。

（2）金属—金属微溶盐电极。将金属及其微溶盐浸入含有该微溶盐的阴离子溶液中达到沉淀溶解平衡后，即组成金属—金属微溶盐电极。

例如：银—氯化银电极可以指示 Cl^- 的浓度，可表示为：

$$Ag, AgCl(固) \mid Cl^-(a_{Cl^-}) \tag{10-4}$$

电极反应为：

$$AgCl + e^- = Ag + Cl^- \tag{10-5}$$

电极电位（25℃）为：

$$\varphi_{AgCl/Ag} = \varphi^\theta_{AgCl/Ag} - 0.059 \lg a_{Cl^-} \tag{10-6}$$

式中 $\varphi^\theta_{AgCl/Ag}$ ——银离子标准电极电位；

     a_{Cl^-} ——氯离子活度。

（3）均相氧化还原电极。均相氧化还原单击可由惰性金属构成，又叫惰性金属电极。插入溶液中，本身不参与反应，只作为氧化态、还原态物质电子交换场所，且铂电极所显示的电位是溶液中物质浓度的函数。

$$Pt \left| \begin{matrix} Fe^{3+}(a_{Fe^{3+}}), Fe^{2+}(a_{Fe^{2+}}) \\ Fe^{3+} + e^- \Longrightarrow Fe^{2+} \end{matrix} \right. \tag{10-7}$$

电极电位（25℃）为：

$$\varphi_{Fe^{3+}/Fe^{2+}} = \varphi^\theta_{Fe^{3+}/Fe^{2+}} + 0.059 \lg \frac{a_{Fe^{3+}}}{a_{Fe^{2+}}} \tag{10-8}$$

式中 $\varphi^\theta_{Fe^{3+}/Fe^{2+}}$ ——铁离子标准电极电位；

     $a_{Fe^{3+}}$ ——三价铁离子活度；

     $a_{Fe^{2+}}$ ——二价铁离子活度。

2. 膜电极—离子选择电极

膜电极是以固态或液态膜为传感器的电极。膜电极的薄膜并不给出或得到电子，而是有选择性地让某种特定离子渗透或交换并产生膜电位。其膜电位与该种离子的活度成正比，故可做指示电极。

(1) 玻璃电极—pH 玻璃电极。pH 玻璃电极是具有 H^+ 专属性的典型离子选择电极。它的主要部分是一个玻璃泡，内冲 pH 值一定的缓冲溶液，其中插入一支 Ag—AgCl 电极作内参比电极；玻璃泡下端为球形薄膜，膜厚约 $50\mu m$。

玻璃电极使用之前必须在水中浸泡一定时间，是玻璃薄膜外面形成水合硅胶层，其浸泡后的玻璃膜示意图如图 10-1 所示。

内部溶液丨	水合硅胶层丨	干玻璃层丨	水合硅胶层‖	外部溶液
H^+	$H^+ \sim Na^+$	Na^+	$Na^+ \sim H^+$	H^+
	$0.05 \sim 1\mu m$	$50\mu m$	$0.05 \sim 1\mu m$	
	相界电位	扩散电位	相界电位	
	(φ_A)	(φ_D)	(φ_B)	

图 10-1　浸泡后的玻璃膜示意图

所以得到：

$$pH = \frac{\varphi_{电池} - \varphi_{甘}}{0.059} \qquad (10-9)$$

式中　$\varphi_{电池}$——电池的两电极的电位差（mV）；

　　　$\varphi_{甘}$——参比电极的电位（mV），为常数。

从上述公式中可知，只要测得 $\varphi_{电池}$，便可以求出被测水样中的 pH 值。

(2) 离子选择电极。

1) 微溶盐晶体膜电极。用微溶盐单晶或多晶膜代替玻璃膜，由于晶体对能通过晶格而导电的离子有严格的限制，因此，这种晶体膜具有最好的选择性。

2) 液体离子交换膜电极。液体离子交换膜电极是用浸有液体离子交换剂的惰性多孔薄膜作为电极膜。其响应机理与其他电极类同，只是结构略为复杂一些。

10.2.2　参比电极

电位分析法中要求参比电极装置简单，在测量的条件下电极电位恒定，且再现性好。常用的参比电极是饱和甘汞电极，其原理与 Ag—AgCl 电极相同。

饱和甘汞电极可表示为：Hg, Hg_2Cl_2（固）丨Cl^-（溶液）

电极反应为：

$$Hg_2Cl_2 + 2e^- \rightleftharpoons 2Hg + 2Cl^- \qquad (10-10)$$

电极电位（25℃）为：

$$\varphi_{Hg_2Cl_2/Hg} = \varphi^{\theta}_{Hg_2Cl_2/Hg} - 0.0591 \lg a_{Cl^-} \qquad (10-11)$$

式中　$\varphi^{\theta}_{Hg_2Cl_2/Hg}$——汞离子标准电极电位；

　　　a_{Cl^-}——氯离子活度。

由上式可知，只要温度一定时，饱和甘汞电极的电位由饱和 KCl 溶液的 a_{Cl^-} 决定。只要 a_{Cl^-} 不变，则饱和甘汞电极的电位：

$$\varphi_{Hg_2Cl_2/Hg} = 0.2415 - 7.6 \times 10^{-4}(t-25)V \qquad (10-12)$$

10.3　电化学分析法仪器构造

10.3.1　玻璃膜电极

最早也是最广泛被应用的膜电极是 pH 玻璃电极。它是电位法测定溶液 pH 的指示电极。其构造如图 10-2 所示。

下端部是由特殊成分的玻璃吹制而成的球状薄膜，膜的厚度为 0.1mm。玻璃管内装一特定 pH 的缓冲溶液和插入 Ag—AgCl 电极作为内参比电极。

使用玻璃电极时应当注意如下事项：

（1）不用时，pH 电极应浸入缓冲溶液或水中，长期保存时，应仔细擦干并放入保护性容器中。

（2）每次测定后，用蒸馏水彻底清洗电极并小心吸干。

（3）进行测定前，用部分被测溶液洗涤电极。

（4）测度时要剧烈搅拌缓冲性较差的溶液，否则，玻璃—溶液界面间会形成一层静止层。

（5）用软纸擦去膜表面的悬浮物和胶状物，避免划伤敏感膜。

（6）不要在酸性氟化物中使用玻璃电极，因为膜会受到 F⁻ 的化学侵蚀。

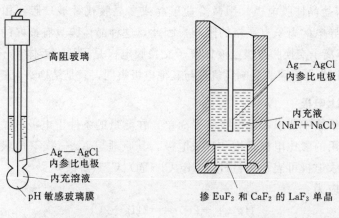

图 10-2　pH 敏感玻璃膜　　　　图 10-3　氟离子选择电极

10.3.2 晶体膜电极

这类膜电极是难溶盐的晶体,这些晶体具有离子导电的功能。由于只有少数几种简单的方法对氟离子进行选择性测定,从而使氟离子选择电极成为晶体膜类电极最有价值的电极之一,如图 10-3 所示。

该电极的敏感膜由 LaF_3 单晶片制成。为改善导电性,晶体中还掺杂了 $0.1\% \sim 5\%$ 的 EuF_2 和 $1\% \sim 5\%$ 的 CaF_2,降低了晶体膜的电阻,而膜导电则由离子半径较小、带电荷较少的晶格离子 F^- 来承担。

10.3.3 流动载体电极

流动载体电极(如图 10-4 所示)与玻璃电极不同,玻璃电极的载体是固定不动的,流动载体电极的载体是可流动的,但不能离开膜,而离子可以自由穿过膜。流动载体电极由某种有机液体离子交换剂成敏感膜。它由电活性物质、溶剂基本构成,敏感膜将试液与内充液分开,膜中的液体离子交换剂与被测

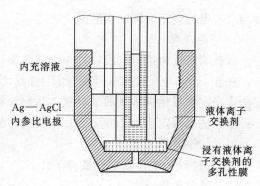

图 10-4 流动载体电极的结构

离子结合,并能在膜中迁移。这时溶液中该离子伴随的电荷相反的离子被排斥在膜相之外,结果引起相界面电荷分布不均匀,在界面上形成膜电位。

10.3.4 气敏电极

气敏电极(如图 10-5 所示)的端部装有透气膜,气体可通过塔进入管内。装有电解液的管中插有 pH 玻璃复合电极。试样中的气体通过透气膜进入电解液,引起电解液中离子活动的变化,从而可用复合电极进行检测。

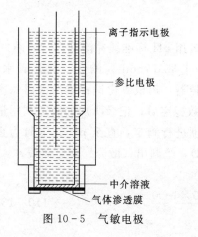

图 10-5 气敏电极

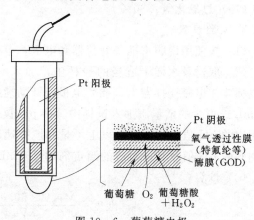

图 10-6 葡萄糖电极

10.3.5　生物膜电极

生物膜电极（如图 10-6 所示）主要是由具有分子识别能力的生物活性物质（如酶、微生物、生物组织、核酸、抗原或抗体等）构成，它具有很高的选择性。例如葡萄糖氧化酶从多种糖分子的混合溶液中，高选择性地识别出葡萄糖，并把它迅速地氧化为葡萄糖酸，这种葡萄糖氧化酶即称为生物功能物质。

10.4　电化学分析方法在水环境分析检测中应用

10.4.1　电位滴定法测水中酸度

1. 实验原理

以玻璃电极为指示电极，甘汞电极为参比电极，用氢氧化钠标准溶液作滴定剂，在 pH 计、电位滴定仪或离子计上指示反应的终点。用滴定曲线法或直接滴定法，确定氢氧化钠溶液的消耗量，从而计算试样的酸度。

本方法可测定 10～1000mg/L 范围内的酸度。

2. 主要试剂和仪器

(1) pH 计、电位滴定仪或离子计。

(2) 玻璃电极。

(3) 甘汞电极。

(4) 电磁搅拌器和用聚四氟乙烯包裹的搅拌子。

(5) 滴定管：50mL、25mL、10mL。

(6) 高型烧杯：100mL、200mL、250mL。

(7) 氢氧化钠标准溶液 (0.100mol/L)。

(8) 氢氧化钠标准溶液 (0.0200mol/L)。

(9) 无二氧化碳水。

(10) 过氧化氢：30%。

3. 实验步骤

(1) 按使用说明书准备好仪器和电极，电极用 pH 标准缓冲溶液进行校准。

(2) 取适量水样于适当的烧杯中，加入一定量 (75mL) 的无二氧化碳水，将烧杯放在电磁搅拌器上，插入电极，开动搅拌器，用氢氧化钠标准溶液以每次 0.5mL 或更少的增量滴加入试样中。待 pH 读数稳定后，记录所加的滴定剂用量和相应的 pH 值，再继续按以上增量和搅拌速度进行滴定，直至 pH 达 9 时为止观测到的 pH 值及其所对应的滴定剂用量 (mL)，绘制出（微分）滴定曲线。

(3) 计算：

$$酸度 = \frac{M \times V \times 50.05 \times 1000}{V_{水样}} \qquad (10-13)$$

式中　*M*——标准氢氧化钠溶液浓度（mol/L）；

　　　V——消耗氢氧化钠标准溶液的体积（mL）；

　V~水样~——水样体积（mL）；

　50.05——碳酸钙摩尔质量（g/mol）。

10.4.2　电位滴定法测水中碱度

1. 实验原理

测定水样的碱度，用玻璃电极为指示电极，甘汞电极为参比电极，用计算标准溶液滴定其终点通过 pH 计或电位滴定仪指示。

以 pH＝8.3 表示水样中氢氧化物被中和及碳酸盐转为重碳酸盐时的终点，与酚酞指示剂刚刚褪色的 pH 值相当。以 pH＝4.4～4.5 表示水中重碳酸盐被中和的终点，与甲基橙刚刚变为橘红色的 pH 值相当。

电位滴定法可以绘制成滴定时 pH 值对酸标准滴定液用量的滴定曲线，然后计算出相应组分的含量或直接滴定到指定的终点。

2. 主要试剂和仪器

（1）pH 计、电位滴定仪或离子活度计，pH 计能读至 0.05pH 值，最好有自动温度补偿装置。

（2）玻璃电极。

（3）甘汞电极。

（4）磁力搅拌器。

（5）滴定管：50mL、25mL 及 10mL。

（6）高型烧杯：100mL、200mL 及 250mL。

（7）无二氧化碳水。

（8）碳酸钠标准溶液（1/2Na$_2$CO$_3$）浓度：0.0250mol/L。

（9）盐酸标准溶液浓度：0.0250mol/L。

3. 实验步骤

（1）分取 100mL 水样置于 200mL 高型烧杯中，用盐酸标准溶液滴定，当滴定到 pH＝8.3 时，到达第一个终点，即酚酞指示的终点，记录盐酸标准溶液消耗量。

（2）继续用盐酸标准溶液滴定至 pH 值达 4.4～4.5 时，达到第二个终点，即甲基橙指示的终点，记录盐酸标准溶液用量。

（3）计算。对于多数天然水样，碱性化合物在水中所产生的碱度，有五种情形，如表 10-1 所示。为说明方便，令以酚酞作指示剂时，滴定至颜色变化所消耗盐酸标准溶液的量为 *P* mL，以甲基橙作指示剂时盐酸标准溶液用量为 *M* mL，则盐酸标准溶液总消耗量为 $T=M+P$。

表 10 - 1　　　　　　　　　五 种 碱 度 组 合

序号	滴定的结果	氢氧化物（OH⁻）	碳酸盐（CO₃⁻）	重碳酸盐（HCO₃⁻）
1	$P=T$	P	0	0
2	$P>1/2T$	$2P-T$	$2T-P$	0
3	$P=1/2T$	0	$2P$	0
4	$P<1/2T$	0	$2P$	$T-2P$
5	$P=0$	0	0	T

1）总碱度（以 CaO 计，mg/L）$=\dfrac{C(P+M)\ \times 28.04}{V}\times 1000$ （10 - 14）

总碱度（以 CaCO₃ 计，mg/L）$=\dfrac{C(P+M)\ \times 50.05}{V}\times 1000$ （10 - 15）

式中　C——盐酸标准溶液浓度（mol/L）；

28.04——氧化钙摩尔质量（g/mol）；

50.05——碳酸钙摩尔质量（g/mol）。

2）当 $P=T$ 时，$M=0$：

碳酸盐 $=0$

重碳酸盐 $=0$

3）当 $P>1/2T$ 时：

碳酸盐碱度（以 CaO 计，mg/L）$=\dfrac{C(T-P)\ \times 28.04}{V}\times 1000$ （10 - 16）

碳酸盐碱度（以 CaCO₃ 计，mg/L）$=\dfrac{C(T-P)\ \times 50.05}{V}\times 1000$ （10 - 17）

碳酸盐碱度（1/2CO₃²⁻ 计，mol/L）$=\dfrac{C(T-P)}{V}\times 1000$ （10 - 18）

重碳酸盐（HCO₃⁻）$=0$ （10 - 19）

4）当 $P=1/2T$ 时，$P=M$：

碳酸盐碱度（以 CaO 计，mg/L）$=\dfrac{C\cdot P\times 28.04}{V}\times 1000$ （10 - 20）

碳酸盐碱度（以 CaCO₃ 计，mg/L）$=\dfrac{C\cdot P\times 50.05}{V}\times 1000$ （10 - 21）

碳酸盐碱度（1/2CO₃²⁻ 计，mol/L）$=\dfrac{C\cdot P}{V}\times 1000$ （10 - 22）

重碳酸盐（HCO₃⁻）$=0$ （10 - 23）

5）当 $P<1/2T$ 时：

$$碳酸盐碱度（以 CaO 计，mg/L）=\frac{C \cdot P \times 28.04}{V} \times 1000 \qquad (10-24)$$

$$碳酸盐碱度（以 CaCO_3 计，mg/L）=\frac{C \cdot P \times 50.05}{V} \times 1000 \qquad (10-25)$$

$$碳酸盐碱度（1/2CO_3^{2-} 计，mol/L）=\frac{C \cdot P}{V} \times 1000 \qquad (10-26)$$

$$重碳酸盐（以 CaO 计，mg/L）=\frac{C(T-2P) \times 28.04}{V} \times 1000 \qquad (10-27)$$

$$重碳酸盐（以 CaCO_3 计，mg/L）=\frac{C(T-2P) \times 50.05}{V} \times 1000 \qquad (10-28)$$

$$重碳酸盐（HCO_3，mol/L）=\frac{C(T-2P)}{V} \times 1000 \qquad (10-29)$$

6）当 $P=0$ 时：

$$碳酸盐（CO_3^{2-}）=0 \qquad (10-30)$$

$$重碳酸盐（以 CaO 计，mg/L）=\frac{C \cdot M \times 28.04}{V} \times 1000 \qquad (10-31)$$

$$重碳酸盐（以 CaCO_3 计，mg/L）=\frac{C \cdot M \times 50.05}{V} \times 1000 \qquad (10-32)$$

$$重碳酸盐（HCO_3，mol/L）=\frac{C \cdot M}{V} \times 1000 \qquad (10-33)$$

10.4.3 电位滴定法测水中氯化物

1. 实验原理

电位滴定法测定氯化物，是以氯电极为指示电极，以玻璃电极或双液接参比电极为参比，用硝酸银标准溶液滴定，用毫伏计测定两电极之间的电位变化。在恒定地加入少量硝酸银的过程中，电位变化最大时仪器的读数即为滴定终点。

该方法检测下限可达 3.45mg/L Cl^-。

2. 主要试剂和仪器

（1）指示电极：银—氯化银电极或者氯离子选择性电极。

（2）参比电极：玻璃电极或者双液接参比电极。

（3）电位计。

（4）电磁搅拌器：覆盖聚乙烯或玻璃的搅拌子。

（5）棕色滴定管：10mL、25mL。

（6）氯化钠标准溶液（0.0141mol/L）。

（7）硝酸银标准溶液（0.0141mol/L）。

（8）浓硝酸：$\rho=1.42g/mL$。

（9）（1+1）硫酸。

（10）30％过氧化氢。

（11）1mol/L 氢氧化钠。

3. 实验步骤

（1）硝酸银标准溶液的标定。

1）吸取 10.00mL 氯化钠标准溶液，置于 250mL 烧杯中，加 2mL 硝酸，稀释至 100mL。

2）放入搅拌子，将烧杯放在电磁搅拌器上，使电极浸入溶液中，开启搅拌器，在中速搅拌下，每次加入一定量的硝酸银标准溶液，每加一次，记录一次平衡电位值。

3）开始时，每次加入硝酸银标准溶液的量可以大一些，接近终点时，则每次加入 0.1mL 或 0.2mL，并使间隔时间稍大一些，以便电极达到平衡得到准确终点。在逐次加入硝酸银标准溶液的过程中，仪器读数变化最大一点即为终点。

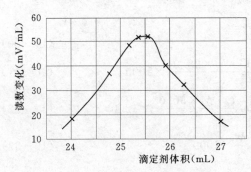

图 10-7　微分滴定曲线示意图

4）可根据绘制的微分滴定曲线的拐点，或者用二次微分的方法确定滴定终点，如图 10-7 所示。然后计算出硝酸银标准溶液的浓度。

（2）水样的测定。

1）水样如果比较清洁，可取适量水样置于 250mL 烧杯中，加硝酸使 pH＝3～5，按标定硝酸银标准溶液的方法进行电位滴定。

2）污染较小的水样可加硝酸处理。如果水样中含有有机物、氰化物、亚硫酸盐或者其他干扰物，可于 100mL 水样中加入（1+1）硫酸，使溶液呈酸性，煮沸 5min 除去挥发物。必要时，再加入适量硫酸使溶液保持酸性，然后加入 3mL 过氧化氢煮沸 15min，并经常添加蒸馏水使保持溶液体积在 50mL 以上。加入氢氧化钠溶液使呈碱性，再煮沸 5min，冷却后过滤，用水洗沉淀和滤纸，洗涤液和滤液定容后供测定用。

3）取适量经处理的水样，加硝酸使呈酸性，并过量 0.5mL，然后按标定硝酸银标准溶液的方法进行电位滴定。

（3）计算。

$$氯化物(Cl^-, mg/L) = \frac{(A-B) \times M \times 35.45 \times 1000}{V} \qquad (10-34)$$

式中　A——滴定样品时消耗的硝酸银标准溶液体积（mL）；

B——空白试验消耗硝酸银标准溶液体积（mL）；

　　M——硝酸银标准溶液的浓度（mol/L）；

　　V——滴定所取水样体积（mL）；

35.45——氯离子摩尔质量（g/mol）。

10.4.4　电位滴定法测水中钡离子

1. 实验原理

聚乙二醇及其衍生物与钡离子形成阳离子，该离子能与四苯硼钠定量反应。以四苯硼酸根离子电极指示终点，用四苯硼钠溶液作滴定剂进行电位测定，到达终点时电位产生突跃。

2. 主要试剂和仪器

（1）四苯硼酸根离子电极。

（2）217 型双液接参比电极（外盐桥充 0.1mol/L 的硝酸钠溶液）。

（3）离子计或点位滴定仪。

（4）电磁搅拌器。

（5）滴定管：2mL，分刻度至 0.01mL。

（6）硫化钠（$Na \cdot 9H_2O$）：使用前将硫化钠用水晶清洗干净，用滤纸吸干，放玻璃瓶内备用。

（7）聚乙二醇 1000 溶液：10mg/mL。将 10g 聚乙二醇 1000 [$HO(CH_2CH_2O)_nCH_2CH_2OH$]溶于 100mL 水中，存放在聚乙烯瓶中（也可用聚乙二醇 1500）。

（8）钡标准溶液，0.500mg/mL：将 0.7581g 光谱纯氯化钡（$BaCl_2$），移入 1000mL 容量瓶，用水稀释至标线，混匀。

（9）四苯硼钠滴定溶液，0.0100mol/L。

（10）氢氧化钠（NaOH）溶液：1%。

（11）硝酸（HNO_3）溶液：1%。

（12）硝酸钠（$NaNO_3$）溶液：0.1mol/L。

（13）碳酸氢钠（$NaHCO_3$）溶液：0.01mol/L。

（14）四苯硼酸根离子电极内充液：四苯硼钠滴定溶液和碳酸氢钠溶液等体积混合。

3. 实验步骤

（1）试样的制备。本法测定可溶性钡。水样采集后，立即用 $0.45\mu m$ 微孔滤膜过滤，然后用氢氧化钠溶液或硝酸溶液调剂 pH 至 6，并将该水样存放于聚乙烯瓶中，温室下保存。

（2）试样体积的选择。该试样中含钡量而定，最低可检测至 $28\mu g$。

（3）空白试验。取试样同样量的纯水，以试样测定完全相同的步骤，试剂和用量进行平行操作。

（4）干扰的消除。一般试样不需预处理，如试样中存在铅离子时，取 100mL 试样于烧杯中，加入少许固体硫化钠，数分钟澄清后过滤，弃去最初的 20mL 滤液后，其余滤液备测。

（5）电极的准备。按说明书分别将电极内充液硝酸钠（NaNO₃）溶液加入到四苯硼酸根电极和 217 型双液接参比电极的套管中，并将电极组装好，浸入盛有去离子水的烧杯中清洗至空白电位。电极的插头与离子计的插孔连接好。

（6）测定。用移液管吸取一定量的试样于 50mL 烧杯中，加入 20mL 聚乙二醇 1000 溶液，放入搅拌子，将烧杯放在电磁搅拌器上，插入四苯硼酸根电极和 217 型双液接参比电极，在搅拌下用四苯硼钠滴定溶液滴定，根据电位突跃判断终点。

（7）计算。钡含量 $C(mg/L)$ 用式（10-35）计算：

$$C = \frac{T - V_t}{V} \times 100 \qquad (10-35)$$

式中　T——滴定度，每毫升四苯硼钠相当于钡的质量（mg）；

　　　V_t——四苯硼钠滴定液用量（mL）；

　　　V——水样体积（mL）。

10.4.5　离子选择电极法测水中氟化物

1. 实验原理

当氟电极与含氟的试液接触时，电池的电动势（E）随溶液中氟离子活度的变化而改变（遵守能斯特方程）。当溶液的总离子强度为定值且足够时，服从下述关系式：

$$E = E_0 - \frac{2.303RT}{F}\lg C_{F^-} \qquad (10-36)$$

E 与 $\lg C_{F^-}$ 成直线关系，$\dfrac{2.303RT}{F}$ 为该直线的斜率，亦为电极的斜率。

工作电池可表示如下：

$Ag|Cl,Cl^-(0.33mol/L),F^-(0.001mol/L)|LaF_3 \parallel$ 试液 $\parallel$ 外参比电极

2. 主要试剂和仪器

（1）氟离子选择电极。

（2）饱和甘汞电极或氯化银电极。

（3）离子活度计、毫伏计或 pH 计，精确到 0.1mV。

（4）磁力搅拌器，具聚乙烯或聚四氟乙烯包裹的搅拌子。

（5）聚乙烯烧杯：100mL，150mL。

（6）氟化物标准储备液：称取 0.2210g 基准氟化物（NaF）（预先于 105～110℃干燥 2h，或者于 500～600℃干燥约 40min，冷却），用水溶解后转入 1000mL 容量瓶中，稀释至标线，摇匀。马上转移入干燥洁净的聚乙烯瓶中贮存。此溶液每毫升含氟离子 100μg。

（7）氟化物标准溶液：用五分度吸管吸取氟化钠标准储备液 10.00mL，注入 100mL 容量瓶中，稀释至标线，摇匀。此溶液每毫升含氟离子 10μg。

（8）乙酸钠溶液：称取 15g 乙酸钠（CH_3COONa）溶于水，并稀释至 100mL。

（9）总离子强度调节缓冲溶液（TISAB）。

1）0.2mol/L 柠檬酸钠—1mol/L 硝酸钠（TISAB Ⅰ）：称取 58.8g 二水合柠檬酸钠和 85g 硝酸钠，加水溶解，用盐酸调节 pH 至 5～6，转入 1000mL 容量瓶中，稀释至标线，摇匀。

2）总离子强度调节缓冲液（TISAB Ⅱ）：量取约 500mL 水置于 1000mL 烧杯内，加入 57mL 冰乙酸，58g 氯化钠和 4.0g 环己二胺四乙酸，简称 CDTA，或者 1，2—环己撑二胺四乙酸，搅拌溶解，置烧杯于冷水浴中，慢慢地在不断搅拌下加入 6mol/L 氢氧化钠溶液（约 125mL）使 pH 达到 5.0～5.5 之间，转入 1000mL 容量瓶中，稀释至标线，摇匀。

3）1mol/L 六次甲基四胺—1mol/L 硝酸钾—0.03mol/L 钛铁试剂（TISAB Ⅲ）：称取 142g 六次甲基四胺（$(CH_2)_6N_4$）和 85g 硝酸钾，9.97g 钛铁试剂（$C_6H_4Na_2O_8S_2 \cdot H_2O$）加水溶解，调节 pH 至 5～6，转移到 1000mL 容量瓶中，用水稀释至标线，摇匀。

（10）盐酸溶液：2mol/L 盐酸溶液。

3．实验步骤

（1）仪器准备。按测量仪器及电极的使用说明书进行。在测定前应使试液达到室温，并使试液和标准溶液的温度相同（温差不得超过±1℃）。

（2）测定。用无分度吸管吸取适量试液，置于 50mL 溶液瓶中，用乙酸钠或盐酸溶液调节至近中性，加入 10mL 总离子强度调节缓冲溶液，用水稀释至标线，摇匀。将其移入 100mL 聚乙烯杯中，放入一只塑料搅拌子，插入电极，连续搅拌溶液待电位稳定后，在继续搅拌下读取电位值（E_x）。在每一次测量之前，都要用水充分洗涤电极，并用滤纸吸取水分。根据测得的毫伏数，由校准线上查得氟化物的含量。

（3）空白试验。用水代替试液，按测定样品的条件和步骤进行测定。

（4）校准。

1）校准曲线法：用无分度吸管分别取 1.00mL、3.00mL、5.00mL、10.00mL、20.00mL 氟化物标准溶液，置于 50mL 容量瓶中，加入 10mL 总离子强度调节缓冲溶液，用水稀释至标线，摇匀。分别移入 100mL 聚乙烯杯中，各放入一只塑料搅拌子，以浓度由低至高的顺序分别依次插入电极，连续搅拌溶液，待电位稳定后，在继续搅拌下读取电位值（E）。在每一次测量之前，都要用水将电极冲洗净，并用滤纸吸取水分。在半对数坐标纸上绘制 E（mV）—$\log C_{F^-}$（mg/L）校准曲线。浓度标于对数分格上，最低浓度标于横坐标的起点上。

2）一次标准加入法：当样品组成复杂或成分不明时，宜采用一次标准加入法，以便减小基本的影响。

先按步骤（2）所述测定出试液的电位值（E_1）然后向试液中加入一定量（与试液中氟含量相近）的氟化物标准溶液，在不断搅拌下读取平衡电位值（E_2）。

（5）计算。

$$C_S = \frac{C_S\left(\dfrac{V_S}{V_X + V_s}\right)}{10^{(E_2 - E_1)/S} - \dfrac{V_X}{V_X + V_s}} \tag{10-37}$$

令

$$Q(\Delta E) = \frac{\dfrac{V_s}{V_X + V_s}}{10(E_2 - E_1) - \dfrac{V_X}{V_X + V_s}} \tag{10-38}$$

则

$$C_X = C_S \cdot Q(\Delta E) \tag{10-39}$$

式中　C_S——加入标准溶液的浓度（mg/L）；

　　　C_X——待测试液的浓度（mg/L）；

　　　V_S——加入标准溶液的体积（mL）；

　　　V_X——测定时所取待测试液的体积（mL）；

　　　E_1——测得试液的电位值（mV）；

　　　E_2——试液加入标准后测得的电位值（mV）；

　　　S——电极的实测斜率：$\Delta E = E_2 - E_1$。

当固定 V_S 和 V_X 的比值，可事先将 $Q(\Delta E)$ 算出，并制成表供查用。

10.4.6　膜电极法测溶解氧

1. 实验原理

本方法所采用的电极由一小室构成，室内有两个金属电极并充有电解质，用选择性薄膜将小室封闭住。实际上水和可溶解物质离子不能透过这层膜。但氧和一定数量的其他气体及亲水性物质可透过这层薄膜，将这种电极浸入水中进行溶解氧测定。

因原电池作用或外加电压使电极间产生电位差。这种电位差，使金属离子在阳极进入溶液，而透过膜的氧在阴极还原。由此所产生的电流直接与通过膜与电解质液层的氧的传递成正比，因而该电流与给定温度下水样中氧的分压成正比。

因膜的渗透性明显地随温度而变化，所以必须进行温度补偿。可采用数学方法（使用计算图表、计算机程序）；也可使用调节装置；或者利用在电极回路中安装热敏元件加以补偿。某些仪器还可以对不同温度下氧的溶解度的变化进行补偿。

2. 主要试剂和仪器

（1）测量电极：原电池型（例如铅/银）或极谱型（例如银、金），如果需要，电击伤附有温度灵敏补偿装置。

（2）仪表：刻度直接显示溶解氧的浓度和（或）氧的饱和百分率或电流的微安数。

（3）温度计：刻度分度为 $0.5℃$。

（4）气压表：刻度分度为 $10Pa$。

（5）无水亚硫酸钠（Na_2SO_3）或七水合亚硫酸钠（$Na_2SO_3 \cdot 7H_2O$）。

（6）二价钴盐，例如六水合氯化钴（Ⅱ）（$CoCl_2 \cdot 6H_2O$）。

3. 实验步骤

（1）按厂家提供的仪器进行校准。

（2）按照厂家说明书对水样进行测定。在电极浸入样品后，使停留足够的时间，待电极与待测水量一致并使读数稳定。由于所用仪器型号不同及对结果的要求不同，必要时要检验水温和大气压力。

（3）结果表示。溶解氧的浓度（mg/L）；溶解氧的浓度以每升中氧的毫克数表示，取值到小数点后第一位。

注意：须根据具体水样，对被测的溶解氧值进行必要的校正。

10.4.7　库仑法测水中 COD

1. 实验原理

水样以重铬酸钾为氧化剂，在 10.2mol/L 硫酸介质中回流氧化后，过量的重铬酸钾用电解产生的亚铁离子作为库仑滴定剂，进行库仑滴定。根据电解产生亚铁离子所消耗的电量、按照法拉第定律进行计算。

$$COD_{Cr}(O, mg/L) = \frac{Q_s - Q_m}{96478} \frac{8000}{V} \qquad (10-40)$$

式中　Q_s——标定重铬酸钾所消耗的电量；

　　　Q_m——测定过量重铬酸钾所消耗的电量；

　　　V——水样的体积（mL）。

如果仪器具有简单的数据处理装置，最后显示的数值即为COD_{Cr}值。

此法简便、快速、试剂用量少，缩短了回流时间，且电极产生的亚铁离子作为滴定剂，减少了硫酸亚铁铵的配制及标定等复杂的手续。

2. 主要试剂和仪器

(1) 化学需氧量测定仪。

(2) 滴定池：150mL锥形瓶（回流和滴定用）。

(3) 电极：发生电极面积为780mm²铂片。对电极用铂丝做成，置于底部为熔融玻璃的玻璃管（内充3mol/L的硫酸）中。指示电极面积为300mm²铂片。参考电极为直径1mm钨丝，也置于底部为熔融玻璃的玻璃管（内充饱和硫酸钾溶液）中。

(4) 电磁搅拌器、搅拌子。

(5) 回流装置：带磨口150mL锥形瓶的回流装置，回流冷凝管的长度为120mm。

(6) 电炉（300kW）。

(7) 定时钟。

(8) 重蒸馏水：于蒸馏水中加入少许高锰酸钾进行重蒸馏。

(9) 重铬酸钾溶液（$1/6K_2Cr_2O_7 = 0.050mol/L$）：称取2.452g重铬酸钾溶于1000mL重蒸馏水中，摇匀备用。

3. 实验步骤

(1) 标定值的测定。

1) 准确吸取12mL重蒸馏水置于锥形瓶中，加1mL 0.050mol/L的重铬酸钾溶液，慢慢加入17.0mL硫酸—硫酸银溶液，混匀。放入2~3粒玻璃珠，加热回流。

2) 回流15min后停止加热，用隔热板将锥形瓶与电炉隔开、稍冷，由冷凝管上端加入33mL重蒸馏水。

3) 取下锥形瓶，置于冷水浴中冷却，加7mL mol/L硫酸铁溶液，摇匀，继续冷却至室温。

4) 放入搅拌子，插入电极、搅拌。按下标定开关，进行库仑滴定。仪器自动控制终点并显示重铬酸钾相对的COD标定值。将此值存入仪器的存储器中。

(2) 水样测定。

1) COD的值小于20mg/L的水样：

a. 准确吸取 10.00mL 水样置于锥形瓶中，加入 1～2 滴硫酸汞溶液及 0.050mol/L 重铬酸钾溶液 1.00mL，加入 17.00mL 硫酸—硫酸银溶液，混匀。加 2～3 粒玻璃珠，加热回流，以下操作按照"标定值的测定"（2）、（3）进行。

b. 放入搅拌子，插入电极并开动搅拌器，按下测定开关，进行库仑滴定，仪器直接显示水样 COD 值。

如果水样氯离子含量较高，可以少取水样用重蒸馏水稀释至 10mL，测得该水样的 COD 为：

$$COD_{Cr}(O_2, mg/L) = \frac{10}{V} \times COD \qquad (10-41)$$

式中 V——水样的体积（mL）；

COD——仪器 COD 读数（mg/L）。

2）COD 值大于 20mg/L 的水样：

a. 准确吸取 10mL 重蒸馏水置锥形瓶中，加入 1～2 滴硫酸汞溶液，加 0.050mol/L 重铬酸钾溶液 3.00mL，慢慢加入 17.0mL 硫酸—硫酸银溶液，混匀。放入 2～3 粒玻璃珠，加热回流。以下操作按"标定值的测定" 2）、3）、4）进行标定。

b. 准确吸取 10.00mL 水样置锥形瓶中，加入 1～2 滴硫酸汞溶液及 0.050mol/L 重铬酸钾溶液 3.00mL。再加 17.0mL 硫酸—硫酸银溶液，混匀，加入 2～3 粒玻璃珠，加入回流。以下操作按 COD 小于 20mg/L 的水样测定步骤进行。

10.4.8 阳极溶出伏安法测定镉、铜、铅、锌

1. 实验原理

阳极溶出伏安法又称反向溶出伏安法，其基本过程分为两步：先将待测金属离子在比其峰电位更负一些的恒电位下，在工作电极上预电解一定时间使之富集。然后，将电位由负向正方向扫描，使富集在电击伤的物质氧化溶出，并记录其氧化波。根据溶出峰电位确定被测物质的成分，根据氧化波的高度确定被测物质的含量。其全过程可表示为：

$$M^{n+} + ne(+Hg) \frac{富集}{溶出} M(Hg) \qquad (10-42)$$

电解还原是缓慢的富集，溶出是突然的释放，因而作为信号的法拉第电流大大增加，从而使方法的灵敏度大为提高。采用差分脉冲伏安法，可进一步消除干扰电流，提高方法的灵敏度。

本方法试用于范围为 1～1000$\mu g/L$。在 300s 的富集时间条件下，检测下限可达 0.5$\mu g/L$。

2. 主要试剂和仪器

(1) 极谱分析仪（具有示差、导数、脉冲或半微分功能）。

(2) 工作电极：悬汞电极。

(3) 参比电极：银—氯化银电极或饱和甘汞电极。

(4) 对电极、铂辅助电极。

(5) 电解池：聚乙烯杯或硼硅玻璃杯。

(6) 电磁搅拌器。

(7) 镉、铜、铅、锌四种离子的标准贮备溶液：各称取 0.500g 金属（纯度在 99.9% 以上）分别溶于（1+1）硝酸（优级纯）中，在水浴上蒸至近干后，以少量稀高氯酸（或者盐酸）溶解，转移到 500mL 容量瓶中，用水稀释至标线。摇匀，贮存在聚乙烯瓶或者硼硅玻璃瓶中。此溶液每毫升含 1.00mg 金属离子。

四种金属离子的标准溶液，由上述各标准贮备溶液适当稀释而成。低浓度的标准溶液用先前现配。

(8) 支持电介质。

1) 0.1mol/L 高氯酸。

2) 0.2mol/L 酒石酸铵缓冲溶液（pH9.0）：称取 15g 酒石酸溶解在 400mL 水中，加适量的氨水（$\rho_{20} = 0.90\text{g/mol}$）使 pH 为 9.0±0.2，加水稀释至 500mL，摇匀。贮存在聚乙烯瓶中。

3) 0.2mol/L 柠檬酸铵缓冲溶液（pH3.0）：称取 21g 柠檬酸溶解在 400mL 水中，加适量氨水（$\rho_{20}=0.90\text{g/mol}$），使 pH 为 3.0±0.2，加水稀释至 500mL，摇匀。

4) 0.2mol/L 乙酸铵—乙酸缓冲溶液（pH4.5）：量取 6.7mL 乙酸（36%）于 100mL 烧杯中，加水 20mL，滴加（1+1）的氨水，使 pH 为 4.5，再用水稀释至 200mL，摇匀。

5) 1mol/L 六次甲基四胺—盐酸缓冲溶液（pH5.4）：称取 5.61g 六次甲基四胺，置于 100mL 烧杯中，加水溶解后，用 1mol/L 盐酸调至 pH5.4，稀释至 200mL，摇匀。

(9) 高纯氮或者高纯氢。

(10) 抗坏血酸或者盐酸羟胺。

3. 实验步骤

(1) 水样预处理。水样如果酸度或者碱度较大时，应预先调节至近中性。比较清洁的水可直接取样分析。含有机质较多的地表水，应采用硝酸—高氯酸消毒的方法。取 100mL 已酸化的水样加入 5mL 浓硝酸，在电热板上加热消解到约 10mL。冷却后，加入浓硝酸和高氯酸各 10mL，继续加热消解蒸至近干，冷却。

用水溶解至约 50mL，煮沸，以驱除氧气或氢氧化物，定容，摇匀。

（2）校准曲线的绘制。分别各取一定体积的标准溶液置于 10mL 比色管中，加 1mL 支持电解质，用水稀释至标线，混合均匀。倾入电解杯中，将电位扫描范围选择在 −1.30～+0.05V。通氮除氧，在 −1.30V 富集 3min，静置 30s 后，由负像正方向扫描。富集时间可根据浓度水平选择，低浓度宜选择较长的富集时间。记录伏安曲线，对峰高作空白校正后，绘制峰高—浓度曲线。

（3）样品的测定。取一定体积的水样加 1mL 同类支持电解质，用水稀释到 10mL，其他操作步骤与标准液相同。根据经空白校正后的峰电流高度，在校准曲线上查处待测成分的浓度。

（4）计算。

$$C_X = \frac{hC_sV_s}{(V+V_s)H - Vh} \qquad (10-43)$$

式中　h——水样的峰高；

　　　H——水样加标准溶液后的峰高；

　　　C_s——加入标准溶液的浓度（$\mu g/L$）；

　　　V_s——加入标准溶液的体积（mL）；

　　　V——测定所取水样的体积（mL）。

注：可根据需要配制 100～1000$\mu g/L$，10～100$\mu g/L$ 或 1～10$\mu g/L$ 的单标，或几种金属离子的混合标准溶液。

10.4.9　玻璃电极法测定 pH 值

1. 实验原理

以玻璃电极为指示电极，饱和甘汞电极为参比电极组成电池。在 25℃理想条件下，氢离子活度变化 10 倍，使电动势偏移 59.16mV，根据电动势的变化测量出 pH 值。许多 pH 计上有温度补偿装置，用以校正温度对电极的影响，用于常规水样监测可以准确和再现至 0.1pH 单位。较精密的仪器可准确到 0.01pH。为了提高测定的准确度，校准仪器时选用的标准缓冲溶液的 pH 值应与水样的 pH 值接近。

2. 主要试剂和仪器

（1）各种型号的 pH 计或离子活度计。

（2）玻璃电极。

（3）甘汞电极或银—氯化银电极。

（4）磁力搅拌机。

（5）50mL 聚乙烯或聚四氟乙烯烧杯。

（6）用于校准仪器的标准缓冲溶液，如表 10-2 所示中规定的数量称取试剂，溶于 25℃水中，在容量瓶内定容至 1000mL。水的导电率应低于 2μS/cm，临用前煮沸数分钟，赶除二氧化碳，冷却。取 50mL 冷却的水，加一滴饱和氯化钾溶液，测量 pH 值，如 pH 在 6~7 之间即可用于配置各种标准缓冲溶液。

表 10 - 2　　　　　　　　　　　　pH 标准溶液的配制

标准物质	pH（25℃）	每 1000mL 水溶液中所含试剂的质量（25℃）
基本标准		
酒石酸氢钾（25℃饱和）	3.557	6.4g KHC$_4$H$_4$O$_6$①
柠檬酸二氢钾	3.776	11.41g KH$_2$C$_6$H$_5$O$_7$
邻苯二甲酸氢钾	4.008	10.12g KHC$_8$H$_4$O$_4$
磷酸二氢钾＋磷酸氢二钠	6.865	3.338g KH$_2$PO$_4$②＋3.533g Na$_2$HPO$_4$②③
磷酸二氢钾＋磷酸氢二钠	7.413	1.179g KH$_2$PO$_4$②＋4.302g Na$_2$HPO$_4$②③
四硼酸钠	9.180	3.80g Na$_2$B$_4$O$_7$·10H$_2$O
碳酸氢钠—碳酸钠	10.012	2.92g NaHCO$_3$＋2.64g Na$_2$CO$_3$
辅助标准		
二水合四草酸钾	1.679	10.61g KH$_3$C$_4$O$_8$·2H$_2$O④
氢氧化钙（25℃饱和）	10.454	1.5g Ca(OH)$_2$①

① 近似溶解度。

② 在 100~130℃烘干 2h。

③ 用新煮沸过并冷却的无二氧化碳水。

④ 烘干温度不可超出 60℃。

3. 实验步骤

（1）按照使用说明书准备。

（2）将水样与标准溶液调到同一温度，记录测定温度，把仪器温度补偿旋钮调至该温度处。选用与水样 pH 值相差不超过 2 个 pH 单位的标准溶液校准仪器。从第一个标准溶液中取出两个电极，彻底冲洗，并用滤纸边缘轻轻吸干。再浸入第二个标准溶液中取出两个电极，彻底冲洗，并用滤纸边缘轻轻吸干。再浸入第二个标准溶液中，其 pH 值约与前一个相差 3 个 pH 单位。如测定值和第二个标准溶液 pH 值之差大于 0.1pH 值时候，就要检查仪器、电极或标准溶液是否有问题。当三者均无异常情况时方可测定水样。

（3）水样测定：先用蒸馏水仔细冲洗两个电极，再用水样冲洗，然后将电极浸入水样中，小心搅拌或摇动使其均匀，待读数稳定后记录 pH 值。

第11章 气相色谱法

11.1 概述

气相色谱法（Gas chromatography，GC），是以气体作为流动相，以固体或液体作为固定相的色谱法。试样经气化后由惰性气体带入被加热的气相色谱柱中，利用分子在两相的分配系数不同将试样混合物分离，被检测器检测的定性和定量的分析方法。

1903年，俄国植物学家茨维特在研究植物色素过程中，将有色植物叶子的石油醚萃取液倒在装有碳酸钙的柱子上面，然后用纯净的石油醚洗脱，发现在柱内的碳酸钙上形成3种颜色的5个色带，并在华沙大学的一次学术会议上提出色谱（chromatography）概念，于1906年在德国植物学杂志上使用此名，标志着色谱的诞生。

1941年，英国Martin和Synge提出了用气体代替液体作为流动相的可能。

1952年，英国James和Martin发表了第一篇GC论文，提出了从理论到实践的气—液色谱方法（塔板理论），并因此获得了1952年的诺贝尔化学奖。

1956年，荷兰Van Deermter推导出把理论板高和载气联系在一起的范第姆特方程，提出了速率理论。

1957年，美国Golay在美国仪器学会组织的第一届气相色谱会议上发表了第一篇毛细管气相色谱的报告，介绍了他的第一张毛细管气相色谱图，是在一支91m长的聚乙烯毛细管气相色谱柱上进行的，得到了12000个理论塔板数。1958年他在阿姆斯特丹的国际气相色谱会议上发表了著名的高雷方程，阐述了各种参数对柱性能的影响。Golay被称为毛细管色谱的创始人。

1958年，比利时Bovijn等人在Amsterdam会议上提出将顶空进样和气相色谱结合的分析方法，分析了高压锅炉水中微量的烃类。

1979年，Dandeneau和Zerenner制备出熔融二氧化硅毛细管气相色谱柱，性能优于玻璃毛细管柱和不锈钢毛细管柱。

1983年，美国惠普公司推出了大孔径毛细管柱，可直接代替填充柱。

20世纪90年代中期，美国Alltech公司推出集束毛细管柱。

20世纪90年代后期，为适应石油工业中模拟蒸馏实验的要求出现了耐450℃高温的商业色谱柱。

气相色谱法形成了多种载气、多种填充柱和毛细管柱作为分离系统，多种检测器的常规水质分析方法。一般在 450℃ 以下具有 1.5～10kPa 的蒸汽压且热稳定性能好的有机物及无机化合物都可以用气相色谱法进行分离和检测。

11.2　气相色谱的常用术语

1. 基线

基线是气相色谱柱中仅有流动相通过时，记录器记录检测器信号的响应量。在稳定的系统中，随着时间的变化，信号的变化量保持稳定，稳定的基线是一条水平直线。

2. 峰高

色谱峰顶点和基线之间的垂直距离称为峰高，常用 h 表示，如图 11-1 所示中 AB。

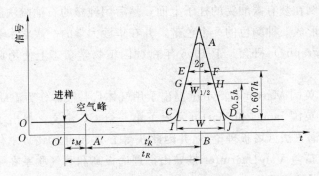

图 11-1　标准色谱曲线图

3. 峰面积

色谱峰与基线围成封闭曲线的面积。

4. 峰宽

色谱峰的区域宽度通常有三种度量方法：

(1) 标准偏差 σ，0.607 峰高处色谱峰宽的 1/2。

(2) 半峰宽 $W_{1/2}$，峰高一半处的色谱峰宽。$W_{1/2}=2.354\sigma$。

(3) 基线宽度 W，色谱峰两侧拐点的切线与基线交点之间的距离。$W=4\sigma$。

5. 保留值

死时间 t_M 样品中不被色谱柱吸附和溶解的物质进入检测器产生色谱峰，从进样到出现峰极大值所需的时间称为死时间。

保留时间 t_R 从进样到组分出现峰极大值所需的时间称为保留时间，扣除死时间 t_M 后的保留时间称为相对保留时间 t_R'。

相对保留值 α 样品中某一组分的调整保留时间与标准物的调整保留时间之比

成为该组分的相对保留值。α 仅与柱温和固定项的种类有关，与柱径、柱长、流速无关。

$$\alpha = \frac{t'_{Ri}}{t'_{Rs}} \qquad (11-1)$$

6. 分配比 K

在平衡状态下，组分在固定相和流动相中分配量之比，称为分配比，也称容量因子。分配比衡量色谱柱对组分的保留能力。

7. 分离度 R

相邻两个色谱峰分离程度的好坏，称为分离度。

$$R = \frac{2(t_{R(B)} - t_{R(A)})}{W_A + W_B} \qquad (11-2)$$

式中　$t_{R(A)}$、$t_{R(B)}$——相邻两峰的保留时间；

　　　W_A、W_B——两峰的峰底宽。

11.3　气相色谱法的原理

气相色谱分析首先是一种分离技术，使样品中的各组分分离。两组分分离的分离程度，既与色谱过程的热力学因素有关也与色谱过程的动力学有关。前者决定了组分在两相中的分配系数，后者决定了组分在两相中的扩散作用和传质阻力，这也形成了气相色谱的两大理论：英国人 Matin 等提出的塔板理论和荷兰人 Van Deermter 提出的速率理论。

塔板理论在多项假设的前提下，借助塔板理论推导出了色谱图流出曲线方程，能够评价色谱柱分离能力的大小，引导出计算理论塔板数的多少，解释如保留时间越长色谱峰越宽的一些色谱现象。速率理论通过建立的范第姆特方程，阐明了分离效能的本质，解释了载气流速对理论塔板数的影响现象。

11.3.1　塔板理论

塔板模型是将色谱柱视为一个精馏塔，混合物在每一层塔板内进行一次分配平衡，按照分配系数将组分分配到气液两相中，随着流动相经过多个塔板进行多次分配平衡，达到各组分分离。

在塔板理论中有几点假设：

（1）物质在气液两相间的分配是瞬间完成的。

（2）每一物质的分配系数在不同塔板里是完全相同的。

（3）一个塔板和另一个塔板间没有纵向扩散。

（4）载气以脉冲式进入色谱柱，不是连续进入色谱柱。

在以上前提下推导出色谱流出曲线方程：

$$C = \frac{W\sqrt{n}}{V_R \sqrt{2\pi}} e^{-\frac{n}{2}\left(1-\frac{V}{V_R}\right)^2} \qquad (11-3)$$

式中　　C——组分在气相中的浓度；

　　　　W——进样量；

　　　　V——载气体积；

　　　　V_R——保留体积；

　　　　N——理论塔板数。

$$n = 5.54 \times \left(\frac{V_R}{Y_{1/2}}\right)^2 = 5.54 \times \left(\frac{t_R}{Y_{1/2}}\right)^2 \qquad (11-4)$$

式中　　t_R——组分的保留时间；

　　　　$Y_{1/2}$——半峰宽。

通常用理论塔板数表示色谱柱的柱效。

塔板理论指出在理论塔板数 $n>50$ 时，得到基本对称的色谱峰形曲线，色谱柱的 n 一般都在 $10^3 \sim 10^5$，因此流出曲线趋于正态分布，解释了流出曲线的形状。组分的浓度与进样量 W 和理论塔板数 n 成正比，进样量越大、柱效越高、色谱峰越高。只要各组分在两相中的分配系数有微小差异，经过足够的分配平衡后，就能够获得良好的分离。

11.3.2 速率理论

速率理论吸收了塔板理论中板高的概念，并同时考虑了影响板高的动力学因素，将涡流扩散、分子扩散、气液两相的传质阻力以及流动相的流速等因素引入到塔板高度的计算中，提出了范第姆特方程。

$$H = 2\lambda d_p(A) + \frac{2\gamma D_g}{u}(B) + \frac{f_l(k)d_f^2}{D_l}(C_l)u + \frac{f_g(k)d_p^2}{D_g}(C_g)u \qquad (11-5)$$

式中　　d_p——填充物的平均直径；

　　　　λ——填充物的不规则因子；

　　　　γ——填充柱内气体扩散路径的弯曲因子；

　　　　D_g——组分在气相中的扩散系数；

　　　　k——容量因子，f_l 和 f_g 为 k 的函数；

　　　　D_l——组分在液相中的扩散系数；

　　　　d_f——液膜厚度；

　　　A 项——涡流扩散项；

　　　B 项——分子扩散项；

　　　C_l 项——固定相传质阻力；

　　　C_g 项——流动相传质阻力。

速率理论指出：

（1）A 项，由于填充颗粒物的大小形状不同、填充的不均匀性，使得组分各分子经过通道的直径和长度不同，造成停留时间的不同，导致了色谱峰变宽。使用粒度细、均匀的填料，并填充均匀是减少涡流扩散的有效途径。对于毛细管柱，该项为 0。

（2）B 项，由于式样以"塞子"形式进入柱子后，各组分产生轴向上的浓度扩散，其扩散的大小与弯曲因子和组分在气相中的扩散系数成正比，其中 D_g 不但与组分性质有关，还与组分在色谱柱中的保留时间和柱温等因素有关。为减少分子扩散的影响，可以提高载气的流速或使用分子量较大的载气，控制较低的柱温。

（3）C_l 项，固定项的传质过程是指组分在气液界面和固定项之间的传质，由于阻力的存在，引起色谱峰的扩张。传质阻力与固定液的膜厚度的平方成正比，与组分在液相中的扩散系数成反比，为降低固定项的传质阻力，可采用减少固定液的膜厚度和增大组分在液相中的扩散系数。

（4）C_g 项，流动项传质过程是指组分在气相和气液界面上的传质，由于阻力的存在，组分在两相界面上不可能瞬时达到分配平衡，造成色谱峰展宽，传质阻力与填充物的粒径平方成正比，与组分在气相中的扩散系数成反比。为降低流动项传质阻力，可采用粒径较小的填充物和相对分子量小的气体作为载气。

（5）当固定液含量较高，液膜较厚，载气又在中等的线速时，板高主要受固相传质阻力的控制，流动相传质阻力可以忽略不计。

速率理论系统阐述了各因素对柱效和色谱峰变宽的影响，因此对气相色谱分离条件的选择具有指导意义。

11.4　气相色谱仪

气相色谱仪通常由气路系统、进样系统、分离系统、检测及信号记录系统和温控系统五部分组成，如图 11-2 所示。

11.4.1　气路系统

气路系统是一个管路密闭的系统，流动相在系统内连续运行。减压阀将载气压力减低到 $0.2 \sim 0.5$ MPa，净化器去除载气中的水分和杂质，稳压器保持系统压力的稳定，稳流器保持系统气流的稳定，气路系统通过压力计和流量计指示载气的压力和流量。

气相色谱仪载气通常由高压钢瓶、氢气发生器和空气压缩机供给，根据不同的检测器使用不同类型载气，FID 常用氮气、氢气和氩气，TCD 常用氢气和氦气，ECD 常用氮气和氩气。由于载气的纯度对分析结果影响很大，一般纯度都要求在 99.99% 以上。

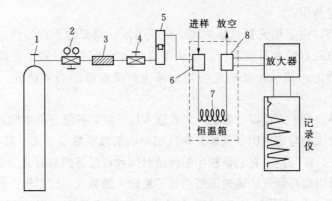

图 11-2 气相色谱过程示意图

1—载气钢瓶;2—减压阀;3—净化器;4—稳压阀;

5—流量计;6—气化室;7—分离系统;8—检测器

净化器中净化剂主要有活性炭、分子筛和硅胶。活性炭的作用是过滤和吸附载气中的烃类大分子有机物,分子筛和硅胶的作用是去除载气中的水分。

目前气相色谱仪常用双气路、多检测器、填充柱和毛细管柱共存的气路系统。如上海天美公司生产的 7890 Ⅰ、Ⅱ,日本岛津公司的 GC－1024C,如图 11-3所示。

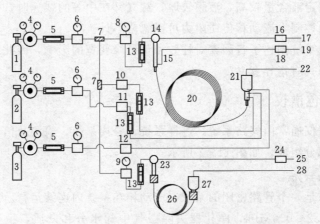

图 11-3 双路柱气路系统

1—载气;2—氢气;3—压缩空气;4—减压阀;5—气体净化器;6—稳压阀及压力表;7—三通连接头;

8—分流/不分流进样口柱前压调节阀及压力表;9—填充柱进样口柱前压调节阀及压力表;10—尾吹气

调节阀;11—氢气调节阀;12—空气调节阀;13—流量计;14—分流/不分流进样口;15—分流器;

16—隔垫吹扫气调节阀;17—隔垫吹扫放空口;18—分流流量控制阀;19—分流气防空口;20—

毛细管柱;21—FID检测器;22—检测器放空出口;23—填充柱进样口;24—隔垫吹扫气

调节阀;25—隔垫吹扫放空口;26—填充柱;27—TCD检测器;28—TCD放空口

11.4.2　进样系统

进样系统包括进样装置和气化室。进样装置是将样品引入到系统中，液体一般用微量进样器手动进样，常用规格有 $1\mu L$、$5\mu L$、$10\mu L$、$50\mu L$。气体可用气体进样器手动进样或自动进样器进样，气体进样器常用规格有 1mL、2mL、5mL，自动进样器常用六通阀定量进样。气化室要求试样在里面能瞬时气化，组分保持原状不发生分解，气化室体积足够小，减小色谱柱前谱峰变宽。

毛细管柱气相色谱仪进样系统通常采用分流/不分流进样。如图 11-4 所示分流/不分流进样原理图。

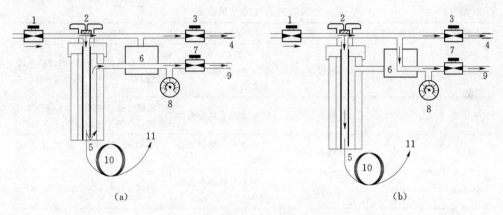

图 11-4　分流/不分流进样原理图

（a）分流进样；（b）不分流进样

1—总流量控制器；2—进样口；3—隔垫吹扫调节阀；4—隔垫吹扫气出口；5—分流器；6—分流/不分流电磁阀；7—柱前压调节阀；8—柱前压表；9—分流出口；10—色谱柱；11—接检测器

分流进样模式适于大部分可挥发的样品，先将液体样品注入进样器的加热室中，加热室迅速升温使样品瞬间蒸发；在大流速的载气吹扫下，样品与载气迅速混合，混合气通过分流口时大部分的混合气体被排出而少量的混合气体进入色谱，进行分析。分流有两个目的：①减少载气中样品的含量使其符合毛细管色谱进样量的要求；②可以使样品以较窄的带宽进入色谱柱。

不分流进样模式适于用对痕量组分的分析。样品在导入加热的衬管后迅速蒸发，这时关闭分流管将样品导入色谱柱中。在 20~60s 后开启分流阀将加热的衬管中的微量蒸汽排出。待测组分在较低的柱温下由于溶剂效应在色谱柱顶端再次富集，使样品以较窄的带宽进行分离。

11.4.3　分离系统

气相色谱仪的分离系统是色谱柱，混合物各组分在此分离。色谱柱有填充柱和毛细管柱两种类型。

1. 填充柱

填充柱的柱材料有不锈钢和其他金属、玻璃材料，金属材料用于分析烃类和脂肪酸类物质，玻璃材料用于分析较为活泼的物质，柱径多为 2~3mm，长度多为 1~3m，柱形为 U 形和螺旋形。填充柱的理论塔板数低，传质阻力大。

填充柱又分为气固色谱填充柱和气液色谱填充柱。

气固色谱填充柱的固体相常用活性炭、氧化铝、硅胶、分子筛及高分子多空微球（GDX）等。吸附剂的性能及用途如表 11-1 所示。

表 11-1 吸附剂的性能及用途表

吸附剂	使用温度（℃）	性　质	分析对象	使用前活化方法
活性炭	<200	非极性	惰性气体、N_2、CO_2 和低沸点的碳氢化合物	粉碎后装柱，在 N_2 的保护下加热到 140~180℃，活化 2~4h
氧化铝	<400	弱极性	烃类及有机异构物	粉碎过筛，在 600℃下烘烤 4h，装柱，在高于柱温 20℃下活化
硅胶	<400	氢键型极性	永久性气体及低级烃类	装柱在 200℃下通载气活化 2~4h
分子筛	<400	极性	惰性气体和永久性气体	粉碎过筛在 550℃下烘 2~4h
GDX	<250	按聚合物原料不同从非极性到强极性	各种气体、低沸点化合物及低级醇类等	在 170~180℃烘干水分后，在 H_2 或 N_2 汽中活化 10~20h

气液色谱填充柱是在载体的表面涂上一层高沸点的有机化合物的液膜（固定液）。载体起到支撑固定液的作用，固定液起到分离作用。

气液色谱的载体主要用硅藻土作为载体，红色硅藻土载体用于非极性固定液，分离非极性物质，白色硅藻土用于极性固定液，分离极性物质。

固定液是气液色谱的固定相，在工作温度下固定液应为液体，蒸气压低，有较高的热稳定性和化学稳定性，不与载体、载气和样品发生反应，固定液对载体有良好浸渍能力，在载体上能够形成均匀的液膜，所分离的混合物与固定液应具有选择性。

固定液的选择一般根据"相似相溶"原理，即溶质和溶剂在极性、官能团和化学性质等相似时可以相互溶解。分析物与固定液的化学结构相似，极性相似。在实际选择中可参考相应文献，选定相似的化合物作为固定液。

2. 毛细管柱

毛细管柱亦称"开管柱"，色谱柱是中空的，管径一般小于 1mm，柱长可达

100m，将固定液均匀固定在弹性石英毛细管内壁上，由于内表面积大，极大降低了气、液两相的传质阻力，具有分离效率高、分离速度快和灵敏度高的良好特点，但其柱容量小，需采用分流进样。

毛细管柱按照固定相的涂制方法分为以下几种：

（1）涂壁空心柱：将固定液直接涂制在毛细管内壁。

（2）多孔开管柱：在毛细管内壁上涂一层多孔吸附剂固体颗粒。

（3）涂载体空心柱：在多空开管柱的颗粒上涂上固定液。具有高选择性和高分离效率，用于分离异构体组分。

（4）交联型开管柱：固定相用交联引发剂交联到毛细管内壁上。具有热稳定性好、高柱效、抗溶剂冲洗和柱寿命长等优点，应用广泛。

毛细管柱常用的固定液有甲基和二甲基聚硅氧烷，如 OV－101、SE－30、QF－1 等，该固定液极性，用于分析脂肪烃化合物；含苯基的聚甲基硅氧烷，如 OV－17、SE－54，该固定液弱极性，用于分析各类弱极性化合物及各种极性组分的混合物；含氰基的聚硅氧烷，如 OV－225、OV－1701，该固定液中极性，用于分析极性化合物，如农药残留。PEG－20M 是强极性的聚二乙醇类固定液，用于分析极性化合物，如羧酸酯和醇类等。

11.4.4　检测及信号记录系统

气相色谱仪的检测器种类很多，常用的有热导检测器、氢火焰离子化检测器、电子捕获检测器、热离子化检测器和火焰光度检测器。

1. 热导检测器（thermal conductivity detector，TCD）

热导检测器结构简单，性能稳定，线形范围宽，对所有物质都有响应，在气相色谱中应用广泛。

TCD 的原理是根据各种不同物质具有不同的热导系数，测量载气和各种物质的导热系数的变化。

TCD 的基本结构和原理如图 11－5 所示。热导池由测量池 R_3、参比池 R_1 和两个热电阻 R_2 和 R_4 组成一个惠斯顿电桥。当载气平稳流过测量池和参比池时，经过一段时间热平衡，整个电桥处于平衡状态，记录仪记录信号响应为一条水平直线，当试样进入测量池时，由于混合气体和载气的导热系数不同，引起测量池 R_3 电阻改变，破坏了电桥平衡，记录仪上有相应的信号产生。

2. 氢火焰离子化检测器（flame ionization detector，FID）

氢火焰离子化检测器对含碳有机化合物很敏感。该检测器线形范围宽、噪声小、灵敏度高、死体积小、操作简便，是目前应用广泛的检测器之一。

FID 的原理是利用含碳有机化合物在氢火焰的作用下发生化学电离反应，形

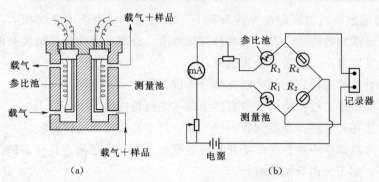

图 11-5　TCD 的基本结构和原理

(a) 结构示意图；(b) 原理示意图

成离子流，通过测定离子流的强度测量组分含量。

　　FID 的结构如图 11-6 所示。载气混合氢气后在离子室中燃烧，在火焰的上方有一收集阳极，火焰下部为收集阴极，在两个电极间施加一定电压。当仅有载气在火焰的作用下时，两电极间离子很少，电流强度很低，基线为水平直线；当试样通过载气带入氢火焰后，有机物发生化学电离，产生正负离子流，分别向两极定向运动，形成电流，记录仪记录信号变化。

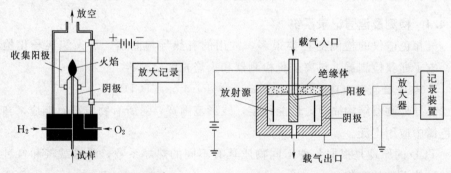

图 11-6　FID 的结构示意图　　　　　图 11-7　ECD 结构示意图

3. 电子捕获检测器（electron capture detector，ECD）

　　电子捕获检测器对含有电负性的有机化合物，如卤素、磷、硫等物质有较高响应。该检测器具有高灵敏度和高选择性，但线形范围窄，用于分析痕量污染物，在水环境监测中广泛用于农药残留的检测。

　　ECD 的原理是利用在 β 射线的作用下，电负性的组分捕获自由电子，形成负电流，通过测定负电流的强度测量组分含量。

　　TCD 结构如图 11-7 所示。当仅有载气进入检测器时，在放射源放出的 β 射线作用下，载气发生电离，产生正离子和低能电子，在电场的作用下，形成恒定电流，即基流；当代侧组分进入检测器时，电负性的组分捕获自由电子，使基流下降，产生负信号，即倒峰。

4. 火焰光度检测器（flame pfotometric detector，FPD）

火焰光度检测器是对硫磷化合物有高选择性和高灵敏度，也称为硫磷检测器。该检测器主要用于水环境样品中有机磷和有机硫农药残留的检测。

FPD 的原理及结构如图 11－8 所示。当含硫、磷的组分在富氢火焰中燃烧，硫、磷的外层电子受到激发由基态越迁到激发态，分别发出 394nm 和 526nm 的特征光谱，信号采集系统接收记录。

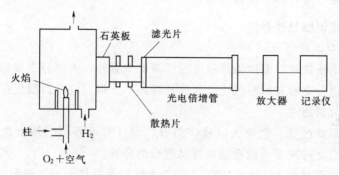

图 11－8　FPD 的原理结构示意图

11.4.5　温控系统

温控系统主要控制、测量和设定柱箱、进样系统、检测器的温度。温度的变化对检测器的灵敏度、色谱柱的分离效果又极其重要的影响，控温的精度要求优于 0.1℃。

色谱柱的温度控制有恒温和程序升温两种方式，如图 11－9 所示。对于测量组分沸点范围很宽的混合物，常采用程序升温方式。是指色谱柱的温度按照组分沸程设置的程序连续地随时间线性或阶梯状升高，使柱温与组分的沸点相互对应。柱温低时低沸点组分得到分离，随着柱温的升高，相应的中、高沸点组分依次得到分离。如图 11－10 所示为氯苯色谱图。

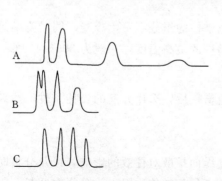

图 11－9　恒温与程序升温的比较
A—低柱温；B—高柱温；C—程序升温

图 11－10　氯苯色谱图

11.5 气相色谱分析方法的构建

11.5.1 选定色谱分离柱和检测器

根据样品组分的性质选择适宜的色谱柱和检测器，参见本章 11.4 节。

对于色谱柱的长短和柱径，增加色谱柱的长度可增加色谱柱的理论塔板数组分，提高组分的分离度，但同时会延长分析时间，增加保留时间。增加色谱柱的柱径可增加进样量，但会降低柱效。

11.5.2 设定仪器分析条件

1. 进样口温度

气相色谱法进样口温度除冷柱上进样采取室温外，大部分进样口温度设置应使样品待测组分能够在瞬时汽化，并保证样品不分解。进样口温度应接近或高于沸点最高组分的沸点。

进样口温度过低，会损失高沸点组分，而且有可能引起组分在色谱柱中冷凝；进样口温度过高有可能会造成样品组分的分解。

进样口常用温度为 $250 \sim 350℃$，若为未知样品进样口可初设置为 $300℃$。

2. 进样量

进样量的多少取决于样品的浓度，色谱柱的容量和检测器的灵敏度。进样量过大会使柱容量超载，进样量过小会减低检测器的灵敏度。

通常样品为液体时进样量为 $0.5 \sim 2\mu L$，对于分流毛细管系统，进样量一般不大于 $0.5\mu L$，若分流比很大，可适当增大进样量，当样品为气体时进样量为 $0.5 \sim 1mL$。

进样速度应越快越好，减少进样歧视和防止不均匀汽化，进样速度一般在 1s 以内。

3. 检测器温度

检测器温度的设置应保证流出色谱柱的组分不发生冷凝，同时要满足检测器的灵敏度要求。具体设置可参考色谱柱的最高温度，一般为 $300 \sim 450℃$。

11.5.3 优化分离条件

在根据分析组分性质选定相应色谱柱后，选择分离的最佳条件，达到最优化的分离效果。

1. 载气的选择

载气种类选择的原则是考虑载气纵向扩散对柱效的影响，以及分析时间的要求。氮气和氩气的扩散系数低，增加了气相的传质阻力，分析时间长；氢气和氦气的扩散系数高，降低了气相的传质阻力，分析时间短。

载气种类时还要与检测器相适应。

2. 载气流速的确定

色谱柱的最佳流速点即是色谱柱效最高。$u_{最佳}=\sqrt{\dfrac{B}{C}}$，范第姆特方程 $H=A+\dfrac{B}{u}+Cu$，将 $u_{最佳}$ 代入，$H_{最小}=A+2\sqrt{BC}$，当选定色谱柱后，A 固定，使用分子量较大的载气，能够降低纵向扩散 B；提高载气流速，可降低传质系数 C。

当柱温保持不变时，载气的流速与保留时间的关系为 $t_R=Cu^{-1}$，其中 C 为常数。

3. 柱温的确定

柱温是气相色谱法中重要的参数之一。柱温影响分离的效果和分析过程的时间。柱温的确定主要由样品的复杂程度和组分的汽化温度决定。

提高柱温可以缩短分析过程的时间，能够提高气相和液相的传质速率，有利于提高柱效；降低柱温可增大色谱柱的选择范围，低沸点组分分离效果好，但高沸点组分分析时间增长，色谱峰展宽。同时柱温不能高于色谱柱的最高使用温度，否则造成固定液的流失；柱温也不能低于色谱柱的最低温度，否则固定液不能溶化成液态。

柱温升高，保留时间缩短，峰高升高，但峰面积基本保持恒定。

对于组分的沸点范围很宽的样品，应采用程序升温的方法进行优化分离，初始温度应接近样品最轻组分的沸点，最终温度应高于最重组分的沸点 10℃左右，升温速率在 $8\sim15$℃/min。程序升温可使组分在适当的温度下流出色谱柱，改善分离度，缩短分析时间。

表 11-2　　　　　　　　　　不同沸点样品的柱温选择

样品组分沸点范围	柱温的选择	样品组分沸点范围	柱温的选择
气体、气态、低沸点样品	室温～100℃	200～300℃	150～180℃
100～200℃	150℃	300～450℃	200～250℃

11.5.4　定性鉴定及定量分析

1. 定性分析

色谱进行定性分析的基本依据是在同一色谱柱上、相同的色谱条件下，同一种化合物的保留时间相同。即在相同的色谱条件下，注射样品和标准样品，比较色谱图上色谱峰的保留值或相对保留值，确定样品的待测组分的种类。

由于不同化合物的保留时间或相对保留时间可能相同，单一根据保留时间或相对保留时间定性的方法不准确，还需利用双柱或多柱方法、或 GC/MS 进行定性分析。

2. 定量分析

色谱定量分析方法常用色谱峰的峰高或者峰面积作为定量分析的依据。

不同化合物在相同条件下，同一检测器上的响应值不同，需要用标准样品进行校正，得到准确的定量结果。校正方法参见绪论 1.5。

11.6 气相色谱法在水环境分析检测中的应用

11.6.1 气相色谱法测定氯苯

1. 方法原理

本方法是用二硫化碳萃取水中的氯苯，萃取液经浓缩后，取 $1\mu L$ 注入气相色谱仪，用 FID 检测。

2. 干扰及消除

采用二硫化碳溶剂萃取水中氯苯进行气相色谱仪分析，未发现干扰物质。

3. 方法的适用范围

本方法的最低检出浓度为 0.01mg/L。可用于地表水、地下水以及废水中氯苯的测定。

4. 仪器

（1）气相色谱仪，具 FID 检测器。

（2）色谱柱，柱长 2.5m，内径为 3mm，内填 10%SE－30，涂渍在 60～80 目 Chromosorb W（AW－DMCS）担体上。

（3）K－D 浓缩器，具有 1mL 刻度的浓缩瓶。

（4）分液漏斗，250mL。

5. 试剂

（1）氯苯，色谱纯。

（2）二硫化碳，分析纯或残留农药分析纯，经色谱测定无干扰峰。否则要提纯。

（3）无水硫酸钠，在 300℃烘箱中烘烤 4h，放入干燥器中，冷却至室温，装入玻璃瓶中备用。

（4）氯化钠（NaCl），分析纯，在 300℃烘烤 4h，放入干燥器中，冷却至室温，装入玻璃瓶中备用。

（5）甲醇，优级纯。

（6）乙醇，优级纯。

（7）净化水，用正己烷（残留农药分析纯级）洗涤过的蒸馏水或纯净水。

6. 步骤

（1）样品预处理。取均匀水样 100mL 置于 250mL 分液漏斗中，加入 3g 氯化钠，用 12mL 二硫化碳做两次（8mL，4mL）萃取，充分振摇 5min，并注意放气，合并的萃取液经无水硫酸钠脱水，收集到浓缩瓶中，再用少量二硫化碳溶剂洗涤分液漏斗和无水硫酸钠层。在 40℃ 以下用 K－D 浓缩器浓缩至 0.5～1mL，并定容至刻度。

（2）校准曲线。

1）标准溶液的配制，用移液管量取适量贮备溶液，移至 100mL 容量瓶中，用乙醇稀释至刻度。

2）取不同体积的标准溶液，分别放入已加入约 100mL 净化水的 50mL 分液漏斗中，按样品的预处理方法用二硫化碳进行萃取。以氯苯的浓度对应其峰高或峰面积，绘制校准曲线。

（3）色谱测定。色谱条件：柱温 100℃；汽化室及检测器温度：200℃；气体流量：载气：氯气 40mL/min；氢气 50mL/min；空气 500mL/min；进样量：1μL。

7. 计算

外标法定量。选择接近样品浓度的标准萃取溶液，注入色谱仪，记录峰高或峰面积，按式（11－6）计算：

$$C = \frac{AEV_1}{A_E V_2} \qquad (11-6)$$

式中　C——水样中氯苯的浓度（mg/L）；

　　　E——标样中氯苯的浓度（mg/L）；

　　　A_E——标样中测得氯苯的峰高或峰面积；

　　　A——测得萃取液中氯苯的峰高或峰面积；

　　　V_2——萃取水样体积（mL）；

　　　V_1——萃取液的体积（mL）。

11.6.2　毛细柱气相色谱法测定有机磷农药

1. 方法原理

采用二氯甲烷分三次萃取水样，用毛细柱 GC－FPD 分析测定有机磷农药含量。

2. 干扰及消除

当水体中含有较多的有机物质时，萃取时激烈振荡会产生严重的乳化现象，影响预处理操作，造成损失，添加适量的氯化钠可以避免产生严重的乳化现象，以消除干扰。

3. 方法的适用范围

本方法适用于有机磷农药厂排放的废水、地表水以及地下水中 12 种有机磷农药的测定，本方法的最低检出限为 0.01μg/L。

4. 仪器

(1) 气相色谱仪，具火焰光度检测器。

(2) 色谱柱：HR － 1701 石英毛细管色谱柱，25m × 0.25mm（内径），0.25μm。

5. 试剂

(1) 二氯甲烷、丙酮，分析纯，色谱测定无干扰峰存在，否则需重蒸。

(2) 无水硫酸钠、氯化钠，分析纯，450℃加热 4h，无水硫酸钠冷却后保存在干燥器内。

(3) 有机磷农药标准溶液，敌敌畏、二嗪农、异稻瘟净、乐果、甲基对硫磷、马拉硫磷、杀螟松、对硫磷、水胺硫磷、稻丰散、杀扑磷、乙硫磷标准溶液浓度均为 100mg/L。

(4) 实验用水为二次蒸馏水。

6. 步骤

(1) 样品的采集与保存。采集 1000mL 水样，贮存于棕色玻璃瓶，调节 pH 至 6～7。采集的水样若不及时测定，应置于 4℃冰箱内保存。大部分地表水中的有机磷会在 14d 内发生降解，因此在采样后 7d 内应对样品进行萃取，萃取液至多能保存 14d，且应置于 4℃冰箱内保存。

(2) 样品的预处理。取 500mL 水样于 1000mL 分液漏斗中，调节 pH6～7，加入 25g 氯化钠溶解后，加入 60mL 二氯甲烷，振荡萃取 10min，静置分层。回收有机相，再用 60mL 二氯甲烷萃取一次，合并有机相。有机相用无水硫酸钠干燥后，在旋转蒸发器内浓缩至 4mL，再用高纯氮气吹至 0.5mL。

(3) 色谱条件。色谱柱温度：170℃→15℃/min→210℃（1min）→10℃/min →220℃→15℃/min →240℃（5min）。

进样口温度：240℃；检测器温度：250℃。

载气：高纯氮气，柱前压 2.45N/cm^2；尾吹气 13.72N/cm^2；氢气 14.7N/cm^2；氧气 2.94N/cm^2；分流比：10∶1。

进样量：1.0μL。

(4) 有机磷农药标准色谱图。有机磷农药标准色谱图，如图 11-11 所示。

7. 计算

$$有机磷农药（mg/L）= \frac{h_2 C_1}{h_1 K} \tag{11-7}$$

式中　h_2——样品中目标化合物的峰高（mm）；

　　　C_1——标准溶液中目标化合物的浓度（mg/L）；

　　　h_1——标准溶液中目标化合物的峰高（mm）；

　　　K——浓缩倍数。

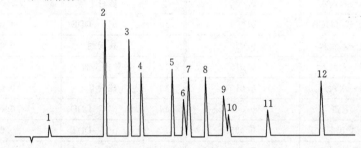

图 11-11　有机磷农药标准色谱图

1—敌敌畏；2—二嗪农；3—异稻瘟净；4—乐果；5—甲基对硫磷；

6—马拉硫磷；7—杀螟松；8—对硫磷；9—水胺硫磷；

10—稻丰散；11—杀扑磷；12—乙硫磷

11.6.3　毛细柱气相色谱法测定有机氯农药

本方法利用毛细柱气相色谱—电子捕获检测器分离测定水中的有机氯农药，具有分离效率高、检出限低（均小于 $0.50\mu g/L$）、分析时间短、回收率高、精密度好等优点，并可同时用于分析 16 种有机氯农药。

1. 方法原理

本方法用正己烷做萃取剂，在中性条件下，萃取水中的有机氯农药。根据基体干扰性质的不同，采取相应的净化处理方法。用具电子捕获检测器的毛细管气相色谱仪进行分离测定。

2. 干扰和消除

本方法的干扰可能来自污染的溶剂、试剂、提纯样品时使用的器具及污染的气相色谱载气、部件、柱表面、检测器表面等，以及同样对检测器有响应的从样品中提取的其他一些化合物。为此，在样品处理过程中应避免使用塑料制品以消除邻苯二甲酸酯对测定的干扰，所使用的玻璃器皿必须经过认真的清洗，有必要的话可使用铬酸洗液清洗和高温灼烧，并使用高纯度（99.999%）的载气，尽可能避免仪器及其部件本身产生的干扰。其他一些能同时被萃取的卤代类农药、有机磷农药、不饱和烃、邻苯二甲酸酯等和工业化学品，对 ECD 也有响应，可用浓硫酸将其除去或采取其他适当的方法加以去除来消除干扰。

3. 方法的适用范围

本方法适用于地表水、地下水和废水的测定，并能够检测多种有机氯农药，方法的检测限如表 11-3 所示。

表 11-3　　　　　　　方 法 检 出 限

编号	样品名称	方法检出限（μg/L）	编号	样品名称	方法检出限（μg/L）
1	α—六六六	0.005	9	硫丹Ⅰ	0.010
2	六氯苯（HCB）	0.005	10	p, p'—DDE	0.015
3	β—六六六	0.020	11	狄氏剂	0.010
4	γ—六六六	0.010	12	异狄氏剂	0.015
5	δ—六六六	0.010	13	硫丹Ⅱ	0.020
6	七氯	0.005	14	p, p'—DDD	0.020
7	艾氏剂	0.005	15	o, p'—DDT	0.030
8	环氧七氯	0.05	16	p, p'—DDT	0.050

4. 样品的采集与保存

（1）样品采集：用玻璃瓶采样，在采样前要把采样瓶用待采水样荡洗 2～3 次。采样时不得留有顶上空间和气泡。

（2）样品贮存：水样采集后应尽快分析，若不能及时分析，应在 4℃ 冰箱中贮存，但不能超过 7d。

5. 试剂

（1）正己烷，分析纯。用全玻璃蒸馏器加碱重蒸，色谱测定无干扰峰存在。

（2）苯，分析纯。用全玻璃蒸馏器加碱重蒸。

（3）浓硫酸，分析纯。

（4）无水硫酸钠：在 700℃ 下烘 4h，放入干燥器中冷却至室温，装入玻璃瓶中备用。

（5）标准物质：α—六六六，β—六六六，γ—六六六，δ—六六六，p, p'—DDE，p, p'—DDD，o, p'—DDT，p, p'—DDT，六氯苯（HCB），七氯（Heptachlor），艾氏剂（Aldrin），环氧七氯（Heptaehlor epoxide），硫丹Ⅰ（Endosulfanl），狄氏剂（Dieldrin），异狄氏剂（Endrin），硫丹Ⅱ（Endosulfan Ⅱ），均为色谱纯。

（6）混合标准溶液：α—六六六：六氯苯：β—六六六：γ—六六六：δ—六六六：七氯：艾氏剂：环氧七氯：硫丹Ⅰ：p, p'—DDE：狄氏剂：异狄氏剂：硫丹Ⅱ：p, p'—DDD：o, p'—DDT：p, p'—DDT=1：1：4：1：1：2：2：2：2：3：4：6：4：3：5：5，加正己烷稀释至标线。

（7）气相色谱用标准使用溶液：根据检测器的灵敏度及测定浓度范围要求，用正己烷稀释混合标准液，配制成各种浓度的标准使用液，在 4℃ 冰箱中可保存

2 个月。

(8) 载气：氮气，纯度为 99.99%。

6. 仪器

(1) 气相色谱仪，具 ECD 检测器（^{63}Ni）和自动进样器。

(2) 色谱柱：HP—5（交联 5% 苯甲基硅酮）25m×0.32mm，0.52μm 石英毛细管柱。

(3) 样品瓶：1000mL 玻璃细口瓶。

(4) 250mL 分液漏斗。

(5) 10mL 容量瓶。

(6) 脱脂棉（过滤用）。

(7) 玻璃漏斗。

(8) 2mL 自动进样小瓶。

7. 步骤

(1) 色谱条件。进样口温度：240℃；检测器温度：300℃；柱温：100℃（2.0min）→20.0℃/min→210℃→2.0℃/min→230℃（4.0min）。

分流进样，分流比 1∶10；分流时间：1.2min。

载气流速：2.0mL/min；柱压：64kPa→5.0kPa/min→70kPa（2.0min）→0.5kPa/min→75kPa（2.0min）。

进样体积：1μL。

(2) 仪器校准。由于 ECD 的灵敏度高，在分析之前应确保进样口和色谱柱清洁，无污染。开机后，打开 ECD 检测器，待基线平稳后，测定基线斜率，以确保在要求范围之内（一般应小于 2000）方可分析。在样品分析前，应先分析标准物，以校准保留时间和标准曲线。

(3) 样品测定。

1）萃取：取 100mL 水样于 250mL 分液漏斗中，加入 10mL 正己烷，振荡萃取 10min，静置分层。有机相用无水硫酸钠干燥过滤后，取 2mL 加入进样小瓶中备用。

2）萃取液的纯化：若萃取液颜色较深，含有较多的油脂类化合物，则萃取液需纯化。将 2～2.5mL 浓硫酸注入正己烷萃取液中，开始轻轻振摇（注意放气），然后激烈振摇 5～10s，静置分层后弃去下层硫酸。重复上述操作数次，至硫酸层无色为止。净化后的有机相中加入 25mL 2% 硫酸钠水溶液洗涤两次，弃水相。有机相经无水硫酸钠脱水后转入 10mL 容量瓶中，用正己烷定容。若浓度较低可浓缩至 1mL，然后转入 2mL 的进样小瓶中，备色谱分析用。

(4) 有机氯农药标准色谱图，如图 11-12 所示。

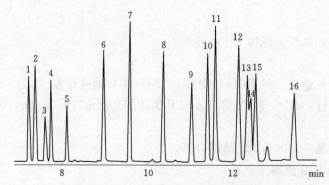

图 11-12 有机氯农药的标准色谱图

1—α—六六六；2—六氯苯（HCB）；3—β—六六六；4—γ—六六六；5—δ—六六六；6—七氯；
7—艾氏剂；8—环氧七氯；9—硫丹Ⅰ；10—p, p'—DDE；11—狄氏剂；12—异狄氏剂；
13—硫丹Ⅱ；14—p, p'—DDD；15—o, p'—DDT；16—p, p'—DDT

8. 计算

在 ECD 检测器分析的线性范围内，配制一系列浓度的标准使用溶液，每一浓度水平重复分析三次，根据标准曲线对样品进行定量。

$$C_2 = \frac{H_2 C_1 Q_1}{H_1 Q_2 K} \tag{11-8}$$

式中 C_2——水样中目标化合物的浓度（mg/L）；

H_2——样品中目标化合物的峰高；

Q_2——样品的进样量（μL）；

C_1——标准溶液中目标化合物的浓度（mg/L）；

H_1——标准溶液中目标化合物峰高；

Q_1——标准溶液的进样量（μL）；

K——样品体积与萃取体积液体之比。

9. 注意事项

（1）有机氯农药标样均为色谱纯固体标样，称量时应仔细准确。β—六六六、六氯苯、硫丹Ⅰ、硫丹Ⅱ和异狄氏剂不易溶于正己烷，需用一定量的苯助溶。

（2）ECD 检测器灵敏度很高，所进样品浓度不宜过高。若萃取液颜色较深或较浑浊，含有较多的油脂类化合物，则萃取液需净化。

（3）ECD 检测器的重现性不如 FID 检测器，做校准曲线时有一定难度，不一定 16 种化合物中的每一个化合物的相关系数都能达到 0.999 以上，在 0.995 以上也可以定量。

（4）新安装的毛细管色谱柱及使用结束后均需在通氮气条件下老化数小时。

（5）若水样浑浊或乳化，可加入少量氯化钠破乳，但所用的氯化钠须在340℃灼烧处理 4h。

第12章 高效液相色谱法

12.1 概述

高效液相色谱法（High Performance Liquid Chromatography，HPLC）是1964～1965年开始发展起来的一项新颖快速的分离分析技术。它是在经典液相色谱法的基础上，于60年代后期引入了气相色谱理论而迅速发展起来的。它与经典液相色谱法的区别是填料颗粒小而均匀，小颗粒具有高柱效，但会引起高阻力，需用高压输送流动相，故又称高压液相色谱法（High Pressure Liquid Chromatography，HPLC）。又因分析速度快而称为高速液相色谱法（High Speed Liquid Chromatography，HSLC）。也称现代液相色谱。其基本方法是用高压泵将具有一定极性的单一溶剂或不同比例的混合溶剂泵入装有填充剂的色谱柱，经进样阀注入的样品被流动相带入色谱柱内进行分离后依次进入检测器，由记录仪、积分议或数据处理系统记录色谱信号或进行数据处理而得到分析结果。

1906年，俄国植物化学家茨维特（Tswett）首次提出"色谱法"（Chromotography）和"色谱图"（Chromatogram）的概念。他在论文中写到："一植物色素的石油醚溶液从一根主要装有碳酸钙吸附剂的玻璃管上端加入，沿管滤下，后用纯石油醚淋洗，结果按照不同色素的吸附顺序在管内观察到它们相应的色带，就像光谱一样，称之为色谱图。"

1930年以后，相继出现了纸色谱、离子交换色谱和薄层色谱等液相色谱技术。

1952年，英国学者Martin和Synge基于他们在分配色谱方面的研究工作，提出了关于气—液分配色谱的比较完整的理论和方法，把色谱技术向前推进了一大步，这是气相色谱在此后的十多年间发展十分迅速的原因。

1958年，基于Moore和W. H. Stein的工作，离子交换色谱的仪器化导致了氨基酸分析仪的出现，这是近代液相色谱的一个重要尝试，用它确定了核糖核酸酶的分子结构，后来氨基酸分析仪成为研究蛋白质和酶解构的重要工具，Moore和W. H. Stein因此获得了1972年的诺贝尔化学奖。

1960年代中后期，气相色谱理论和实践的发展，以及机械、光学、电子等技术上的进步，液相色谱又开始活跃。到1960年代末期把高压泵和化学键合固定相用于液相色谱就出现了HPLC，大大提高了液谱分析能力，加快了液谱的分析速度。

1970年代中期以后，微处理机技术用于液相色谱，进一步提高了仪器的自动化水平和分析精度。

1980 年代初期，由 Jorgenson 等集前人经验而发展起来的毛细管电泳技术（CZE），在 1990 年代得到广泛的发展和应用。同时集 HPLC 和 CZE 优点的毛细管电色谱在 1990 年代后期受到重视。

同经典液相色谱和气相色谱相比较，高效液相色谱具有分离效率高、分析速度快、检测灵敏度高的特点，几乎在所有学科领域都有广泛应用，可以用于绝大多数物质成分的分离分析，它和气相色谱都是应用最广泛的仪器分析技术。

12.2　高效液相色谱的主要类型及分离原理

根据分离机制的不同，高效液相色谱法可分为以下几种主要类型：液液分配色谱法、液固吸附色谱法、离子交换色谱法、反相离子对色谱法和体积排阻色谱法等。

12.2.1　液液分配色谱法

流动相和固定相都是液体，因试样组分在固定相和流动相之间的相对溶解度存在差异，而在两相间进行不同分配得以分离的方法，称为液液分配色谱。其分配系数和容量因子服从于下式，即：

$$K=\frac{c_S}{c_M}=k\frac{V_M}{V_S} \tag{12-1}$$

$$k=\frac{t_R'}{t_M} \tag{12-2}$$

式中　K——分配系数；

　　　k——容量因子；

　c_S、c_M——溶质在固定相和流动相中的质量浓度；

V_S、V_M——固定相和流动相的体积；

　　t_M——死时间；

　　t_R'——调整保留时间。

液液分配色谱法与气液分配色谱法相比，相同之处在于分离的顺序均取决于分配系数，分配系数大的组分保留值大。不同之处在于气相色谱法中流动相的性质对分配系数影响不大，而液相色谱法中流动相的种类对分配系数有较大的影响。按照固定相与流动相的极性差别，液液分配色谱可分为正相色谱法和反相色谱法两类。

1. 正相色谱法

（1）分离机理。正相 HPLC 的固定相极性大于流动相。它以亲水性填料作为固定相（如硅胶和氰基、二醇基、氨基键合的极性固定相），以疏水基溶剂（如己烷或环己烷做基础溶剂）或混合物作流动相。一般来说，正相高效液相色谱的分离取决于溶质和固定相集流动相之间的分子间作用力，其中氢键力和静电力起重要作用。例如溶质是极性分子，它和固定相（比如是带羟基的基团键合到硅胶上）有很强的作用力，于是保留时间就很长，要把它洗脱出来就要用极性较强的流动相（往基础溶剂中加入极性溶剂，如二氯甲烷、短链醇、四氢呋喃等）。正相色谱主要应用于分离类脂化合物、磷脂化合物、脂肪酸及其他有机物。

（2）保留次序。正相色谱柱上的保留次序和反相色谱相反，正相色谱固定相对极性基团有很强的保留性，选择性强极性基团保留值增大（酸类＞酰胺＞醇类、胺类＞酮、酯、醛类＞硝基＞醚类＞卤化物＞芳烃烃类）。

（3）固定相键合相。正相色谱固定相键合相有如下几种：

$$\overset{\displaystyle CH_3}{\underset{\displaystyle CH_3}{Si-O-Si}}-(CH_2)_n-C\equiv N \qquad 开发正相色谱方法的首先$$

$$\overset{\displaystyle CH_3}{\underset{\displaystyle CH_3}{Si-O-Si}}-CH_2-\overset{}{\underset{\displaystyle OH}{CH}}-CH_2-OH \qquad 极性强$$

$$\overset{\displaystyle OH}{Si-O} \qquad 分离异构体最好$$

$$\overset{\displaystyle CH_3}{\underset{\displaystyle CH_3}{Si-O-Si}}-(CH_2)_n-NH_2 \qquad 可更换的选择性$$

在 HPLC 中，应用键合与使用硅胶相比，有以下优点：

1）平衡时间快，因而可进行梯度洗脱。

2）应用广泛，对各种极性化合物有好的选择性，而且有较高容量。

3）流动相中水的质量分数不一定像硅胶柱那样需要严格控制。

所以在用正相色谱开发一个分析方法时要使用键合色谱柱。首选要使用氰基柱，因为它具有中等极性和好的稳定性。二醇基柱极性很强，类似于硅胶柱，但和氨基柱一样不够稳定。如果在键合相色谱柱上的选择性不合适，再用硅胶柱。但分离结构异构体建议用硅胶柱。

（4）应用。正相 HPLC 用于分离含有极性功能团不同的化合物，特别适合于分离中等极性化合物，但是正相色谱缺少反相色谱分离同系物的选择性。正相色谱也用于完全溶于水的化合物，硅胶柱特别适合于分离结构异构体。

2. 反相色谱法

（1）分离机理。HPLC 反相模式是流动相的极性大于固定相的分离体系。其示意图如图 12-1 所示。它的固定相是典型的疏水性键合相，如十八烷基硅烷基 C—18、辛烷基硅烷基 C—8、丁基 C—4、苯基、氰基和氨基，把这些非极性基团键合到硅胶上，它是基于溶质、极性流动相和非极性固定相表面间的疏水效应建立的一种色谱模式。任何一种有机分子的结构中都有非极性疏水部分，这部分越大，一般保留值越高。

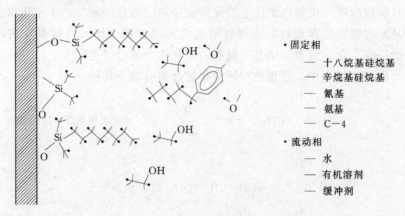

图 12-1　反相色谱固定相分离机理示意图

（2）保留次序。样品分子的结构会提供一个洗脱次序的线索，如图 12-2 所示。洗脱次序受分子在水中溶解度和碳的质量分数控制。

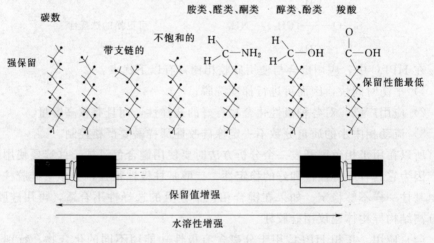

图 12-2　样品分子洗脱次序示意图

1）在水中溶解度越小，保留值越大。

2）分子中碳数多，保留值增加。

3）支链化合物的保留值低于直链异构体。

4) 不饱和化合物保留值降低。

（3）反相 HPLC 所用溶剂。反相色谱的流动相常含有水、缓冲溶液及能与水混溶的有机溶剂。水或水/缓冲溶液是最弱的流动相，在分离中性化合物时不需添加缓冲溶液。有机溶剂强度比水大，在流动相中增加有机溶剂的量会使样品更快地洗脱，流动相中增加水会增加样品保留时间，改变流动相中有机组分会改变其选择性，因而也改变样品的洗脱次序。有机溶剂有水、甲醇、乙腈、异丙醇、四氢呋喃等。

（4）选择键合相。最常用的反相色谱固定相是十八烷基键合硅胶，C-18 是一种耐用的保留性能强的固定相，C-8 类似于 C-18，只是保留值小些，短链烃 C-3 和 C-4 不如前者稳定，常用于肽和蛋白质的分析。苯基、氰基和氨基柱与 C-18 相比，彼此间有不同的选择性。氰基柱对不同极性基团的化合物很有用，是很耐用的色谱柱。氨基柱不够稳定，传统上它是分离碳水化合物或"糖"的色谱柱。苯基柱极性强于 C-8 和 C-18，适合分离芳香族化合物。以聚合物为基质的色谱柱在很宽的 pH 范围内能保持稳定，但它从柱效不如硅胶为基质的色谱柱。

12. 2. 2 液固吸附色谱法

流动相为液体，固定相为吸附剂，根据吸附作用不同进行的分离，称为液固吸附色谱法。被分离组分的分子（溶质分子 X）和流动相分子（溶剂分子 Y）争夺吸附剂表面活性中心的过程用式（12-3）表示，即：

$$X_m + nY_a \rightleftharpoons X_a + nY_m \qquad (12-3)$$

式中 m、a——流动相与吸附剂；

　　　n——被吸附的溶剂分子数。

溶质分子 X 被吸附，将取代固定相表面上的溶剂分子，吸附过程达到平衡时，吸附平衡常数为：

$$K = \frac{[X_a][Y_m]^n}{[X_m][Y_a]^n} \qquad (12-4)$$

式中 K——吸附平衡常数，K 大的组分，吸附剂对它的吸附力强，保留值就大。

液固吸附色谱法中，硅胶是最常用的吸附剂，流动相常用以烷烃为底剂的二元或多元溶剂系统，适用于分离相对质量中等的油溶性试样，对具有不同官能团的化合物和异构体有较高的选择性。

12. 2. 3 离子交换色谱法

以离子交换树脂为固定相，其上可电离的离子与流动相中具有相同电荷的溶质离子进行可逆交换，依据这些离子对交换剂具有不同的亲合力而得以分离的称为离子交换色谱法。离子交换树脂分为阳离子交换树脂和阴离子交换树脂，其交换过程可用下面两式表示。

阳离子交换：

$$M_m^+ + R^- Y^+ \rightleftharpoons Y_m^+ + R^- M^+ \qquad (12-5)$$

阴离子交换：

$$M_m^- + R^+ Y^- \rightleftharpoons Y_m^- + R^+ M^- \qquad (12-6)$$

式中　　　　m——流动相；

　　　　　　R——树脂；

　　　　　　Y——树脂上可电离的离子；

　　　M^+、M^-——流动相中溶质的正、负离子。达到平衡后，阴离子交换的平衡

　　　　　　　　　常数 K_X 为：

$$K_X = \frac{[R^+ X^-][Y^-]}{[R^+ Y^-][X^-]} \qquad (12-7)$$

分配系数 D_X 为：

$$D_X = \frac{[R^+ X^-]}{[X^-]} = K_X \frac{[R^+ Y^-]}{[Y^-]} \qquad (12-8)$$

分配系数 D 值越大，表示溶质的离子与离子交换剂的相互作用越强。不同的溶质离子和离子交换剂，具有不同的亲合力，产生不同的分配系数。亲合力高的，分配系数大，在柱中的保留值就大。

常用的离子交换剂有以交联聚苯乙烯为基体的离子交换树脂和以硅胶为基体的键合离子交换剂。流动相为含水的缓冲溶液，主要用于分离离子或可离解的化合物，如无机离子、有机酸、氨基酸、核酸和蛋白质等。

12.2.4　反相离子对色谱法

在固定相上涂渍或流动相中加入与溶质分子电荷相反的离子对试剂来分离离子型或可离子化的化合物的方法，称为离子对色谱法。反相离子对色谱常以非极性疏水固定相（如 C_{18}、C_8、C_2 等）做填料，流动相是含有对离子（如 B^-）的极性溶液，当样品（含有被分离的离子 A^+）进入色谱柱后，A^+ 和 B^- 相互作用生成中性化合物 AB，AB 就会被疏水性固定相分配或吸附，按照它与固定相和流动相之间的作用力大小被流动相洗脱下来。反相离子对色谱常用的流动相是甲醇/水或乙腈/水，增加甲醇或乙腈，样品的保留时间减少。在流动相中增加有机溶剂的比例，应考虑离子对试剂的溶解度，流动相的酸度对保留其有影响，一般 pH 值应控制在 1.5～8.5 范围内，以防止硅胶降解。

离子对试剂的种类、大小及浓度都对分离有很大的影响。选择合适的离子对

试剂是进行离子对色谱分离的首要条件。反相色谱常用的离子对试剂如表 12 - 1 所示。

表 12 - 1　　　　　　　　反相离子对色谱的离子对试剂

离 子 对 试 剂	主 要 应 用 对 象
季胺盐（四甲胺、四丁胺、十六烷基三甲胺等）	强酸、弱酸、磺酸染料、羧酸氢化考的松及其盐类
叔胺（三辛胺）	磺酸盐、羧酸
烷基磺酸盐（甲基、戊基、己基、庚基、樟脑碳酸盐）	强碱、弱碱、儿茶酚胺、肽、鸦片碱、烟酸、烟酸胺等
高氯酸	弱碱性物质生成稳定离子对（有机胺、肽、甲状腺碘代氨基酸等）
烷基磺酸盐（辛基、癸基、十二烷基硫酸盐）	与烷基磺酸盐相似，选择性有所不同

12.2.5　体积排阻色谱（SEC）法

体积排阻色谱也叫凝胶渗透色谱（GPC）和凝胶过滤色谱（GFC）。体积排阻色谱法的分离机理与其他色谱法完全不同，类似于分子筛效应，它不是靠被分离组分在流动相和固定相两相之间的相互作用力的不同来分离，而是按其分子尺寸与凝胶的孔径大小之间的相对关系来分离。其分离示意图如图 12 - 3 所示。填料是具有一定孔径范围的多孔性物质——凝胶，当试样进入凝胶色谱柱时，随流动相在凝胶外部间隙及空穴旁流过，大分子进不去而最先被脱出来，适应中等填料孔径的分子移动要慢些，之后洗脱出来，而小分子能适应所有填料的孔径，所以在固定相中消耗较多时间，最后才被洗脱出来。

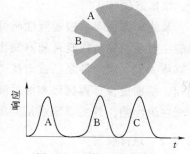

图 12 - 3　体积排阻色谱
分离示意图

A—大分子；B—中等分子；C—小分子

GPC 用聚合物胶作固定相，用以分离有机分子（如聚合物），主要是相对分子质量的表征方法。它主要用于聚合物制造业的质量控制。GFC 以硅胶温基的填料作固定相，主要用于生物化学的定性定量分析，流动相是水溶性缓冲溶液。

12.3　高效液相色谱仪

HPLC 系统一般由高压输液泵、进样装置、色谱柱、检测器、数据记录及处理系统等组成（如图 12 - 4 所示）。其中高压输液泵、色谱柱、检测器是关键部件。有的仪器还有梯度洗脱装置、在线脱气机、自动进样器、预柱或保护柱、柱温控制器等，现代 HPLC 仪还有微机控制系统，进行自动化仪器控制和数据处理。制备型 HPLC 仪还备有自动馏分收集装置。

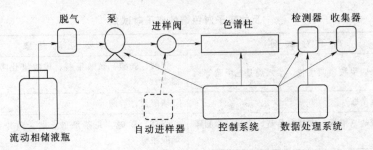

图 12 - 4　高效液相色谱仪基本组成

12.3.1　高压输液泵

HPLC 利用高压输液泵输送流动相通过整个色谱系统，泵的性能好坏直接影响到整个系统的质量和分析结果的可靠性。高压输液泵应具备如下性能：压力稳定，能连续工作，无脉冲；流量调节准确，范围宽，分析型应在 0.1～10mL/min 范围内连续可调，制备型应能达到 100mL/min；密封性能好、耐腐蚀、耐磨、维修方便等。

泵的种类很多，按输液性质可分为恒压泵和恒流泵。恒流泵按结构又可分为螺旋注射泵、柱塞往复泵和隔膜往复泵。恒压泵受柱阻影响，流量不稳定；螺旋泵缸体太大，这两种泵已被淘汰。柱塞往复泵的液缸容积小，易于清洗和更换流动相，特别适合于再循环和梯度洗脱；改变电动机转速能方便地调节流量，流量不受柱阻影响。其主要缺点是输出的脉冲性较大，现多采用双泵系统来克服。

12.3.2　进样装置

进样装置常见的有隔膜注射进样器、停流进样器、六通进样阀和自动进样器。

（1）隔膜进样。利用微量注射器将样品注入专门设计的与色谱柱相连的进样头内，可把样品直接送到柱头填充床的中心，死体积几乎等于零，可以获得最佳的柱效，且价格便宜，操作方便。但不能在高压下使用，此外隔膜容易吸附样品产生记忆效应，使进样重复性只能达到 1%～2%，加之能耐各种溶剂的橡皮不易找到，常规分析使用受到限制。

（2）停流进样。它可以避免在高压下进样。但在 HPLC 中由于隔膜的污染，停泵或重新启动时往往会出现"鬼峰"。另一缺点是保留时间不准。在以峰的始末信号控制馏分收集的制备色谱中，效果较好。

（3）六通进样。其关键部件由圆形密封垫（转子）和固定底座（定子）组成，可以直接向压力系统进样而不必停止流动相的流动。当六通阀处于进样位置时，样品用注射器注射入贮样管，转至进柱位时，贮样管内样品被流动相带入色谱柱。用六通阀进样，柱效率低于隔膜进样，但耐高压，进样量准确，重复性好，操作方便。

（4）自动进样。一批可以自动进样几十个或上百个，可连续调节，重复性较高，用于大量样品的常规分析。

12.3.3　色谱柱

色谱柱担负分离作用，是色谱系统的心脏。对色谱柱的要求是柱效高、选择性好、分析速度快等。市售的用于 HPLC 的各种微粒填料如多孔硅胶以及以硅胶为基质的键合相、氧化铝、有机聚合物微球（包括离子交换树脂）、多孔碳等，其粒度一般为 $3\mu m$、$5\mu m$、$7\mu m$、$10\mu m$ 等。

色谱柱按用途可分为分析型和制备型两类，尺寸规格也不同，大致有以下几种：

（1）常规分析柱（常量柱），内径 $2\sim5mm$（常用 4.6mm，国内有 4mm 和 5mm），柱长 $10\sim30cm$。

（2）窄径柱，又称细管径柱、半微柱，内径 $1\sim2mm$，柱长 $10\sim20cm$。

（3）毛细管柱，又称微柱，内径 $0.2\sim0.5mm$。

（4）半制备柱，内径 $>5mm$。

（5）实验室制备柱，内径 $20\sim40mm$，柱长 $10\sim30cm$。

（6）生产制备柱内径可达几十厘米。柱内径一般是根据柱长、填料粒径和折合流速来确定。

色谱柱由柱管、压帽、卡套（密封环）、筛板（滤片）、接头、螺灯等组成。柱管多用不锈钢制成，压力不高于 $70kg/cm^2$ 时，也可采用厚壁玻璃或石英管，管内壁要求有很低的粗糙度。为提高柱效，减小管壁效应，不锈钢柱内壁多经过抛光。也有人在不锈钢柱内壁涂敷氟塑料以降低内壁的粗糙度，其效果与抛光相同。还有使用熔融硅或玻璃衬里的，用于细管柱。色谱柱两端的柱接头内装有筛板，是烧结不锈钢或钛合金，孔径取决于填料粒度，目的是防止填料漏出。

预柱是连接在进样器和色谱柱之间的短柱，一般长度为 $30\sim50mm$，柱内径装有填料和孔径为 $0.2\mu m$ 的过滤片，可以防止来自流动相和样品中不溶性微粒堵塞色谱柱。预柱可以提高色谱柱使用寿命和防止柱效下降，但会增加峰的保留时间，降低保留值较小组分的分离效率。

12.3.4　检测器

检测器的作用是把洗脱液中组分的浓度转变为电信号，并由数据记录和处理系统绘出谱图来进行定性和定量分析。HPLC 的检测器要求灵敏度高、噪声低（即对温度、流量等外界变化不敏感）、线性范围宽、重复性好和适用范围广。

检测器按原理可分为光学检测器（如紫外、荧光、示差折光、蒸发光散射）、热学检测器（如吸附热）、电化学检测器（如极谱、库仑、安培）、电学检测器（电导、介电常数、压电石英频率）、放射性检测器（闪烁计数、电子捕获、氦离子化）以及氢火焰离子化检测器。按测量性质可分为通用型和专属型（又称选择性）。通用型检测器测量的是一般物质均具有的性质，它对溶剂和溶质组分均有反应，如示差折光、蒸发光散射检测器。通用型的灵敏度一般比专属型的低。专属型检测器只能检测某些组分的某一性质，如紫外、荧光检测器，它们只对有紫外吸收或荧光发射的组分有响应。按检测方式分为浓度型和质量型。浓度型检测器的响应与流动相中组分的浓度有关，质量型检测器的响应与单位时间内通过检测器的组分的量有关。检测器还可分为破坏样品和不破坏样品两种。

（1）紫外检测器（UVD），是 HPLC 中应用最广泛的检测器，用于有紫外吸收物质的检测。其作用原理和结果与常用的紫外可见分光光度计基本相同，服从朗伯—比耳定律，即检测器的输出信号与吸光度成正比，而吸光度与样品中某组分的浓度成正比。它的灵敏度高，噪声低，线性范围宽，对流速和温度均不敏感，可用于制备色谱。但在梯度洗脱时，会产生漂移。

UVD 检测器分为固定波长检测器、可变波长检测器和光电二极管阵列检测器（PDAD）。PDAD 是 20 世纪 80 年代出现的一种光学多通道检测器，它可以对每个洗脱组分进行光谱扫描，经计算机处理后，得到光谱和色谱结合的三维图谱。其中吸收光谱用于定性（确定是否是单一纯物质），色谱用于定量。常用于复杂样品（如生物样品、中草药）的定性定量分析。

（2）示差折光检测器（RID），是一种通用型检测器，因为各种物质都有不同的折光指数，凡是具有与流动相折射率不同的组分，均可以使用这种检测器。它是根据折射率原理制成的，可以连续检测参比池流动相和样品池中流出物之间的折光指数差值，而这一差值和样品的浓度成比例关系。它不破坏样品，操作方便。但灵敏度偏低，不适用于痕量分析，对温度变化敏感，不能用于梯度洗脱。

（3）荧光检测器（FD）的作用原理和结构与常用的荧光分光光度计基本相同。它的优点是选择性好，灵敏度高（大多数情况下皆优于紫外吸收检测器），但线性范围较窄，应用范围也不普遍。

（4）质谱计（MS），它灵敏、专属、能提供分子量和结构信息，HPLC—MS 联用，既可以定量，也可以定性。而要对被测组分定性，其他检测器均需要标准品对照，MS 则不需要，是复杂基质中痕量分析的首选方法，HPLC—MS 现在已经成为可常规应用的重要的现代分离分析方法。

12.3.5 数据处理和计算机控制系统

数据处理和计算机控制系统，早期的 HPLC 仪器是用记录仪记录检测信号，再手工测量计算。其后，使用积分仪计算并打印出峰高、峰面积和保留时间等参数。20 世纪 80 年代后，计算机技术的广泛应用使 HPLC 操作更加快速、简便、准确、精密和自动化，现在已可在互联网上远程处理数据。计算机的用途包括三个方面：①采集、处理和分析数据。②控制仪器。③色谱系统优化和专家系统。

12.4 高效液相色谱分析方法的构建

12.4.1 样品的性质及柱分离模式的选择

当进行高效液相色谱分析时，如不了解样品的性质和组成，选用何种 HPLC 分离模分式就会成为一个难题。应首先了解样品的溶解性质，判断样品相对分子质量的大小以及可能存在的分子结构及分析特性，最后再选择高效液相色谱的分离模式，完成对样品的分析。

1. 样品的溶解度

通常优先考虑的是样品不必进行预处理，就可经溶样来进行分析，因此样品在有机溶剂水溶液中的相对溶解性是样品最重要的性质。

由样品在有机溶剂中溶解度的大小，初步判断样品是非极性化合物还是极性化合物，进而推断用非极性溶剂戊烷、己烷、庚烷等，还是用极性溶剂二氯甲烷、氯仿、乙酸乙酯、甲醇、乙腈等来溶解样品。

若样品为非极性化合物，通常可选用吸附色谱法或正相分配色谱法、正相键合色谱法；若样品为极性化合物，通常可选用反相分配色谱法或反相键合相色谱法进行分析。

若样品溶于水相，可先检查溶液的 pH 值，若呈中性为非离子型组分，常可用反相（或正相）键合色谱法进行分析。若 pH 值呈弱酸性，可采用抑制样品电离的方法，在流动相中加入 H_2SO_4、H_3PO_4 调节 pH 值为 2～3，再用反相键合相色谱法进行分析。若 pH 值呈弱碱性，则可向流动相中加入阳离子型反离子，再用离子对色谱法进行分析。若 pH 值呈强酸性或强碱性，则可用离子色谱法进行分析。

2. 样品的相对分子质量范围

对油溶性样品，若相对分子质量小于 2000，且相对分子质量差别不大，应进一步判断其为非离子型还是离子型。若为非离子型，则应考虑其是否为同分异构体或具有不同极性的组分，此时可采用吸附色谱法或键合色谱法进行分离。若为离子型，则可用离子对色谱法进行分析。若相对分子质量差别很大，则仅能用刚性凝胶的凝胶渗透色谱法或键合相色谱法进行分析。若油溶性样品的相对分子质量大于2000，则最好采用聚苯乙烯凝胶的凝胶渗透色谱法进行分析。

对水溶性样品，若相对分子质量小于2000，且相对分子质量差别不大，可考虑用吸附法或分配色谱法进行分析。若相对分子质量差别较大，只能选用刚性的凝胶过滤色谱进行分离；若相对分子质量差别较大，且呈离子型，对弱电离的可使用离子对色谱法进行分离，对强电离的可使用离子色谱法进行分离；若相对分子质量大于2000，则可采用以聚醚为基体凝胶的凝胶过滤色谱法进行分析。

12.4.2　样品的分子结构和分析特性

1. 同系物的分离

同系物都具有相同的官能团，表现出相同的分析特性，其相对分子质量呈现有规律的增加。对同系物可采用吸附色谱法、分配色谱法或键合相色谱法进行分析。随相对分子质量增加，保留时间增大，无须使用提高柱效的方法来改善各组分间的分离度。

2. 同分异构体的分离

对于双键位置异构体（即顺反异构体）或芳香族取代基位置不同的邻、间、对位异构体，最好选用吸附色谱法进行分离。对于多环芳烃异构体，其分子结构不同，具有不同的疏水性，可用反相键合相色谱法，利用样品分子疏水性的差别来实现满意的分离。

3. 生物大分子的分离

分析蛋白质可采用反相键合相色谱法，其可实现对不同蛋白质的良好分离；但所用流动相中的甲醇、四氢呋喃和乙腈会使蛋白质分子变性而丧失生物活性，因此更宜采用凝胶过滤色谱法或亲和色谱法对蛋白质进行分析。

由上可以看出，反相键合相色谱法获得最广泛的应用。它可分离多种类型的样品，并可从梯度洗脱过程估计适用的恒定组成流动相洗脱时的洗脱强度。

体积排阻色谱法在判定样品相对分子质量大小方面有独特的作用，且样品组分皆能在较短的时间内洗脱出来。它也是优先考虑使用的方法之一，但它不适于分离组成复杂的混合物。离子色谱法仅限于在水溶液中分离各种离子，其应用范围不如其他液相色谱法广。

亲和色谱法由于具有突出的选择性，在生物样品的分析和纯化制备中发挥了越来越重要的作用。

12.4.3　分离操作条件的选择

进行高效液相色谱分析，当确定了选用的色谱方法之后，就需要进一步确定适当的分离条件。选择适用的色谱柱，尽可能采用优化的分离操作条件，可使样品中的不同组分以最满意的分离度、最短的分析时间、最低的流动相消耗、最大的检测灵敏度获得完全分离。为此必须了解选择色谱柱操作参数的标准，以及为获得完全分离应对保留值、容量因子、相邻组分的选择性系数和分离度、柱效等进行的调节和控制。

1. 色谱柱操作参数的选择

对分析型色谱柱，选择操作参数的一般原则是：

(1) 色谱柱长 L：$10 \sim 25$cm。

(2) 柱内径 Φ（直径）：$4 \sim 6$mm。

(3) 固定相粒度 d_P：$5 \sim 10\mu$m。

(4) 柱压力降 Δp：$5 \sim 14$MPa。

(5) 理论塔板数 N：$(2 \sim 5) \times 10^3 \sim (2 \sim 10) \times 10^4$ 块/m。

2. 样品组分保留值和容量因子的选择

当采用前述的常用参数的色谱柱后，通常希望将完成一个简单样品的分析时间控制在 $10 \sim 30$min 之内，若为含多组分的复杂样品，分析时间可控制在 60min 以内。

若使用恒定组成流动相洗脱，与组分保留时间相对应的容量因子 k' 应保持在 $1 \sim 10$ 之间，以求得满意的分析结果。

对组成复杂且具有宽范围 k' 组分构成的混合物，仅用恒定组成流动相洗脱，在所希望的分析时间内，无法使所有组分都洗脱出来。此时需用梯度洗脱，通常能将组分的 k' 值减小至原来的 $1/10 \sim 1/100$，从而缩短了分析时间。

保留时间和容量因子是由色谱过程的热力学因素控制的，可通过改变流动相的组成和使用梯度洗脱来进行调解。

3. 相邻组分的选择性系数和分离度的选择

在色谱分析中通常规定，当色谱图中两个相邻色谱峰基线分开（分离度 $R = 1.5$），分离度 $R = 1.0$，表明两个相邻组分只分离开 94%，可作为满足多组分优化分离的最低指标。为了达到与获得某一确定分离度，选择性系数的优化是十分重要的，对能达到预期柱效为 $10^3 \sim 10^5$ 块/m 理论块塔板的色谱柱，若相邻组分容量因子在 $1 \sim 10$ 之间，且选择性系数保持大于 1.05 以上，就比较容易达到满足多组分优化分离的最低分离度指标，即 $R = 1.0$。

当选定一种高效液相色谱方法时，通常很难将各组分间的分离度都调至最佳，而只能使少数几对难分离物质对的分离度至少保持 $R = 1.0$。若 $R < 1.0$，仅呈半峰处分离，则应通过改变流动相组成或改变流动相流速调节分离度，尽可能使 $R = 1.0$，这样才能满足准确定量分析的要求。当谱图中出现相邻组分的重叠色谱峰时，不宜进行定量分析。

当进行高效液相色谱分析时，在某些情况下需要一些特殊考虑。如在对组成复杂的样品进行分析时，要考虑使用梯度洗脱方法；对高聚物进行凝胶渗透色谱分析时，要考虑采用升高柱温的方法来增加样品的溶解度；当样品中含有杂质、干扰组分或被检测组分浓度过低时，应考虑采用过滤、溶剂萃取、固相萃取等对样品进行净化或浓缩、富集等预处理方法；若需将待测组分转变成适于紫外或荧光检测的形式，可采用色谱柱前或柱后衍生化的方法，以提高检测灵敏度或选择性。

12.4.4 定性和定量分析

1. 定性分析

定性分析可分为两种情况：其一是已经知道样品含有什么成分，只需知道它们色谱峰的归属。另外一种情况是，要对所有的未知物进行鉴定。对于色谱峰已经知道是什么的情况下，只要简单地把样品和标准物在相同的色谱条件下比较它们色谱峰的保留时间即可。如果样品成分完全不知道，就要借助于其他手段的帮助，如使用 IR、NMR 或 MS 仪进行鉴定。

2. 定量分析

一个色谱峰积分和鉴定之后，下一步就要进行定量分析。定量分析使用峰高或峰面积测定样品中被测化合物的浓度。定量方法主要有峰面积百分比或峰高百分比法、外标定量法、内标定量法和归一化法。

定量分析包括许多步骤，要点如下：

(1) 知道所分析的化合物是什么。

(2) 建立一个包含要进行分析化合物样品的分析方法。

(3) 分析一样品或含有已知浓度的一些样品，或分析要获得已知浓度下响应值化合物的一些样品。

无论是峰高或峰面积，都可用于定量分析。定量分析的准确度在很大程度上受峰分离度的影响，分离好的色谱峰可以很好地积分，因为它不受其他峰高或峰面积的影响，峰对称性也是获得好定量结果的性能特征。

在进行定量分析之前需要建立校正曲线。校正即是利用某个峰的峰高或峰面积来确定其对应组分的浓度或含量。当检测器灵敏度针对不同组分而变化，即检测器对同一组分不同含量响应值发生变化时需作校正。校正过程如下：

(1) 首先准备一个混合标样，其中感兴趣的浓度需准确知道。

(2) 运行标准样品。

(3) 建立校正表。

(4) 运行待测样品，并使用校正表分析。

（5）需要时进行再校正。

定量方法如下：

（1）峰面积百分比或峰高百分比法。峰面积百分比法计算步骤是在分析中得到每个色谱峰的峰面积除以所有色谱峰的峰面积百分比，峰面积不需要事先进行校准，也不依赖于进样量（只要在检测器线性范围内），不需要使用校正因子。如果所有化合物都流出色谱柱，它们的校正因子又相等，那么峰面积百分比就提供一种测定各个化合物相对含量的适宜方法。峰面积百分比常用于关心定性分析结果的场合，得到的信息用以建立其他校准步骤使用的校正表。

峰高百分比的计算步骤是在分析中得到每个色谱峰高除以所有峰高的百分比。

（2）外标定量（ESTD）法。外标定量法是基本的定量分析步骤，即在相同条件下进行标准和未知物的分析，并把未知物样品的结果和标准样品的结果进行比较，进而计算未知物的含量。外标定量法使用绝对响应因子，响应因子由校准得到然后储存起来，在以后的样品分析中使用响应因子计算组分含量，从而得到样品中要测定成分的量。

如果不能确定一个组分具有线性响应时，或为了确认校准曲线在线性范围之内，至少要用三点来校准。每个校准点相对应一个特定的组分浓度，制校准样品时每个组分的浓度应该和预测未知物组分的浓度范围相适应，这样可以使检测器浓度响应值的变化在相应的计算响应因子范围之内。

（3）归一化法。在归一化法中使用峰面积（或峰高）的响应因子，以便抵消不同样品组分在检测器上有不同响应值的影响。归一化报告的计算是和外标定量法一样，所不同的是有一个附加的步骤，即计算化合物的相对含量而不是绝对含量。归一化报告具有峰面积百分比和峰高百分比一样的优点，任何影响总峰面积的变化都会影响每一个峰浓度的计算，归一化报告必须使所有的峰都洗脱出来并能积分才可以使用，如果从归一化报告中排除选择的色谱峰将会改变样品的结果。

（4）内标定量（ISTD）法。内标定量法是在被测样品加入内标物，利用在同一次操作中，被测物的摩尔响应值与内标物的摩尔响应值的比值是恒定的，此比值不随进样体积或操作期间所配置的溶液浓度的变化而变化，因此能得到较准确的定量结果。

内标法定量。首先要选择合适的内标物，内标物要具有与被测物相近的保留值，当样品中有几个被测组分时，要求内标物的保留值介于几个被测组分之间，但不能与其他组分重叠。对内标化合物，还有如下要求：

1）样品中不存在。

2）可迅速容易得到。

3）与样品有相同的浓度范围。

4）化学和物理性质必须接近于被测物质。

5）不会与样品发生反应。

6）在感兴趣组分附近流出。

7）必须在色谱图上和其他化合物很好地分开。

8）这一化合物必须性能良好而且稳定。

将以上四种定量方法进行总结，并对每种方法的优缺点进行对比，结果如表 12-2 所示。

表 12-2   四种定量方法的优缺点对比

方　法	优　　点	缺　　点
峰面积百分比	需校正 进样量不严格要求	检测器的响应必须一致 所有组分峰须流出 所有组分峰都须被检测到 所有面积都须准确
归一化法	进样量不严格要求	所有组分都须流出 多有组分都须测定 必须校正所有的峰
外标法	校正检测器的响应 只对感兴趣的峰校正 无须所有峰都流出 无须所有都被检测到 其结果的报告可选择不同的单位	进样量必须准确 仪器须有很好的稳定性
内标法	进样量不严格要求 只对感兴趣的峰校正 校正检测器的响应 其结果的报告可选择不同的单位	必须在所有样品中加入一个组分 样品和标样的准备工作更加复杂

12.5 高效液相色谱法在水环境分析检测中的应用

高效液相色谱法适用于分析沸点高、相对分子量大、热稳定性差的物质和生物活性物质，它们约占全部有机物的 80%。现在高效液相色谱法已广泛应用在生物工程、制药工程、食品工业、环境监测、石油化工等领域中。

12.5.1 高效液相色谱法测定水中酚类化合物

1. 方法原理

在酸性（pH＝2）条件下，用 GDX—502 树脂吸附水中的酚类化合物，用碳酸氢钠水溶液淋洗树脂，去除有机酸，然后用乙腈洗脱、定容，液相色谱法分离测定。

2. 仪器

液相色谱，具有紫外检测器；90mm×6.0mm 层析柱。

3. 试剂

（1）GDX—502 树脂。

（2）乙腈，色谱纯。

（3）甲醇，色谱纯。

（4）乙酸，分析纯。

（5）丙酮，分析纯。

（6）盐酸溶液，C（HCl）=6mol/L。

（7）碳酸钠溶液：C（Na_2CO_3）=0.05mol/L。

（8）苯酚、邻氯酚、对硝基酚、2，4-二硝基酚、邻硝基酚、2，4-二甲酚、4-氯间甲酚、2，4-二酚氯、4，6-二硝基邻甲酚、2，4，6-三氯酚和五氯酚标准溶液（先用甲醇为溶剂配制浓度为 500～1000mg/L 的标准贮备溶液，然后再用乙腈将其稀释至 1～10mg/L）。

4. 分析步骤

（1）色谱条件。

1）色谱柱：supelco sil™LC−18，25cm×4.6mm，5μm。

2）流动相：A：乙腈（含 1‰乙酸），B：水（含 1‰乙酸）。

3）梯度淋洗：流动相 B 70% $\xrightarrow{25min}$ 流动相 B 20%，流速：1.00mL/min。

4）检测器：UV−280nm、290nm。

5）进样量：10μL。

（2）标准曲线的绘制。用高效液相色谱测量不同浓度各种酚标准溶液的峰高或峰面积，以各种酚的含量（mg/L）对应其峰高或峰面积绘制标准曲线。

（3）样品测定。

1）树脂的纯化：树脂使用前应用精制的丙酮浸泡数日，数次更换新溶剂到丙酮无色。再用乙腈回流提取 6h 以上。纯化后的树脂密封保存在甲醇中备用。

2）层析柱的准备：首先在层析柱的活塞上部管内放少许干净的玻璃棉，然后湿法加入净化后的树脂，直至树脂床高约 80mm。最后，在其上放一层玻璃棉（晃动以赶出柱中的气泡）。打开活塞放出甲醇，直到液面刚好达到树脂床顶部。用 10mL 乙腈分二次淋洗树脂，再用 10mL 水淋洗树脂，每次淋洗时都不要使液面低于树脂床。

3）样品富集：根据水中酚类化合物的含量，取水样 50～1000mL（浓度高的样水，如车间废水，应适当稀释），用 6mol/L 盐酸调至 pH＝2。使水样以大约 4mL/min 的流速流经层析柱。当大量水样均流过柱子后，保持液面在树脂高度，用 10mL 酸氢碳钠溶液，分两次淋洗层析柱。将水全部放出，并用吸耳球轻轻加压将柱中水尽量排净。

4）样品洗脱：用 2.0mL 乙腈淋洗层析柱，用细不锈钢丝活动树脂，以赶出柱中的气泡，平衡 10min。打开柱活塞，待乙腈自然流动停止再加入 3.0mL，将乙腈全部放出，并定容至 5.0mL。

5）样品分析：用液相色谱法分离测定样品溶液中的各种酚。色谱图如图 12-5 所示。

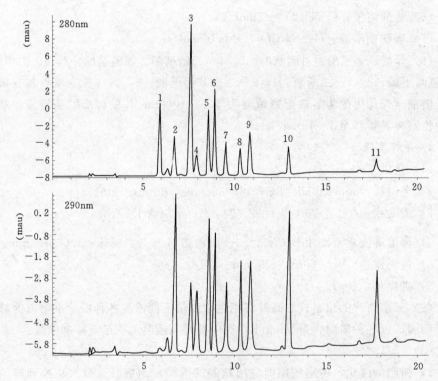

图 12-5　各种酚的液相色谱图

1—苯酚；2—对硝基酚；3—邻氯酚；4—2，4—二硝基酚；5—邻硝基；6—2，4—二甲酚；7—4—氯间甲酚；8—2，4—二酚氯；9—4，6—二硝基邻甲酚；10—2，4，6—三氯酚；11—五氯酚

6）定性分析：根据各组分的相对保留时间、不同波长下的吸收比及紫外光谱确定酚的种类。

7）定量分析：根据样品溶液中各组分的峰高或峰面积，由标准曲线得出酚的含量并计算水样中酚的浓度。

5. 结果计算

$$水样中目标化合物的浓度（\mu g/L）= \frac{C_i V_2}{V_1} \qquad (12-9)$$

式中　C_i——由标准曲线上查得样品溶液中目标化合物浓度（mg/L）；

V_2——洗脱液体积（mL）；

V_1——水样的体积（L）。

12.5.2　高效液相色谱法测定水中的邻苯二甲酸酯类

邻苯二甲酸酯类又称酞酸酯。一般为无色透明的油状液体，难溶于水，易溶于甲醇、乙醇、乙醚等有机溶剂。可通过呼吸、饮食和皮肤接触直接进入人和动物体内。其毒性随着分子中醇基碳原子数的增加而减弱。工业上，酞酸酯类主要用作塑料制品的改性添加剂（增塑剂）。随着工业生产的发展及塑料制品的大量使用，酞酸酯已成为全球性的最普遍的一类污染物。

1. 方法原理

水样用正己烷萃取，经无水硫酸钠脱水后，用 K−D 浓缩器浓缩，在腈基柱或胺基柱上，以正己烷−异丙醇为流动相将邻苯二甲酸酯分离成单个化合物，用紫外检测器测定各化合物的峰高或峰面积，以外标法进行定量。

2. 仪器

（1）高效液相色谱仪，具有紫外检测器。

（2）250mL 分液漏斗。

（3）K−D 浓缩器，具 1mL 刻度的浓缩瓶。

（4）色谱柱（腈基柱或胺基柱均可）。

3. 试剂

（1）正己烷，优级纯。

（2）异丙醇，分析纯。

（3）丙酮，分析纯。

（4）无水硫酸钠，分析纯，300℃烘 4h 备用。

（5）盐酸，分析纯，配制成 1mol/L。

（6）氢氧化钠，分析纯，配制成 1mol/L。

（7）甲醇，优级纯。

（8）邻苯二甲酸二甲酯、邻苯二甲酸二丁酯、邻苯二甲酸二辛酯，优级纯。

（9）石油醚，分析纯。玻璃棉或脱脂棉（过滤用），在索氏提取器上用石油醚提取 4h，晾干后备用。

1000mg/L 标准贮备液，分别称取每种标准物 100mg，准确至 0.1mg，溶于优级纯甲醇中，在容量瓶中定容至 100mL。也可以购买商品标准贮备液。

100mg/L 中间标准溶液，分别准确移取三种标样的贮备液各 10.00mL 于同一 100mL 容量瓶中，用优级纯甲醇定容到 100mL。

4. 分析步骤

(1) 样品预处理。将 100mL 水样全部置于 250mL 分液漏斗中，取 10mL 正己烷，冲洗采样瓶后，倒入分液漏斗中，手动振摇 5min（注意放气），静置 30min。先将水相放入一干净的烧杯中，再将有机相通过上面装有无水硫酸钠的漏斗，接至浓缩瓶中。将水相倒回分液漏斗中，以同样步骤再萃取一次。弃去水相，有机相通过原装有无水硫酸钠的漏斗仍接到装有第一次萃取液的浓缩瓶中，再用少量正己烷洗涤分液漏斗和无水硫酸钠，接至原浓缩瓶内，在 70～80℃ 水浴下浓缩至 1mL 以下，定容至 1mL，备色谱分析用。

(2) 色谱条件。

1) 流动相：99% 正己烷 + 1% 异丙醇，流速为 1.5mL/min。

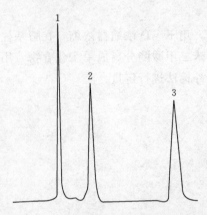

图 12-6　邻苯二甲酸酯类标准色谱图
1—邻苯二甲酸二辛酯；2—邻苯二甲酸二丁酯；3—邻苯二甲酸二甲酯

2) 色谱柱：腈基柱 30cm×4mm。

3) 检测器：紫外检测器，测定波长 224nm，进样体积 10μL。

(3) 校准曲线。准确移取中间标准溶液 1.00mL 于 100mL 量瓶容中，用优级纯甲醇定容至 100mL，此溶液即为混合标准使用液，分取 6 个 250mL 的分液漏斗分别放入 100mL 二次蒸馏水，依次加入混合标准使用液 0、0.5mL、1.5mL、2.0mL、2.5mL、3.0mL 按照样品预处理方法进行处理，按照上述色谱条件进行分析。

(4) 测定。预处理后的样品，通过外标法进行定量分析。

(5) 标准色谱图。标准色谱图如图 12-6 所示。

5. 结果计算

$$C = \frac{A_i \cdot h_{1i} \cdot V_2}{h_{2i} \cdot V_1} \qquad (12-10)$$

式中　C——样品中邻苯二甲酸酯的浓度（mg/L）；

　　　A_i——标样中组分 i 的浓度（mg/L）；

　　　h_{1i}——样品中组分 i 的峰高（mm）；

V_1——提取液体积（mL）；

h_{2i}——标样中组分 i 的峰高（mm）；

V_2——被提取的样品体积（mL）。

12.5.3 高效液相色谱测定水中苯胺类化合物

苯胺类化合物除广泛应用于化工、印染和制药等工业生产外，还是合成药物、染料、杀虫剂、高分子材料、炸药等的重要原料之一。苯胺及其衍生物可以通过吸入、食入或透过皮肤吸收而导致中毒，能通过形成高铁血红蛋白造成人体血液循环系统损害，可直接作用于干细胞，引起中毒性损害。苯胺类化合物一般在环境中有残留，因此分析环境样品中的苯胺类化合物是十分重要的。

1. 方法原理

用二氯甲烷液—液萃取，K－D 浓缩器浓缩，高效液相色谱法定量分析水中的苯胺类化合物。

2. 仪器

（1）高效液相色谱仪，具紫外检测器。

（2）K－D 浓缩器，具 1mL 刻度的浓缩瓶。

（3）250mL 分液漏斗，带聚四氟乙烯旋塞。

（4）硅酸镁净化柱，柱长 35cm，内径 12mm。

（5）恒温水浴锅，温控可调节。

3. 试剂

（1）甲醇，色谱纯。

（2）乙酸铵，分析纯。

（3）乙酸，分析纯。

（4）无水硫酸钠，分析纯，300℃烘 4h 备用。

（5）氯化钠，分析纯，300℃烘 4h 备用。

（6）二氯甲烷，分析纯。

（7）标准贮备溶液：称取标准试剂各 100mg，分别置于 100mL 量瓶容中，用甲醇定容，贮备溶液中各化合物的浓度为 1000mg/L。也可以购买商品标准贮备溶液。

（8）标准中间溶液：用 10mL 单标线吸管取贮各溶液各 10mL，置于 100mL 容量瓶中，用甲醇稀释至刻度，该溶液中各化合物浓度为 100mg/L。

（9）标准校准溶液：根据液相色谱紫外检测器的灵敏度及线性要求，用甲醇分别稀释中间溶液，配制成几种不同浓度的标准溶液，在 2~5℃避光贮存，现用现配。

4. 分析步骤

(1) 样品预处理。取 100mL 水样（地表水和地下水样取 1000mL）用 1mol/L 的氢氧化钠将水样的 pH 值调至 11～12，加入 5g 氯化钠。将水样转入 250mL 的分液漏斗中，加入 10mL 二氯甲烷充分振摇，萃取 2min，用水无硫酸钠过滤脱水，收集有机相于鸡心瓶中，重复萃取两次，合并有机相，用 K－D 浓缩器将萃取液浓缩至 0.5mL 左右，用甲醇定容至 1mL，待色谱分析（若样品中有杂质干扰测定，可将浓缩液经硅酸镁柱净化）。

(2) 萃取液的净化。将样品移至装有活化的硅酸镁层析柱床的顶部，以适量正己烷洗净浓缩瓶并淋洗层析柱，再用甲醇淋洗层析柱，用浓缩瓶接取 25mL 洗淋液，在 K－D 浓缩器上浓缩至 1mL，待色谱分析用（或将浓缩液转移至自动进样器专用进样小瓶中，封口后待分析）。

(3) 色谱条件。

1) 色谱柱：Zorbax ODS250mm×4.6mm（内径）不锈钢柱。

2) 流动相：0.05mol/L 乙酸铵－乙酸缓冲液：甲醇（65：35）的混合液。流速 0.8mL/min。

3) 紫外检测波长：285nm；进样量 10μL。

(4) HPLC 测定。调试液相色谱仪，使之正常运行并能达到预期的分离效果，预热运行至获得稳定的基线；注入样品，记录色谱保留时间和响应值。

(5) 校准曲线的绘制。分别取 100mg/L 的苯胺类化合物混合标样 0、10μL、50μL、100μL、250μL、500μL、1000μL，用甲醇溶至 1mL，使标样浓度分别为 0、1mg/L、5mg/L、10mg/L、25mg/L、50mg/L、100mg/L，根据 HPLC 测定结果绘制校准曲线。

(6) 色谱图。苯胺类的色谱图如图 12－7 所示。

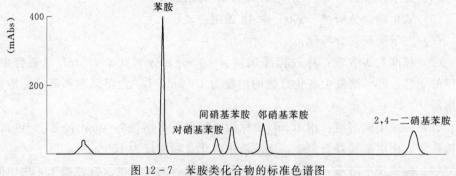

图 12－7　苯胺类化合物的标准色谱图

5. 结果计算

采用标准工作溶液单点外标峰高或峰面积计算法，水样中各组分的浓度按式

(12-11) 计算：

$$X_i = \frac{E_i \cdot A_i \cdot V_2}{A_E \cdot V_1}$$

(12-11)

式中　X_i——水样中组分 i 的浓度（mg/L）；

　　　E_i——标样中组分 i 的浓度（mg/L）；

　　　A_E——标样中组分 i 的峰高或峰面积；

　　　A_i——萃取液中组分 i 的峰高或峰面积；

　　　V_2——萃取液体积（mL）；

　　　V_1——水样体积（mL）。

12.5.4　高效液相色谱法测定水中的阿特拉津

阿特拉津是广泛应用的化学除草剂之一，是一种适用于旱地的光谱除草剂，我国目前已大量使用。阿特拉津易在土壤或沉积物中向下迁移而进入地下水，从而造成地下水污染。

1. 方法原理

用三氯甲烷萃取水中的阿特拉津，经浓缩、定容后用液相色谱仪测定。

2. 仪器

高效液相色谱仪，具有紫外检测器；500mL 分液漏斗，具聚四氟乙烯旋塞；旋转蒸发器；K-D 浓缩器，具 1mL 刻度的浓缩瓶；色谱柱，ODS；硅酸镁净化柱，200mm×10mm，具旋塞；微量注射器，$1\mu L$、$5\mu L$。

3. 试剂

阿特拉津，色谱纯；丙酮，优级纯；甲醇，优级纯；二氯甲烷，分析纯；无水硫酸钠，分析纯；300℃烘 4h 备用；氯化钠，分析纯。

阿特拉津标准贮备溶液：称取 0.0100g 阿特拉津标准样品，用少量二氯甲烷溶解后，再用甲醇准确定容至 100mL，该溶液为 $100\mu g/mL$ 贮备溶液。在 4℃冰箱中保存。

4. 分析步骤

（1）样品预处理。取 100mL 水样于 250mL 分液漏斗中，加入 5％的氯化钠，溶解后加入 10mL 二氯甲烷萃取 1min，注意及时放气，静置分层后，转移出有机相，再加入 10mL 二氯甲烷萃取，分层，合并有机相，有机相经过无水硫酸钠脱水后转入浓缩瓶中。用 K-D 浓缩器将萃取液浓缩至近干，取下浓缩瓶，用高纯氮气将其刚好吹干，用甲醇定容至 1mL，供色谱分析用。测定有干扰时，采用硅酸镁柱净化。

（2）净化。净化柱的制备：取活化过的硅酸镁吸附剂填入净化柱，轻轻敲打，使硅酸镁填实，然后填入一层大约 1cm 厚的无水硫酸钠。

将浓缩至干的样品用 10mL 正己烷溶解。

用适量石油醚预淋洗净化柱，弃去淋洗液，当硫酸钠刚要露出，将样品萃取液定量倾入柱中，随即用 20mL 石油醚冲洗。将洗脱速度调至 5mL/min，用 20mL50％的乙醚－石油醚洗脱液洗脱。

将洗脱液用 K－D 浓缩器浓缩至近干后，用氮气刚好吹干，最后用甲醇定容至 1mL，供 HPLC 分离测定用。

（3）校准曲线的绘制。分别移取 100mL 蒸馏水于 6 个 250mL 分液漏斗中，依次加 100μg/mL 的阿特拉津标准贮备液 0、0.5μL、1μL、5μL、10μL、50μL，使水样浓度分别为 0、0.0005mg/L、0.001mg/L、0.005mg/L、0.01mg/L、0.05mg/L。各加入 5％的氯化钠，分别用 10mL 二氯甲烷萃取两次，合并有机相，用无水硫酸钠脱水，经浓缩、定容至 1.0mL。供 PHLC 测定。

（4）色谱条件。

1）色谱柱：Zorbax ODS；柱温 40℃。

2）淋洗液：甲醇∶水＝5∶1，淋洗液流速 0.5mL/min。

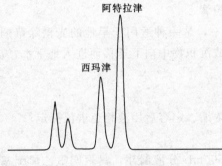

图 12－8　特阿拉津标准色谱图

3）检测波长：254nm。

（5）标准色谱图。阿特拉津标准色谱图如图 12－8 所示。

5. 结果计算

用外标法定量，按式（12－12）计算：

$$C = \frac{A \cdot E}{A_E} \tag{12-12}$$

式中　C——水样中阿特拉津的浓度（mg/L）；

　　　A——测得水样萃取液中阿特拉津的峰高或峰面积；

　　　E——标准水样中阿特拉津的浓度（mg/L）；

　　　A_E——测得标准水样萃取液中阿特拉津的峰高或峰面积。

12.5.5　高效液相色谱法测定水中的多环芳烃（PAH）

1. 方法原理

用环己烷萃取水中的多环芳烃（PAH），萃取液通过佛罗里硅土柱，PAH 被吸附在柱上，用丙酮与二氯甲烷的混合溶剂洗脱 PAH，之后用液相色谱仪测定。

2. 仪器

(1) 高效液相色谱仪，具有荧光或紫外检测器。

(2) 色谱柱，Zorbax 5μmODS，柱长 250mm，内径 4.6mm。

(3) 恒温水浴；振荡器。

(4) 25mL K－D 浓缩器。

(5) 500mL K－D 蒸发瓶。

(6) K－D Snyder 柱，三球，常量。

(7) K－D Snyder 柱，二球，微量。

(8) 层析柱。

(9) 微量注射器，5μL、10μL、50μL、100μL、500μL。

3. 试剂

(1) 甲醇，HPLC 分析纯。

(2) 二氯甲烷，优级纯。

(3) 丙酮，优级纯。

(4) 环己烷，优级纯。

(5) 无水硫酸钠，分析纯，在 400℃加热 2h；硫代硫酸钠，分析纯。

(6) 佛罗里硅土，60～100 目。

(7) 碱性氧化铝。

(8) 硅胶，100 目，在 300℃干燥 4h；浓硫酸，优级纯。

色谱标准物：固体多环芳烃标准物为荧蒽、苯并［k］蒽荧、苯并［b］蒽荧、苯并［a］芘、茚并［1，2，3－cd］芘及苯并［ghi］芘等六种，纯度在 99％以上。采用固体标准物配制标准贮备液，亦可采用经证实为合格的市售多环芳烃标准溶液配置标准贮备液。

用固体多环芳烃配制标准贮备液：分别称量各种多环芳烃 20±0.1mg，分别溶解于 50～70mL 环己烷中，再以环己烷稀释至 100mL，配成浓度为 200μg/mL 单个化合物的标准贮备液。若用市售溶液配制标准贮备液，可在容量瓶中用环己烷稀释，使标准贮备液的浓度各为 200μg/mL 的单化合物溶液。贮备液保存在 4℃冰箱中。

混合多环芳烃标准溶液的配制：在 10mL 容量瓶中加入各种 PAH 贮备液 1±0.01mL，用甲醇稀释至标线，使标准溶液中各种多环芳烃的浓度为 20μg/mL。标准液保存于 4℃冰箱中。

标准工作溶液：根据仪器灵敏度及线性范围的要求，取不同量的混合多环芳烃标准溶液，用甲醇稀释，配制成几种不同浓度的标准工作溶液。

4. 分析步骤

（1）水样萃取。摇匀水样，用 500mL 量筒量取 500mL 水样（萃取所用水样体积视具体情况而定，可增减），加入 50mL 环己烷，手摇分液漏斗，放气几次后，安装分液漏斗于振荡器架上，振摇 5min 进行萃取。取下分液漏斗，静置约 15～30min（静置时间视两相分开情况而定），分出下层水相留待进行第二次萃取，上层环己烷相放入 200mL 量碘瓶中，再用 50mL 环己烷对水样进行第二次萃取，水相弃去，环己烷萃取液并入同一碘量瓶中，加无水硫酸钠至环己烷萃取液清澈，至少放置 30min，脱水干燥。

饮用水的环己烷萃取液可以不经柱层析净化，浓缩后直接进行 HPLC 分析。地表水及工业污水环己烷萃取液需用层析柱净化。

（2）样品的浓缩。将 K－D 浓缩装置的下端浸入通风橱中的水浴锅中，在 65～70℃的水温下浓缩至约 0.5mL，从水浴锅上移下 K－D 浓缩装置，冷却至室温，取下三球 Snyder 柱，用少量丙酮洗柱及其玻璃接口，洗涤液流入浓缩瓶中。加入一粒新沸石，装上二球 Snyder 柱，在水浴锅中如上述浓缩至 0.3～0.5mL，留待 HPLC 分析。

注：甲醇、环己烷、二氯甲烷及丙酮等易燃有机溶剂，应在通用橱中操作。

（3）HPLC 分析条件。

1）柱温：35℃。

2）流动相组成：A 泵，85％水＋15％甲醇；B 泵，100％甲醇。

3）洗脱：视色谱柱的性能可采用恒溶剂洗脱，即以 92％B 泵和 8％A 泵流动相组成等浓度洗脱。或采用梯度洗脱。

4）流动相流量：30mL/h 恒流或按柱性能选定流量。

5）检测器波长的选择：六种多环芳烃在荧光分光光度计特定条件下最佳的激发和发射波长。

6）荧光计检测器：单色光荧光计使用 $\lambda_{ex}=300mm$，$\lambda_{em}=460nm$ 为适宜；滤光器荧光计在 $\lambda_{ex}=300mm$，$\lambda_{em}>460nm$ 下测定。

7）紫外检测器：在 254nm 下检测 PAH。

（4）进样分析：以注射器人工进样（或采用自动进样器进样）；进样量：5～25μL。

1）定性分析：以试样的保留时间和标样的保留时间相比较来定性。

2）定量分析：用外标法定量，在线性范围内用混合 PAH 标准溶液配制几种不同浓度的标准溶液，其中最低浓度应稍高于最低检测限。

（5）标准色谱图。图 12-9、图 12-10 为两种不同检测器的 14 种 PAHs 标准色谱图。如图 12-9 所示为紫外检测器在波长 254nm 下的色谱图；如图 12-

10 所示为荧光检测器在 $\lambda_{ex}=286mm$，$\lambda_{em}=430nm$ 下的色谱图。

5. 结果计算

用外标法计算试样中的浓度。

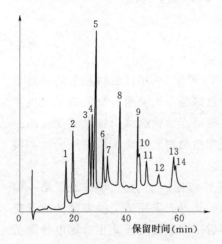

图 12-9　14 种 PAHs 标样
的 HPLC 紫外谱图

1—萘；2—二氢苊；3—苊+芴；4—菲；
5—蒽；6—荧蒽；7—芘；8—苯并 [a]
蒽+䓛；9—苯并 [b] 蒽荧；10—苯并
[k] 荧蒽；11—苯并 [a] 芘；12—二
苯并 [a，h] 蒽；13—苯并 [ghi] 苝；
14—茚并 [1，2，3-cd] 芘

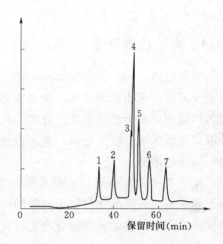

图 12-10　14 种 PAHs 标样
的 HPLC 荧光谱图

1—荧蒽；2—苯并 [a] 荧+䓛；3—苯并 [b] 蒽荧；
4—苯并 [k] 荧蒽；5—苯并 [a] 芘；
6—二苯并 [a，h] 蒽；7—茚
并 [1，2，3-cd] 芘

$$X_i = \frac{A_i \cdot B_i \cdot V_t}{V_i \cdot V_s} \qquad (12-13)$$

式中　X_i——试样中组分 i 含量（μg/L）；

　　　A_i——标样中组分 i 进样量对其峰高（或峰面积）的比值（ng）；

　　　B_i——样品中组分 i 的峰高（或峰面积）；

　　　V_t——萃取液浓缩后的总体积（μL）；

　　　V_i——注射样品的体积（μL）；

　　　V_s——水样体积（mL）。

207

第13章 离子色谱法

13.1 离子色谱概述

离子色谱（Ion Chromatography，IC）是 20 世纪 70 年代发展起来的一种分析离子的高效液相色谱技术。狭义地讲，离子色谱是以低交换容量的离子交换树脂为固定相对离子性物质进行分离，用电导检测器连续检测流出物电导变化的一种液相色谱方法。广义地讲，离子色谱法是利用被测物质的离子性进行分离和检测的液相色谱法。

离子色谱开始于 H. Small 及其合作者的工作，他们于 1975 年发表了第一篇离子色谱论文，商品化仪器于同年问世。H. Small 等人采用低交换容量的离子交换柱，用强电解质做流动相分离无机离子，然后用抑制柱使流动相背景电导降低从而获得高灵敏度，这种方法被称为双柱离子色谱法或抑制性离子色谱法。

1979 年，J. S. Fritz 等人提出了非抑制型离子色谱，即不用抑制柱，采用弱酸及其盐类作淋洗液，在控制一定 pH 值的条件下，背景电导比较低，可以不加抑制器直接用电导检测。

1998 年，美国 Dionex 公司将 P. K. Dasgupta 提出 "将电解和膜技术在线接入离子色谱流路，并对氢氧根淋洗液进行纯化" 的技术商品化，在流路中通入水就能产生 KOH 淋洗液。这种方法使得氢氧根淋洗液在线发生，从而减少了 OH^- 因空气中 CO_2 的干扰导致基线不稳、背景改变的情况，同时所产生的 KOH 的浓度可以通过电流进行控制，很容易实现梯度淋洗。

美国 Dionex 公司对我国厦门大学田昭武院士提出的 "将电解法用于离子色谱抑制" 这一方法进行改进，使抑制器的再生液只加水就能完成。通过水电解产生的 H^+ 或 OH^- 完成背景电导抑制。抑制器完全不必外加再生液就能完成电导抑制，使抑制型离子色谱的操作更为方便。而美国 Alttech 公司则采用固相电解法利用树脂实现电导抑制，由电解产生 H^+ 实现电化学再生，再将碳酸盐淋洗液中的 CO_2 去除以进一步降低背景电导从而实现了碳酸的梯度淋洗。

1998 年，H. Small 等人又提出了离子色谱的新设想——离子回流。其原理是将离子色谱淋洗液发生器及离子色谱电化学自再生抑制器串联，总体上不用化学试剂，只用水就可完成阴阳离子的分析。这项技术巧妙地运用了树脂的导电性，在外加直流电压的色谱柱两端分别填装氢型（阳极）和钾型（阴极）阳离子交换树脂，去离子水从色谱柱的阳极进入，从阴极流出。在阳极电解水产生的氢离子的推动下，氢离子逐渐替换钾型树脂中的钾离子，被替换下来的钾离子在阴极区与电解水产生的 OH⁻ 形成所需的氢氧化钾淋洗液。这样，由水做流动相在一支极化的离子色谱柱上就可以完成分离和抑制。

中国学者胡文治等提出"静电离子色谱"，可以用纯水洗脱并用于多种阴阳离子的分离和离子的形态分析。大环类化合物如烷冠醚等结合在离子色谱柱上可以对一些化合物有特定的选择性。

离子色谱在水环境分析中应用非常广泛，它不仅可以分析无机阴阳离子，还可以分析有机阴阳离子（有机酸、有机磺酸盐、有机磷酸盐、胺、吡啶等）和生物物质（糖、醇、酚、氨基酸、核酸等），它已成为分析、检测阴阳离子的最重要的方法之一。

13.2　离子色谱分离原理

离子色谱与传统的高效液相色谱的不同点就在于检测原理不同。他们在分离用的离子交换柱后端加入不同极性的离子交换树脂填料（如阴离子交换柱后端加入氢型的阳离子交换树脂填料，阳离子交换柱后端加入氢氧根型的阴离子交换树脂填料），从分离柱流出的样品离子的洗脱液在被检测前发生两个重要的化学反应，一个是将淋洗液转变成低电导组分以降低来自淋洗液的背景电导，另一个是将样品离子转变成其相应的酸或碱以增加其电导。这种在分离柱和检测器之间既能降低背景电导又能提高待测物质检测灵敏度的装置被称为抑制柱（或抑制器），这种方式使得电导检测的应用范围被扩大。

离子色谱按分离原理来分主要有三种类型：离子交换色谱（HPIC）、离子排斥色谱（HPIEC）和离子对色谱（MPIC），离子交换色谱是最常用的分离方式。这三种分离方式所用的柱填料的树脂骨架基本都是苯乙烯－二乙烯基苯的共聚物，但树脂的离子交换功能基和容量各不相同。HPIC 用低容量的离子交换树脂，HPIEC 用高容量的树脂，MPIC 用不含离子交换基团的多孔树脂。

13.2.1　离子交换色谱（HPIC）

1. 分离原理

离子交换色谱的分离机理主要是基于离子交换树脂与流动相中具有相同电荷的样品离子之间的可逆交换，有时还会考虑非离子交换的吸附过程。样品离子和固定相基团之间存在着电荷相互作用，对于不同的样品离子，这种作用力的大小不同。因此在样品离子随流动相通过色谱柱的过程中，与固定相间作用力强的样品离子在色谱柱中停留的时间要比作用力弱的离子长，经过一段时间后，不同的样品离子就可以实现分离。离子交换色谱主要用于无机和有机阴阳离子的分离。

下面以阴离子为例说明离子色谱的分离过程。

在色谱柱中，有无数的离子交换剂作为固定相，固定相上吸附了很多阳离子，充满色谱柱的流动相为某种盐溶液。在没有样品进入时，流动相中的阴离子和固定相上的阳离子保持平衡。样品中含有两种待分离阴离子，基中体积较大的 A 与固定相的正电荷之间的作用力较大，而体积较小的 B 与正电荷间的作用力较小。在样品进入色谱柱后，阴离子 A、B 与流动相阴离子一同前进，三种离子不断的交替占据与固定相阳离子相吸的位置；样品阴离子 A 与正电荷的作用力较大因而移动较慢，而 B 则移动较快，当移动一段距离之后，阴离子 A、B 之间的距离就会足够大从而实现分离。最终，因为流动相阴离子的数量有绝对优势，所以样品阴离子 A、B 会先后流出色谱柱，对在不同时间流出色谱柱的样品离子进行检测，就可以知道样品组分的种类与含量，如图 13-1 所示。

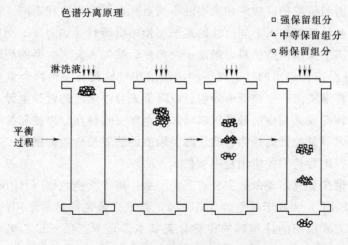

图 13-1　色谱分离原理示意图

2. 影响离子保留的因素

（1）离子电荷。样品离子的价态越高，对离子交换树脂的亲合力就越大，保留时间随价数升高而增加。

（2）离子半径。对电荷数相同的离子，离子半径越大越易极化，对离子交换树脂的亲合力也越大，即随离子半径的增加，离子的保留时间增长。

（3）树脂的种类。离子交换树脂的交联度、功能基性质及其亲水性的大小等对离子分离的选择性起很大作用，它们直接影响样品离子和淋洗离子的分配平衡。树脂上季铵基的 R 基团会影响树脂的亲水性，如果 R 基的碳链较长则疏水性强，反之则亲水性强。

（4）树脂的交换容量。树脂的交换容量越高，保留时间越长。多数离子的选择性系数不随树脂交换容量的变化而变化，但对交换容量特别低的树脂，部分离子的选择性系数有所降低，部分强保留离子的情况较为特殊。

（5）淋洗液浓度。采用同样的淋洗液，一价阴离子与二价阴离子的斜率是不同的，通过改变淋洗液的浓度，可以使两种离子的保留时间的差异变大，从而达到较好分离。

（6）淋洗液的 pH 值。淋洗液的 pH 值的变化将影响淋洗液阴离子的浓度和样品阴离子的形态。通常情况下，淋洗液的 pH 值增大，阴离子浓度增加，样品保留时间减少，但对多价态弱酸根离子，样品保留时间反而增加。

13.2.2　离子排斥色谱（HPIEC）

离子排斥色谱的分离机理是以树脂的 Donnan 排斥为基础的分配过程，有时还会考虑空间排阻和吸附作用。分析阴离子用强酸性高交换容量的阳离子交换树脂，分析阳离子则用强碱性高交换容量的阴离子交换树脂。离子排斥色谱主要用于分离有机酸、无机弱酸及氨基酸和醇类等。

在阴离子 HPIEC 中，采用的分离柱较大，柱中填充着均匀磺化的高容量阳离子交换树脂，树脂的电荷密度较大，其功能基为磺酸根阴离子。树脂表面的负电荷层对负离子有排斥作用，即 Donnan 排斥。我们可以将树脂表面的负电荷层假想成 Donnan 膜，该膜只允许非离子性化合物通过，只有非离子性化合物才可以进入树脂内部从而在固定相中产生保留，其保留值取决于该化合物在树脂内外溶液中的分配系数。离子性化合物（强电解质）因受固定相表面同种电荷的排斥作用而无法穿过 Donnan 膜进入固定相，因此不被保留，它会迅速通过色谱柱最先流出，从而实现分离。物质的离解度越小，所受的排斥作用就越小，因而在树脂中的保留就越大。

13.2.3　离子对色谱（MPIC）

离子对色谱又被称为流动相离子色谱，是在流动相中加入适当的具有与被测离子相反电荷的离子，即"离子对试剂"，使之与被测离子形成中性的疏水离子对化合物，该化合物在反相色谱柱上被保留。保留的强弱取决于离子对化合物的解离平衡常数和离子对试剂的浓度。离子对色谱也可以用正相色谱模式，即可用硅胶柱，但不如反相色谱效果好。离子对试剂带有与被测物相反的电荷，它往往有一个亲脂区域与固定相相吸，还有一个电荷区域与被测物作用，用于离子对色谱的固定相是中性的亲脂性树脂，如聚苯乙烯－二乙烯苯或键合的硅胶。离子对色谱分离的选择性主要由流动相决定，流动相水溶液包括离子对试剂和有机溶剂，改变他们的类型和浓度可达到不同的分离要求。

13.3 离子色谱仪

离子色谱仪的基本构成及工作原理与高效液相色谱相似，只不过离子色谱仪通常配置的是电导检测器而不是紫外可见检测器。离子色谱尤其是抑制型离子色谱往往使用强酸或强碱性物质做流动相，因此仪器的流路系统必须耐酸、碱。

离子色谱仪由输液、进样、分离、检测、数据记录五部分组成。通常包括淋洗液瓶、淋洗液、高压输液泵、进样器、色谱柱、抑制器、检测器、色谱工作站等，如图 13-2 所示。

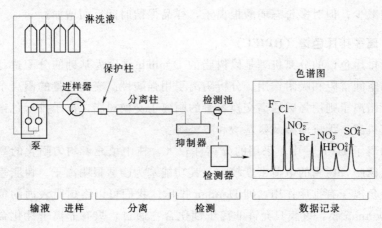

图 13-2 离子色谱仪构成示意图

13.3.1 输液系统

离子色谱的输液系统通常包括淋洗液瓶、淋洗液、高压输液泵等。

1. 淋洗液瓶

淋洗液瓶是淋洗液的贮存容器，主要用来供给足够符合要求的淋洗液。对于淋洗液瓶的要求是：必须有足够的容积以保证重复分析时能提供足够的淋洗液；脱气方便；能承受一定的压力；所选用的材质对所使用的溶剂为惰性。淋洗液瓶一般是以玻璃、聚四氟乙烯或聚丙烯为材料制成。

2. 淋洗液

淋洗液的作用是带样品进入色谱柱，将吸附在分离柱固定相上的样品离子从分离柱上冲洗下来，使样品达到洗脱分离。用于化学抑制型电导检测法中的淋洗液必须具备两个条件：一是能从分离柱上洗脱、置换被测离子。二是能在抑制器中发生抑制反应，其产物是电导值很低的水或弱电解质。阴阳离子分析所用的淋洗液是不同的，在标准阴离子色谱中所用的淋洗离子一般为 CO_3^{2-} 和 HCO_3^-，还有 $B_4O_7^{2-}$ 和 OH^- 等离子。CO_3^{2-}/HCO_3^- 混合溶液是最常用的淋洗溶液，它可同时淋洗一价或多价阴离子，通过调整两种离子的比例就可改变淋洗液的选择性和 pH 值，从而提高样品的分离效率。在标准阳离子色谱中，淋洗离子多为 H^+，淋洗液多为 HCl、HNO_3 和甲烷磺酸等。

3. 高压输液泵

高压输液泵是离子色谱仪的重要部件。它的作用是使系统内有一定压力，淋洗液能以相对稳定的流量或压力通过流路系统，使得样品在分析柱中完成分离。流量或压力的稳定将直接影响基线的稳定性和分析结果的重现性。离子色谱用的高压泵应当流量控制准确、具备较高的精度和稳定性、能够耐高压且泵的死体积要小（通常要求小于 0.5mL），部分输液泵还应具备梯度淋洗功能。

高端离子色谱仪采用双柱塞往复泵，它由电机带动凸轮转动，两个柱塞杆往复运动，吸入排出淋洗液。两个柱塞杆的移动有一个时间差，正好补偿淋洗液输出的脉冲，因而流速平稳。

13.3.2　离子色谱的进样系统

1. 手动进样

现在常用的手动进样是六通阀进样，这种方法进样量的可变范围大、耐高压、重复性好而且易于自动化。六通阀的结构如图 13-3 所示，定量环接在阀外。在采样（LOAD）状态时，样品首先以低压状态充满定量环，多余的样品则流到废液，当阀沿顺时针方向旋至进样（INJECT）状态时，则将储存在定量环中的固定体积的样品送入分离系统，如图 13-3 所示。

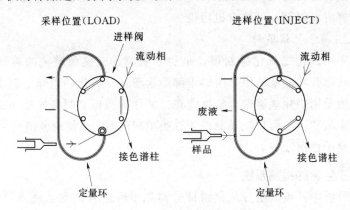

图 13-3　手动进样示意图

2. 自动进样

自动进样器是一种自动化程度很高的系统。它由软件控制，可以自动进行装样、进样、清洗，操作者只需将样品按顺序装入贮样机即可。自动进样器价格比较昂贵，一般只有高档仪器才会配备。

13.3.3　离子色谱的分离系统

分离系统是离子色谱的核心和基础。色谱柱是离子色谱仪最重要的部分，要求柱效高、选择性好、分析速度快等。色谱柱的作用是将样品中各组分按照不同的保留时间分离开来，而同一色谱柱对同一组分的保留时间不变。经色谱柱分离后的各个组分依次从色谱柱流出。

在色谱分离柱前通常还会有一个保护柱，它用来保护分离柱免受颗粒物或不可逆保留物等杂质的污染。

色谱柱大致可分为阴离子柱、阳离子柱、有机酸分析柱、糖分析柱、阴离子多维分析柱及阳离子多维分析柱等，实验人员需根据不同的被测离子选择合适的色谱柱。

一般色谱柱内径为 4mm 或 4.6mm，长度为 100~250mm。高档仪器特别是阳离子色谱柱，一般采用聚四氟乙烯材料，以防止金属对测定的干扰。内径减小可以使溶剂消耗量减少，提高灵敏度。

色谱柱的填料粒度一般在 5~25μm，颗粒一般为单分散，呈球形。填料主要有两种：高分子聚合物填料和硅胶型离子色谱填料。

1. 高分子聚合物填料

离子色谱中使用最广泛的填料是苯乙烯－二乙烯苯共聚物。阳离子交换柱一般采用磺酸或羧酸功能基，阴离子交换柱填料则采用季胺功能基或叔胺功能基。离子排斥柱填料主要为全磺化的苯乙烯－二乙烯苯共聚物。若采用高交联度的材料，还可兼容有机溶剂，可抗有机污染。

2. 硅胶型离子色谱填料

该填料采用多孔二氧化硅制得，是用于阴离子交换色谱法的典型薄壳型填料。它是用含季胺功能基的甲基丙烯十醇酯涂渍在二氧化硅微球上制备而成。阳离子交换树脂是用磺化氟碳聚合物涂渍在二氧化硅微粒上制备的或在二氧化硅微粒上接枝马来酸和丁二酸功能基制得。这类填料的 pH 值使用范围是 2~8，一般用于单柱型离子色谱柱中。

13.3.4　离子色谱的检测系统

在色谱分析中，被测组分从色谱柱分离流出后进入检测系统进行测定分析。检测器将色谱柱中流出组分的浓度变化情况连续记录下来并转换为电信号输入记录仪中得到一个随时间变化的分离组分的色谱图。检测器能准确及时地将不同组分在各种浓度和淋洗条件下的变化情况反应在色谱峰上。

离子色谱的检测器分两大类，即电化学检测器和光学检测器。电化学检测器包括电导检测器和安培检测器。光学检测器包括紫外可见光检测器和荧光检测器。其中电导检测器是日常分析中最常用的检测器；紫外可见光检测器可以作为电导检测器的重要补充；安培检测器主要用于能发生电化学反应的物质；荧光检测器的灵敏度要比紫外吸收检测器高 2～3 个数量级，但在离子色谱中的应用比较少。

1. 电导检测器

电导检测器利用电解质溶液导电的基本原理，在电导池的两个电极间施加电势，通过两个电极间电解质溶液的电导变化分析淋洗液中溶质浓度的变化即连续测定柱流出物的电导率，将流动相的背景电导与样品离子电导的差值作为响应值记录在色谱图上。

电导检测器分为抑制电导检测器（双柱法）和非抑制电导检测器（单柱法）。非抑制电导检测器的结构比较简单，但灵敏度较低，对流动相的要求比较苛刻。抑制电导检测器在灵敏度和线性范围方面都优于非抑制电导检测器。

在抑制电导检测器中，抑制器的作用非常重要。它用来降低流动相背景电导，同时增加被测离子的电导，从而提高电导检测器的灵敏度。抑制器的发展经历了树脂填充式抑制器、化学薄膜抑制器和电化学抑制器几个阶段，最新的抑制技术采用电解抑制法，使抑制电导检测可以自动进行而不必采用传统的再生液。通过电导抑制可以使背景电导值很低，而检测灵敏度可以达到很高水平。因此，目前大多数离子色谱基本上还是采用抑制电导法检测。

电化学自动再生抑制器是目前最先进的抑制器，它具有高的抑制容量，快的平衡时间，不需化学再生液。通过连续电解水产生 H^+ 或 OH^-。如图 13-4 和图 13-5 所示分别说明阴离子和阳离子自动连续再生抑制器的工作原理。

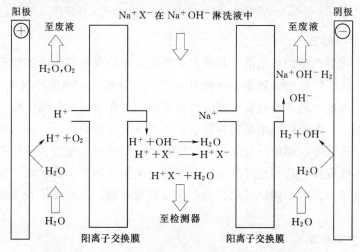

图 13-4　阴离子自动连续再生抑制器的工作原理

如图 13-4 所示，NaOH 淋洗液从上到下方向通过抑制器中两片阳离子交换膜之间的通道。在阳极，电解水产生的 H^+ 通过阳离子交换膜进入淋洗液流，与淋洗液中的 OH^- 结合生成水。在电场的作用下，Na^+ 通过阳离子交换膜到废液。自动连续再生抑制器有如下优点：对淋洗液抑制所需的 H^+ 和 OH^- 由电解水连续获得，不需用化学试剂和再生抑制器；抑制器开机后平衡快，并一直处于平衡状态（恒电流）；抑制容量大，基线漂移小；电解水不断提供 H^+ 和 OH^-，再加上电场引力，抑制容量大，能用于高容量分离柱所用的较高浓度淋洗液和梯度淋洗的抑制。

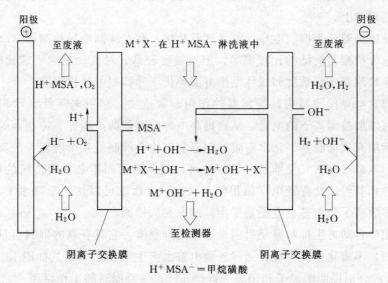

图 13-5　阳离子自动连续再生抑制器的工作原理

2. 安培检测器

安培检测器检测的是电活性物质在工作电极表面发生氧化或还原反应时所产生的电流变化。安培检测器由恒电位器和电化学池组成，电化学池有三个电极：工作电极、参比电极和对电极。恒电位器可以在工作电极和参比电极之间施加一个适当的电压，并使输出电位保持恒定，不受电流变化的影响。安培检测器常用于分析电离度较低、用电导检测器难以检测、同时又具有电活性的物质。安培检测器具有灵敏度高、选择性好、响应范围宽、电解池体积小的优点。安培检测器根据施加电压方式的不同，可以分为直流安培检测器、脉冲安培检测器和积分安培检测器。

3. 光学检测器

光学检测器主要有紫外可见光检测器和荧光检测器。

紫外可见光检测器对环境温度、流动相组成、流速等的变化不敏感，可以用于梯度淋洗，这些特点正是电导检测器所欠缺的，特别适合分析有紫外吸收的化合物。二极管阵列紫外可见光检测器可以瞬间实现紫外—可见光区的全波长扫描，得到时间—波长—吸收强度三维色谱图。紫外可见光检测器主要有三种检测方式：直接紫外检测、间接紫外检测、衍生化紫外/可见光检测。紫外可见光检测器可用来检测环境样品中痕量的 NO_3^-、NO_2^-、Br^-、I^- 及过渡金属和镧系元素等。

荧光检测器在离子色谱中的应用较少，主要是结合柱后衍生技术测定氨基酸。

13.3.5　离子色谱的数据处理系统

随着计算机的普及，色谱工作站得到广泛的应用。工作站不仅能采集、处理、保存实验数据，还可以对离子色谱仪的各部分进行控制。

13.4　离子色谱实验技术

13.4.1　分离度的改善方法

1. 稀释样品

对于复杂样品，若待测离子对树脂亲合力相差很大，就要作几次进样，并用不同浓度或强度的淋洗液或采用梯度淋洗。若待测离子之间的浓度相差较大，而且对固定相亲合力差异较大，增加分离度的最简单方法是稀释样品或做样品前处理。例如盐水中 SO_4^{2-} 和 Cl^- 的分离。若直接进样，在常用的分析阴离子的色谱条件下，其色谱峰很宽而且拖尾，30min 之后 Cl^- 的洗脱仍在继续，表明进样量已超过分离柱容量。在这种情况下，在未恢复稳定基线之前不能再进样。若将样品稀释 10 倍之后再进样就可得到 Cl^- 与痕量 SO_4^{2-} 之间的较好分离。对阴离子分析推荐的最大进样量，一般为静态柱容量的 30%，超过这个范围就会出现大的平头峰或肩峰。

2. 改变分离和检测方式

若待测离子对固定相亲合力相近或相同，稀释样品常常效果不好。这时，除了选择适当的流动相外，还应考虑选择适当的分离方式和检测方式。例如，NO_3^- 和 ClO_3^-，由于电荷数和离子半径相似，它们在阴离子交换分离柱上共淋洗。但 ClO_3^- 的疏水性大于 NO_3^-，因此可以选择离子对色谱，这样就很容易分离。又如 NO_2^- 与 Cl^- 在阴离子交换分离柱上的保留时间相近，常见样品中 Cl^- 的浓度又远大于 NO_2^-，使分离更加困难，但 NO_2^- 有强的 UV 吸收，而 Cl^- 则很弱，因此应改用紫外检测器测定 NO_2^-，用电导检测 Cl^-，或将两种检测器串联，一次进样同时检测 Cl^- 与 NO_2^-。对高浓度强酸中有机酸的分析，可采用离子排斥色谱，由于强酸不被保留，在死体积排除，故强酸将不干扰有机酸的分离。

3. 样品前处理

对高浓度基体中痕量离子的测定，例如海水中阴离子的测定，最好的方法是对样品作适当的前处理。除去过量 Cl^- 的前处理方法有：使样品通过 Ag 型前处理柱除去 Cl^-，或进样前加 $AgNO_3$ 到样品中沉淀 Cl^-；也可用阀切换技术，其方法是使样品中弱保留的组分和 90% 以上的 Cl^- 进入废液，只让 10% 左右的 Cl^- 和保留时间大于 Cl^- 的组分进入分离柱进行分离。

4. 选择适当的淋洗液

离子色谱分离是基于淋洗离子和样品离子之间对树脂有效交换容量的竞争，为了得到有效的竞争，样品离子和淋洗离子应有相近的亲合力。下面举例说明选择淋洗液的一般原则。用 CO_3^{2-}/HCO_3^- 作淋洗液时，在 Cl^- 之前洗脱的离子是弱保留离子，包括一价无机阴离子、短碳链一元羧酸和一些弱离解的组分。如 F^-、$HCOO^-$、CH_3COO^-、AsO_2^-、CN^- 和 S_2^- 等。对 $HCOO^-$、CH_3COO^- 与 F^-、Cl^- 等的分离应选用较弱的淋洗离子，常用的弱淋洗离子有 HCO_3^-、OH^- 和 $B_4O_7^{2-}$。由于 HCO_3^- 和 OH^- 易吸收空气中 CO_2，CO_2 在碱性溶液中会转变成 CO_3^{2-}，CO_3^{2-} 的淋洗强度较 HCO_3^- 和 OH^- 大，因而不利于上述弱保留离子的分离。$B_4O_7^{2-}$ 亦为弱淋洗离子，但溶液稳定，是分离弱保留离子的推荐淋洗液。中等强度的碳酸盐淋洗液对高亲和力组分的洗脱效率低。对离子交换树脂亲合力强的离子有两种情况，一种是离子的电荷数大，如 PO_4^{3-}、AsO_4^{3-} 和多聚磷酸盐等。一种是离子半径较大，疏水性强，如 I^-、SCN^-、$S_2O_3^{2-}$，苯甲酸和柠檬酸等。对前者以增加淋洗液的浓度或选择强的淋洗离子为主。对后一种情况，推荐的方法是在淋洗液中加入有机改进剂（如甲醇、乙腈和对氰酚等）或选用亲水性的柱子，有机改进剂的作用主要是减少样品离子与离子交换树脂之间的非离子交换作用，占据树脂的疏水性位置，减少疏水性离子在树脂上的吸附，从而缩短保留时间，减少峰的拖尾，并增加测定灵敏度。

在离子色谱中，可由加入不同的淋洗液添加剂来改善选择性。这种淋洗液添加剂只影响树脂和所测离子之间的相互作用，而不影响离子交换。对与树脂亲合力较强的离子，如一些可极化的离子，I^- 和 ClO_4^-，以及疏水性的离子，苯甲酸和三乙胺等，在淋洗液中加入适量极性的有机溶剂如甲醇或乙腈，可缩短这些组分的保留时间并改善峰形的不对称性。为了减少样品离子与树脂之间的非离子交换作用，减少树脂对疏水性离子的吸附，在阴离子分析中，可在淋洗液中加入对氰酚。如测定 1‰NaCl 中的痕量 I^- 和 SCN^- 时，加入对氰酚占据树脂对 I^- 和 SCN^- 的吸附位置，从而减少峰的拖尾并增加测定的灵敏度。在离子色谱中，一价淋洗离子洗脱一价待测离子，二价淋洗离子洗脱二价待测离子，淋洗液浓度的改变对二价和多价待测离子保留时间的影响大于一价待测离子。若多价离子的保留时间太长，增加淋洗液的浓度是较好的方法。

13.4.2 减少保留时间

缩短分析时间与提高分离度的要求有时是相矛盾的。在能得到较好的分离结果的前提下，分析的时间自然是越短越好。为了缩短分析时间，可改变分离柱容量、淋洗液流速、淋洗液强度，在淋洗液中加入有机改进剂和用梯度淋洗技术。

（1）最简便的方法是减小分离柱的容量，或用短柱。例如用 3mm×500mm 分离柱分离 NO_3^- 和 SO_4^{2-}，需用 18min，而用 3mm×250mm 的分离柱，用相同浓度的淋洗液只用 9min。但 NO_3^- 和 SO_4^{2-} 的分离不好，若改用稍弱的淋洗液就可得到较好的分离。

（2）大的进样体积有利于提高检测灵敏度，但导致大的系统死体积，即大的水负峰，因而推迟样品离子的出峰时间。如在 Dionex 的 AS11 柱上用 NaOH 为淋洗液，进样量分别为 25μL、250μL 和 750μL 时，F^- 的保留时间分别为 2.0min、2.5min 和 3.6min。为了减小保留时间，最好用小的进样体积。

（3）增加淋洗液的流速可缩短分析时间，但流速的增加受系统所能承受的最高压力的限制，流速的改变对分离机理不完全是离子交换的组分的分离度的影响较大。例如对 Br^- 和 NO_2^- 之间的分离，当流速增加时分离度降低很多，而分离机理主要是离子交换的 NO_3^- 和 SO_4^{2-}，甚至在很高的流速时，他们之间的分离度仍很好。

（4）增加淋洗液的强度对分离度影响与缩短分离柱或增加淋洗液的流速相同。用较强的淋洗离子可加速离子的淋洗，但对弱保留和中等保留的离子，会降低分离度。当用弱淋洗液（如 $B_4O_7^{2-}$）分离弱保留样品离子时，弱保留离子，如奎尼酸盐、F^-、乳酸盐、乙酸盐、丙酸盐、甲酸盐、丁酸盐、甲基磺酸盐、丙酮酸盐、戊酸盐、一氯醋酸盐、BrO_3^- 和 Cl^- 等得到较好分离。但一般样品中都含有一些对阴离子交换树脂亲合力强的离子，如 SO_4^{2-}、PO_4^{3-}、草酸盐等，如果用等浓度淋洗，它们将在 1h 之后甚至更长时间才被洗脱。对这种情况，应于 3～5 次进样之后，用高浓度的强淋洗液作样品进一次样，将强保留组分从柱中推出来，或者用较强的淋洗液洗柱子 0.5h。在淋洗液中加入有机改进剂，可缩短保留时间和减小峰的拖尾。

13.4.3　检测灵敏度的改善措施

检测灵敏度的改善措施包括：

（1）调高灵敏度设置。调整机器处于最佳工作状态，得到稳定的基线后，才将检测器的灵敏度设置在较高灵敏档，这是提高灵敏度的最简单方法，但此时基线噪音会随之增大。

（2）增加进样量。直接进样时，进样量的上限取决于保留时间最短的色谱峰与死体积（IC 中一般称水负峰）之间的时间，例如，在阴离子分析中，若用 CO_3^{2-}/HCO_3^- 作流动相，由于 F^- 峰（保留时间最短的峰）靠近水负峰，若增加进样体积，水负峰增大，F^- 的峰甚至与水负峰分不开；另一方面由于 F^- 的保留时间一般小于 2min，若进样量大于 1mL，流速为 $1\sim2mL/min$，F^- 没有足够的时间参加色谱过程，因此峰会拖尾，定量困难。若用亲水性强的固定相，以 NaOH 为淋洗液，特别是梯度淋洗时，由于梯度淋洗开始时 NaOH 浓度低，又由于通过抑制器之后的背景溶液是低电导的水，几乎无水负峰，这种情况可适当增大进样量。

（3）用浓缩柱。该方法一般只用于较清洁的样品中痕量成分的测定，用浓缩柱时要注意，不要使分离柱超负荷。柱子的动态离子交换容量小于理论值的30％。用浓缩柱富集 F^- 时，若样品中同时还含有保留较强的离子，如 SO_4^{2-} 或 PO_4^{3-} 等，F^- 的回收不好。其原因是样品中的 SO_4^{2-} 或 PO_4^{3-} 也起淋洗离子的作用，可将弱保留的 F^- 部分洗脱下来。对弱保留的离子，若浓缩柱的柱容量不是足够大，则用加大进样量方法所得到的结果较用浓缩柱好。

（4）用微孔柱。离子色谱中常用的标准柱的直径为 4mm，微孔柱的直径为 2mm。因为微孔柱较标准柱的体积小 4 倍，在微孔柱中进同样（与标准柱）质量的样品，将在检测器产生 4 倍于标准柱的信号。从动力学的角度考虑，在相同的流动线速度下，内径较大的柱子比内径较小的柱子有较大的洗脱体积，故样品在内径较大的柱子内被稀释的程度较内径较小的柱子严重，另外，内径较小的柱子在进行离子交换时更易洗脱，同时死体积较小，因此即使进样量较大也不会出现色谱峰严重拖尾的现象，同时可以避免使用浓缩柱时可能会出现的由于过高的基体造成某些待测离子不能定量保留的现象。而且淋洗液的用量只为标准柱的1/4，因而减少淋洗液的消耗。

13.4.4　影响离子洗脱顺序的因素

影响离子洗脱顺序的因素有：

（1）离子电荷：离子的价数越高，对离子交换树脂的亲和力越大。

（2）离子半径：电荷数相同的离子，离子半径越大（越易极化），对离子交换树脂的亲和力也越大。

（3）树脂的种类：亲水性树脂，疏水性树脂对离子的洗脱顺序有影响。

（4）淋洗液：样品离子和淋洗离子必须有相近的亲和力，以便于分离和洗脱。在双柱离子色谱中，常用的淋洗液是氢氧化物，硼酸盐，碳酸盐等。用不同的淋洗液有不同的选择性。淋洗液的浓度提高时，所有被测离子的保留时间都缩短。pH 值变化时将影响多价离子的离子价态，从而影响多价离子的洗脱顺序。

当被测离子的电荷数相同而淋洗液浓度改变时，选择性不变；当被测离子的电荷数不同而淋洗液浓度改变时，选择性明显改变。若淋洗液离子为一价，其浓度增加时，一价离子保留时间缩短得多，而三价离子的保留时间缩短得少，从而使二者的分离度明显改善。

13.4.5　离子色谱分析中应注意的问题

1. 淋洗液

（1）在淋洗液中加入有机改良剂时，注意加入的有机溶剂比例不要太高，一般为 5%。同时淋洗液中酸或弱酸盐也不宜太高，否则会出现分层或沉淀。

（2）酸性和碱性淋洗液互换前，必须用大量去离子水冲洗整个流路，以防生成盐堵塞流路。另外，酸性与碱性淋洗液直接接触反应放热，也将会对分离柱造成损坏。

（3）淋洗液使用时必须过滤和脱气。

2. 样品溶解

离子色谱法分析水溶液更合适，因此样品尽可能用水溶解，必须用酸溶解时，随后要用大量水稀释，因为分析阴离子时，酸阴离子的加入会导致分离柱超负荷。

3. 进样体积

离子色谱一般用定量环定量进样，注入的溶液体积至少是定量管的 3 倍，否则不能代表样品的真实状况。

4. 拖尾峰的避免措施

拖尾峰影响分离度，影响测量精度，所以在分析中尽可能避免拖尾峰的出现。可采取以下措施：

（1）减少进样量或稀释样品。

（2）换用疏水性较弱的分离柱。

（3）改变淋洗液的浓度。

（4）在淋洗液中加入有机溶剂。

13.5 离子色谱法在水环境分析检测中的应用

13.5.1 水中阴离子的测定分析——离子色谱法测定 SO_4^{2-}、HPO_4^{2-}、NO_2^-、NO_3^-、F^-、Cl^-

1. 方法原理

本法利用离子交换的原理，连续对多种阴离子进行定性和定量分析。水样注入碳酸盐－碳酸氢盐溶液并流经系列的离子交换树脂，基于待测阴离子对低容量强碱性阴离子树脂（分离柱）的相对亲和力不同而彼此分开。被分开的阴离子，在流经强酸性阳离子树脂（抑制柱）室，被转换为高电导的酸型，碳酸盐－碳酸氢盐则转变成弱电导的碳酸（清除背景电导）。用电导检测器测量被转变为相应酸型的阴离子，与标准进行比较，根据保留时间定性，峰高或峰面积定量。一次进样可连续测定六种无机阴离子：SO_4^{2-}、HPO_4^{2-}、NO_2^-、NO_3^-、F^-、Cl^-。

2. 干扰及消除

（1）当水的负峰干扰 F^- 或 Cl^- 的测定时，可于 100mL 水样中加入 1mL 淋洗贮备液来消除水负峰的干扰。

（2）保留时间相近的两种离子，因浓度相差太大而影响低浓度阴离子的测定时，可用加标的方法测定低浓度阴离子。

（3）不被色谱柱保留或弱保留的阴离子干扰 F^- 或 Cl^- 的测定。若这种共淋洗的现象显著，可改用弱淋洗液（0.005mol/L $Na_2B_4O_7$）进行洗脱。

3. 方法的适用范围

本方法适用于地表水、地下水、饮用水、降水、生活污水和工业废水等水中无机阴离子的测定。

方法检出限：当电导检测器的量程为 $10\mu s$，进样量为 $25\mu L$ 时，无机阴离子的检出限如表 13—1 所示。

表 13－1 离子色谱法无机阴离子检出限

阴离子	F^-	Cl^-	NO_2^-	NO_3^-	HPO_4^{2-}	SO_4^{2-}
检出限（mg/L）	0.02	0.02	0.03	0.08	0.12	0.09

4. 试剂

实验用水均为电导率小于 $0.5\mu s/cm$ 的二次去离子水，并经过 $0.45\mu m$ 微孔滤膜过滤。

（1）淋洗液。

1）淋洗贮备液：分别称取 19.078g 碳酸钠和 14.282g 碳酸氢钠（均已在 105℃烘干 2h，干燥器中放冷），溶解于水中，移入 1000mL 容量瓶中，用水稀释到标线，摇匀。贮存于聚乙烯瓶中，在冰箱中保存。此溶液碳酸钠浓度为 0.18mol/L；碳酸氢钠浓度为 0.17mol/L。

2）淋洗使用液：取 10mL 淋洗贮备液置于 1000mL 容量瓶中，用水稀释到标线，摇匀。此溶液碳酸钠浓度为 0.0018mol/L；碳酸氢钠浓度为 0.0017mol/L。

（2）再生液 C（$1/2H_2SO_4$）$= 0.05mol/L$：吸取 1.39mL 浓硫酸溶液于 1000mL 容量瓶中（瓶中装有少量水），用水稀释到标线，摇匀（使用新型离子色谱仪可不用再生液）。

（3）配置混合标准使用液，浓度如表 13 - 2 所示。

表 13 - 2 混合标准使用液浓度表

混合使用液类别	F^-	Cl^-	NO_2^-	NO_3^-	HPO_4^{2-}	SO_4^{2-}
混合使用液Ⅰ（mg/L）	5	10	20	40	50	50
混合使用液Ⅱ（mg/L）	1	2	4	8	10	10

（4）吸附树脂：50～100 目。

（5）阳离子交换树脂：100～200 目。

（6）弱淋洗液，C（$Na_2B_4O_7$）$= 0.005mol/L$。

5．仪器和设备

（1）离子色谱仪（具电导检测器）。

（2）色谱柱：阴离子分离柱和阴离子保护柱。

（3）微膜抑制器或抑制柱。

（4）记录仪、积分仪（或微机数据处理系统）。

（5）淋洗液或再生液贮存罐。

（6）微孔滤膜过滤器。

（7）预处理柱：预处理柱管内径为 6mm，长 90mm。上层填充吸附树脂（约 30mm 高），下层填充阳离子交换树脂（约 50mm 高）。

6．样品的采集与保存

（1）水样采集后应经 0.45μm 微孔滤膜过滤，保存于清洁的玻璃瓶或聚乙烯瓶中。

（2）水样采集后应尽快分析，否则应在 4℃下存放，一般不加保存剂。

（3）样品的保存时间如表 13 - 3 所示。

表 13-3	样 品 保 存 时 间	
阴 离 子	容 器 材 质	保 存 时 间
F^- 和 Cl^-	玻璃瓶 聚乙烯瓶	48h 1个月
NO_2^-	玻璃瓶或聚乙烯瓶	48h
NO_3^-	玻璃瓶或聚乙烯瓶	24h
HPO_4^{2-}	玻璃瓶	48h
SO_4^-	玻璃瓶或聚乙烯瓶	1个月

7. 步骤

(1) 色谱条件。

1) 淋洗液浓度：碳酸钠 0.0018mol/L—碳酸氢钠 0.0017mol/L。

2) 再生液流速：根据淋洗液流速来确定，使背景电导达到最小值。

3) 电导检测器：根据样品浓度选择量程。

4) 进样量：25μL，淋洗液流速：1.0～2.0mL/min。

(2) 校准曲线的制备。

1) 根据样品浓度选择混合标准使用液Ⅰ或Ⅱ，配制 5 个浓度水平的混合标准溶液，测定其峰高（或峰面积）。

2) 以峰高（或峰面积）为纵坐标，以离子浓度（mg/L）为横坐标，用最小二乘法计算校准曲线的回归方程，或绘制工作曲线。

(3) 样品测定。

1) 高灵敏度的离子色谱法一般用稀释的样品，对未知的样品最好先稀释 100 倍后进样，再根据所得结果选择适当的稀释倍数。

2) 对有机物含量较高的样品，应先用有机溶剂萃取除去大量有机物，取水相进行分析。对污染严重、成分复杂的样品，可采用预处理柱法同时去除有机物和重金属离子。

(4) 空白试验。以试验用水代替水样，经 0.45μm 微孔滤膜过滤后进行色谱分析。

(5) 标准曲线的校准。用标准样品对校准曲线进行校准。

8. 计算

按式（13-1）计算水中阴离子的浓度：

$$阴离子(mg/L) = \frac{h - h_0 - a}{b} \qquad (13-1)$$

式中 h——水样的峰高（或峰面积）；

　　h_0——空白峰高测定值；

　　b——回归方程的斜率；

　　a——回归方程的截距。

9. 注意事项

（1）亚硝酸根不稳定，最好临用前现配。

（2）样品需经 $0.45\mu m$ 微孔滤膜过滤，除去样品中颗粒物，防止系统堵塞。

（3）注意整个系统不要进气泡，否则会影响分离效果。

（4）不同型号的离子色谱仪可参照本法选择合适的色谱条件。

（5）在与绘制校准曲线相同的色谱条件下测定样品的保留时间和峰高（或峰面积）。

（6）在每个工作日或淋洗液、再生液改变时，或分析 20 个样品后，都要对校准曲线进行校准。假如任何一个离子的响应值或保留时间大于预期值的 $\pm 10\%$ 时，必须用新的校准标样重新测定。如果其测定结果仍大于 $\pm 10\%$ 时，则需要重新绘制该离子的校准曲线。

（7）对于污染严重、成分复杂的样品，预处理柱可有效去除水样中所含的油溶性有机物和重金属离子，同时对所测定无机阴离子均不发生吸附。

（8）不被色谱柱保留或弱保留的阴离子干扰 F^- 或 Cl^- 的测定。如乙酸与 F^- 产生共淋洗，甲酸与 Cl^- 产生共淋洗。若这种共淋洗的现象显著，可改用弱淋洗液（$0.005mol/L\ Na_2B_4O_7$）进行洗脱。

（9）注意器皿的清洁，防止引入污染，干扰测定。

典型离子色谱谱图如图 13-6 所示。如表 13-4 所示为典型离子色谱的种类和浓度。

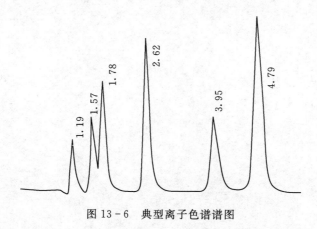

图 13-6　典型离子色谱谱图

表 13 - 4　　　　　　　　　　典型离子色谱的种类和浓度样品名称

保留时间单位	1.19	1.57	1.78	2.62	3.95	4.97
阴离子种类	F^-	Cl^-	NO_2^-	NO_3^-	HPO_4^{2-}	SO_4^{2-}
浓度（mg/L）	1.25	2.5	5.0	10.0	12.5	12.5

第14章　气相色谱—质谱分析法

14.1　概述

气相色谱—质谱分析法（Gas Chromatography Mass Spectrometry，GC－MS）是用气相色谱法分离并定性与用质谱法定性相联用的分析方法。主要用于有机物的定性及定量分析。

质谱分析法（Mass Spectrometry，MS），是一种分离分析方法，它是利用电磁学的原理，将离子或化合物电离成具有不同质量的离子，在电场中加速后，导入电磁场中进行偏转分离，然后按其质荷比（m/z）进行分离和分析的方法。

1898 年，W·维恩用电场和磁场使正离子束发生偏转时发现，电荷相同时，质量小的离子偏转得多，质量大的离子偏转得少。

1913 年，J·J·汤姆逊和 F·W·阿斯顿用磁偏转仪证实氖有两种同位素，阿斯顿于 1919 年制成一台能分辨 1％质量单位的质谱计，用来测定同位素的相对丰度，鉴定了许多同位素。

1940 年以前，质谱仪主要用来进行同位素测定和元素分析。20 世纪 40 年代以后质谱法开始用于有机物分析，测定有机化合物的结构，开拓了有机质谱的新领域。

气相色谱（Gas Chromatography，GC）技术的发展自 1952 年已有 50 多年的历史，目前它已是一种相当成熟，而且应用极为广泛的分离复杂混合物的分析方法。气相色谱能分离的样品应是可挥发而且是热稳定的，沸点一般不超过400℃（取决于所用色谱仪汽化室和色谱柱温度能达到的最高限）。据统计，在目前已知的有机化合物中大约有 20％可直接用于作气相色谱分析。

气相色谱法（GC）的特点是分离能力强、灵敏度高、定量准、设备及操作简便，适宜于做多组分的定量分析。但由于气相色谱中表示化合物各组分流出时间的保留值缺乏特性，而且不同的色谱仪，不同的色谱条件，同一种成分的保留值也不完全相同，因此就很难对未知峰做出定性鉴定。即使有纯样品做参照，也有一定的局限性。质谱法（MS）的特点是鉴别能力强，灵敏度高，响应速度快，适用于纯化合物的定性鉴定；但一般质谱仪对复杂的多组分混合物的鉴定是无能为力的。同时，质谱的定量也十分繁琐，往往不易得到满意的结果。显然，如果把气相色谱和质谱联用，不仅可以发挥两种分析方法的长处，彼此弥补短处，还可以取得两种方法单独使用时无法得到的数据。这就是把色谱和质谱串联在一起，使经过气相色谱分离后得到的单一化合物依次进入质谱检测器，一次完成混合物的分离和定性。这样，既发挥了色谱法的高分离能力，又发挥了质谱法的高鉴别能力，为高效、快速、微量的组成分析和结构鉴定提供了有力的工具。

自 1957 霍年姆斯（J. C. Holmes）和莫雷尔（F. A. Morrell）首次实现气相色谱和质谱联用以后，出现了气相色谱—质谱分析法（Gas Chromatography Mass Spectrometry，GC—MS）。

20 世纪 80 年代以后，质谱又出现了一些新的电离方式，如快原子轰击、基质辅助激光解吸电离、电喷雾电离、大气压化学电离等。这些新技术的出现，使得质谱仪在有机化学、环境化学等学科领域，尤其是在生命科学领域发挥了巨大的作用。先前的质谱仪，主要是单聚焦质谱仪、双聚焦质谱仪和四极杆质谱仪。紧接着又出现了几种新型质谱仪，如傅里叶变换质谱仪、飞行时间质谱仪、感应耦合等离子体质谱仪和辉光放电质谱仪等。这些新的电离方式和新的质谱仪，使 GC—MS 技术取得了长足的进展。

随着气相色谱、质谱和计算机技术的发展，使联用技术日臻完善，单组分检测限已达 10^{-12} g，而选择离子检测可达 10^{-14} g。特别是在解决复杂多组分混合物分析上，效果尤为突出，其检测限可达 10^{-11} g。目前，气相色谱—质谱—计算机联用技术已经很成熟，国内外每年都有大量文献报道，且逐年增加。除有专著外，还有专门的文摘和期刊。现在已成为有机化学、地球化学、食品化学、环境保护、生物医学、石油化工及其他科学领域中必不可少的重要分析手段。因此，气相色谱—质谱联用技术必将为更多的分析工作者所熟悉和掌握，在有机分析领域中发挥更大的作用。

GC—MS 分析技术的特点可概括如下：

（1）适合于做多组分混合物中未知组分的定性鉴定。

（2）可以准确测定未知组分的分子量，并推测化合物的可能结构。

（3）可利用选择离子检测技术。即质谱仪只对少数几个特征质量数的峰自动地进行反复扫描记录，收到更多的信息量，从而提高色谱—质谱检测的灵敏度。

（4）可以鉴别出部分分离甚至未分离开的色谱峰。

（5）可用计算机对复杂的多组分样品的大量质谱数据，进行收集、存储、处理和解释，这样不但省去了烦琐、费时的人工处理，而且避免了由于操作者判断或疲劳时产生的人为错误。

14.2　GC—MS 分析方法的基本原理

GC—MS 分析的工作流程是样品进入色谱柱，色谱柱按样品保留时间的不同将样品中各个组分分离开，并按顺序先后将流出色谱柱的各个组分引入质谱中，质谱对各个组分进行分析检测。所以，气相色谱的作用是对混合物进行分离，质谱则对被分开的各个组分进行结构鉴定。

质谱分析法是通过对样品离子的质荷比的分析来实现对样品进行定性和定量的一种分析方法。因此，任何质谱仪必须有电离装置，把样品分子电离成为不同质荷比的离子；此外，必须有质量分析装置，把不同质荷比的离子分开；还要有检测装置，被分开的不同质荷比的离子经过检测器后，得到样品分子的质谱图。质谱图中包含着定性和定量的信息。数据处理系统对质谱图进行处理，可以得到定性和定量的分析结果。

质谱法原理：气态分子受电子流轰击，失去一个电子成为带正电荷的分子离子，并进一步碎裂成为碎片离子。带正电荷的分子离子和碎片离子在电场和磁场综合作用下，按照质荷比 m/z 的大小顺序进行分离、收集，在检测器中检测和记录，得到质谱图。根据质谱图峰的位置，可以进行定性和结构分析；根据峰的强度，可以进行定量分析。

质谱图的横坐标是质荷比，纵坐标为离子强度（离子丰度）。离子的绝对强度取决于样品量和仪器的灵敏度，离子的相对强度和样品分子结构有关。一定的样品，在一定的电离条件下得到的质谱是相同的，这是质谱图进行有机物定性分析的基础。早期质谱法定性主要依靠有机物的断裂规律，分析不同碎片和分子离子的关系，推测质谱图所对应的物质结构。目前，质谱仪数据系统都存有十几万个化合物的标准质谱图，得到一个未知物的质谱图后，通过计算机进行谱库检索，查得该质谱图所对应的化合物。这种方法方便、快捷。但是，如果质谱库中没有这种化合物或得到的质谱图有其他组分干扰，检索常常给出错误结果，因此还必须辅助以其他定性方式才能确定。

对于不易气化的化合物，不能用电子轰击电离，而应用其他电离方式。但是，这些电离方式得不到可供检索的标准质谱图，因而不能进行库检索定性，只能提供相对分子质量信息。

用质谱进行定量分析通常利用峰面积与含量成正比的基本关系进行定量。具体方法与气相色谱和液相色谱定量相似。而且，用质谱法定量选择性比单纯色谱法要高得多，定量可靠性更好。在很多情况下用色谱法无法定量（如色谱峰淹没在干扰物中），用气—质联用仪则很方便，容易消除干扰，得到准确的定量分析结果。

14.3　气相色谱—质谱联用仪简介

气相色谱—质谱联用仪主要由气相色谱、接口、质谱、真空系统和计算机数据处理系统组成。气相色谱仪把样品中各组分按保留时间不同分开，起着样品制备的作用。其组成包括柱箱、气化室、色谱柱、检测器和载气等，并有分流/不分流进样系统，程序升温系统，压力、流量自动控制系统等。接口把气相色谱分离出的各组分分别送入质谱仪进行检测，起气相色谱和质谱之间适配器的作用。由于接口技术的不断发展，接口在形式上越来越小，也越来越简单。质谱仪对从接口外依次引入的各组分进行分析检测，成为气相色谱仪的检测器。在色谱部分，混合样品在合适色谱条件下被分离成单个组分，进入质谱仪进行鉴定，由计算机给出定性或定量结果。真空系统为质谱仪的工作环境。计算机系统则控制气相色谱、接口和质谱仪，进行数据的采集和处理，是气相色谱－质谱联用仪的中央控制系统。

14.4 气—质谱联用仪的结构和工作原理

气相色谱仪的结构组成和工作原理在气相色谱法一章中已详细讲述，在此不作介绍。

质谱系统主要由四部分构成：接口、质谱检测器、计算机系统和真空系统。毛细管色谱柱出口通过接口进入离子源内，载气被真空抽走，待测组分被电子束轰击、电离，形成分子离子和不同质荷比碎片离子，经加速、聚焦成离子束进入四极杆质量分析器，将各离子按不同质荷比分离后，在离子检测器上变成电流信号输出。该信号经计算机收集、处理，形成质谱图，检索后自动给出鉴定结果。真空系统保证质谱仪在真空环境下正常工作。

1. 接口

接口主要有三个作用：①降低压力。因气相色谱出口为大气压（10^5 Pa），而质谱要求在 $10^{-4} \sim 10^{-5}$ Pa 真空下工作，故在气相色谱和质谱之间必须有一个特殊的接口，产生此压力差以满足两部分不同的压力要求。②除去真空系统承担不了的多余载气。③将组分尽量传输至离子源。接口种类很多，在气—质谱联用仪中常用的有两种：直接接口和开口分流接口。

（1）直接接口。该接口最简单，将毛细管柱末端通过接口加热区直接插入质谱离子源内。少量载气即被抽走，不影响真空度和质谱正常工作，组分 100% 流入离子源内，它的灵敏度最高，组分因吸附损失的可能性也小。

（2）开口分流接口。对内径较大的毛细管柱，因柱后流量较大，如用直接接口，将产生两个问题：一是载气进入离子源的流量超过了真空系统排出的气体量，造成真空度下降，质谱不能正常工作。二是由于柱压降减小，为了得到载气最佳流速，可能柱前压要相应降低至大气压以下。用开口分流接口插入该分流器内套管中，内套管另一端同轴安放一根限流毛细管，两者相距约 1mm 尾吹进入该接口，其余则从分流出口排出，这样可以保证质谱正常工作。

2. 质谱检测器

质谱检测器由离子源、质量分析器和离子检测器构成。它们安装在一密封金属箱内，真空度 $10^{-4} \sim 10^{-5}$ Pa。

（1）离子源。又称电离源，将被测组分分子电离成离子，并使离子加速、聚焦成离子束。离子源有多种，常用的有两种：电子轰击电离源（EI）和化学电离源（CI）。

1）EI 源。铼或钨丝经加热而发射出的电子，在 70eV 电场的加速下，穿入电离盒。当被测组分分子进入电离盒时，被电子轰击。由于一般有机物的电离电位为 15～20eV，70eV 的电子能量足以使分子电离并处于激发态，因而产生出分子离子和各种碎片离子。如甲烷在电子轰击下可能产生五种离子：

$$CH_4 \xrightarrow{e^-} CH_4^+ \text{、} CH_3^+ \text{、} CH_2^+ \text{、} CH^+ \text{、} C^+ \qquad (14-1)$$

EI 源的特点是：结构简单，温控和操作均较方便，电离效率高，形成的离子动能分散小、性能稳定，而且所得谱图是特征的，能表征组分分子结构。目前大量的有机物标准质谱图均由 EI 源得到。如图 14-1 所示为 EI 源结构示意图。

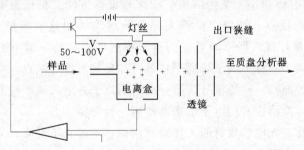

图 14-1　EI 源结构示意图

2）CI 源。通过反应离子与被测组分分子反应而使组分分子电离的一种电离方法。CI 源的结构与 EI 源基本相同，但有两点区别：①在样品入口处加了一反应气入口。②电子束入口和离子出口处的小孔较 EI 源小，约为 0.7～1mm，以使电离盒内反应气达到离子分子反应所需的压强。

反应气体通常用甲烷或异丁烷。电离过程分两步进行：①电子束将反应气体电离，并经历离子/分子反应后，产生反应离子。由于电离源内反应气体体积分数是组分的 $10^3 \sim 10^5$ 倍，所以组分几乎不被电子束电离。②这些反应离子与被测组分分子相碰撞时，质子亲和力强者占有质子，使组分分子电离成准分子离子 $[MH]^+$ 和其他碎片离子。

$$CH_4 \xrightarrow{e^-} CH_4^+ \qquad (14-2)$$

$$CH_4^+ + CH_4 \longrightarrow CH_5^+ + CH_3 \qquad (14-3)$$

$$CH_5^+ + M \longrightarrow [MH]^+ + CH_4 \qquad (14-4)$$

CI 源与 EI 源相比，有两个主要优点：一是离子－分子反应后剩余的内能很小，故分子离子峰大，碎片离子峰较少，谱图较简单，易识别。因此，CI 源经常称为"软"电离技术。二是 CI 源有选择性，通过选择不同的反应气体，使其仅与样品中的被测组分反应，从而使该组分被电离和检测。还可以利用其选择性来确定官能团的性质和位置，以及用于空间异构体的鉴定。CI 源可产生正离子，也可产生负离子。对于一些化合物如卤代芳烃负离子，CI 源有很高的检测灵敏度。CI 源的不足之处是：谱图重现性较差，谱库中没有 CI 源标准谱图。近年，质谱仪已有将 EI 源与 CI 源结合在工起的 EI/CI 组合离子源，两者能快速切换。

（2）质量分析器。可以将不同质荷比的离子分离，它是质谱的核心部件。质谱的类型，即指质量分析器的类型。其种类较多，有磁质量分析器、四极杆质量分析器（Quadrupole－MS，Q－MS）和离子阱质量分析器（Ion Trap－MS，IT MS）等。目前，最常用的是四极杆质量分析器，也称四极杆滤质器或简称四极杆。

Q－MS 具有体积小、结构简单、操作和维修方便、扫描速度快、离子流通量大、价格低等优点。所以，目前大部分质谱均采用这种质量分析器。但是，Q－MS 也有质量歧视（即不同质量的离子穿过四极杆的导通率有差异：质量小离子导通率较高，质量大离子导通率较低）和分辨率低等缺点。

（3）离子检测器。经质量分析器分离后的离子，进入离子检测器，将离子流转变成电信号，质谱中常用电子倍增器作离子检测器。

电子倍增器与光电倍增管的工作原理相似，不过它不是光，通常是离子打在阴极表面上，产生若干电子，然后通过多级（$n = 10 \sim 20$）依次倍增，可获得 $10^5 \sim 10^8$ 的增益。最后，在阳极上接收此电子流，送至放大器放大、记录。这种倍增器的响应快，灵敏度高，本底噪声小，检测极限可达 10^{-20} A，但也有灵敏度不稳定、易过载等不足。

3. 计算机系统

质谱必须配有计算机系统才能正常、有效地工作。一般气相色谱检测器的输出为电压—时间二维谱图，而质谱输出为电压—质荷比—时间三维谱图，数据量十分庞大。如果一个色谱峰有 $10 \sim 30$ 个采点，即有 $10 \sim 30$ 张不同质荷比的原始质谱图。每张图上又有十至数百个质荷比峰数据，对每一个峰数据都要进行质量标记，定量测量峰强，并按基峰归一化处理，然后进行谱图汇编检索以及进一步演绎分析、计算等步骤，才能得到定性、定量结果。通常一次进样有数十甚至数百个色谱峰，其数据处理工作量之大，非人工所及。计算机系统的性能主要取决于应用软件。目前的软件都具有下列功能：

（1）数据的采集和简化。在极短的时间内按要求进行数据采集，并进行运算和简化处理，最后变成峰位和峰强存储在存储器中。

（2）质量数的校准和转换。将峰位转换成质荷比，即将峰位—场峰图转换成质荷比—峰强图，需要"基准"。质谱仪通常在分析样品之前，用全氟三丁胺（PFTBA）全或氟煤油（PFK）作质量内标，对仪器各参数进行调整，使实际谱图的峰位转换成准确的质荷比值。

（3）谱峰强度归一化。标准质谱图中不同质荷比的峰强是以基峰（或全部峰）为 100 计算出的相对峰强（相对丰度）。为了便于未知谱图和标准谱图对比，须将未知谱图进行归一化处理，变成相对丰度的棒图，并列出相对百分数的数据表。

（4）扫描控制。用计算机系统设定扫描方式"全扫描"或"选择性离子监测扫描"。进行"连续循环"扫描或"跳变"扫描选择，进行定性或定量分析。

（5）实时显示和分析功能。计算机在采集数据过程中，可边采集、边存储、边处理、边显示，能够实时观察和分析数据。

（6）各种灵活的谱图处理和计算功能。计算机可将原始质谱图，经不同处理后得到总离子流色谱图、质量色谱图，还可按需要进行各种定性、定量计算。

（7）图谱检索。计算机代替人工检索谱图。计算机中存储了大量物质的标准质谱图，计算机自动将未知质谱图处理成归一化棒状质谱图，按一定的检索方法与谱库中的标准质谱图一一进行比较，计算它们的相似性指数（相似度或匹配度），把最相似的谱图化合物当做未知组分的鉴定结果，并按相似性指数大小顺序，列出它们的名称、相对分子质量、分子式、结构式等，供分析和参考。

（8）其他。计算机系统除用于质谱的控制和数据处理外，还用于色谱仪、接口和真空系统的监控、状态显示、自检和故障诊断，实现仪器分析的全自动化。

4. 真空系统

质谱系统需要在真空状态下工作。通常离子源的真空度应为 $10^{-3} \sim 10^{-4}\,Pa$，质量分析器和离子检测器应达 $10^{-4} \sim 10^{-5}\,Pa$ 以上。要求高真空主要有以下两方面原因：一是确保被测组分分子在离子源内能正常电离为离子，而不被其他分子干扰。假如空气本底气压高，将使灯丝烧毁。电离盒内气压高，可能发生另外的离子—分子反应或其他化学电离，或阻碍电子束通过电离盒等。二是确保离子在质量分析器中能自由地按电、磁场作用力运动，不与其他分子或离子碰撞，或这些离子本身互相碰撞，避免发生其他的化学反应，影响检测结果。

为了达到所需的高真空，通常需要多台不同梯度真空泵串联或并联。如用油扩散泵（或涡轮分子泵）和机械泵串联，使其达到质谱所需高真空度。

14.5　GC－MS分析方法的建立

14.5.1　样品的准备

　　气相色谱能分析的样品应是可挥发、而且热稳定的、沸点不超过色谱柱可使用的最高温度。多数实际用于气相色谱分离用的色潜柱,可使用温度为300℃左右。超过色谱柱的可使用温度范围会造成色谱柱固定液的流失,损坏柱的性能,影响使用寿命。直接用于气相色谱分析进样的样品必须是气体或液体,固体样品在分析前应溶解在适当的溶剂中,样品中应不含无机盐及其他在气相色谱条件下不能分析的有机杂质,否则这些物质会残留在色谱柱上,而损害色谱柱的性能。

　　对于一个未知样品,必须先了解它的来源,分析目的和样品性质,从而估计样品可能含有的组分,以及样品的沸点范围、分子量范围、极性和化学稳定性等。对于简单的易挥发样品可直接进行分析,只需有一种合适的溶剂,如丙酮、己烷、氯仿和苯等气相色谱常用的溶剂。一般情况下,溶剂应具有较低的沸点,从而使其容易与样品分离。尽可能避免用水、三氯甲烷和甲醇作溶剂,因为它们对延长色谱柱的使用寿命不利。另外,如果用毛细管柱分析,应注意样品的浓度不要太高,以免造成柱超载,通常样品的浓度为 mg/mL 级或更低。对于组分复杂的混合物,或者样品浓度太低,必须进行必要的预处理。需采取措施将被测组分与试样中高沸点或不挥发的杂质组分进行分离。可采用蒸馏、萃取、浓缩、离子交换等分离方法将宽沸程混合组分分成几个馏分,或将复杂组分分离成较为简单的种类或族,然后再进行分析。

　　某些化合物,如氨基酸、碳水化合物等,由于分子中存在羟基、氨基和羧基等极性基团,化合物极性大,具有很强的形成分子间或分子内氢键的倾向,几乎不挥发,而且对热不稳定,化学活性高,与柱材料和色谱材料都可能产生强相互作用。因此,只有通过化学衍生,改变样品的性质,才有可能用气相色谱法进行分离、分析。有些不挥发无机物,也可转化为挥发性的卤化物或金属络合物后进行分析。对于难挥发组分需制备成易挥发的衍生物,例如不挥发有机酸,经甲酯化处理后可转化为易挥发的有机酸衍生物。即:

$$RCOOH + CH_2N_2 \longrightarrow RCOOCH_3 + N_2 \uparrow \qquad (重氮甲烷法)\quad(14-5)$$

或　　　　　$$RCOOH + CH_3OH \longrightarrow RCOOCH_3 + H_2O \qquad (甲醇法)\quad(14-6)$$

　　无论是处理样品,还是确定气相色谱分析条件,文献资料的利用是一个重要的步骤。若文献中已有相同样品的分析方法,则只需在此基础上做一些必要的优化即可。即使只能找到类似样品的分析方法,也可作为参考,从而避免走一些不必要的弯路。

14.5.2　检测条件

1. 色谱分离条件的选择

对具体样品的分析任务而言，应以能够实现难分离物质的定量分离以及分析时间的缩短为目标来选择仪器操作条件。这包括检测器工作条件、载气、柱温和进样条件的选择等方面。

（1）载气。在气—质谱联用分析中对载气的要求是化学惰性好，不影响质谱图形和被测组分容易分离开，不影响质谱总离子流检测。载气一定要用高纯级的，以避免干扰分析和污染色谱柱及检测器。

目前气相色谱中常用的几种载气（即氢气，氦气，氮气）中，只有氦气质量小、惰性好、不受电磁场影响且不发生电离，是质谱中最常用的载气，并最好用恒流方式。在气—质谱联用分析中，载气的纯度要求大于 99.995%。

（2）进样条件的选择。进样就是把样品快速、定量地送到色谱柱中进行分离的过程。进样量的大小、进样时间的长短、样品的气化速度等都会影响色谱分离效率和色谱定量分析的重复性和准确度。

1）气化室温度。气化温度取决于样品的挥发性、沸点范围、稳定性及样品量等因素。气化室温度要求高于组分沸点，但又不致使组分分解，能够使组分进入后立即气化，并全部及时地被载气带进色谱柱。通常气化室温度比柱温高 30～70℃。

2）进样量。进样量与色谱柱的直径大小和固定液的用量有关。进样量太多会使色谱峰变宽和不对称，甚至会使几个色谱峰重叠在一起而无法分离。但进样量太少会使低含量组分因检测器灵敏度不够而不出峰。最大进样量应控制在峰面积或峰高与进样量呈线性的范围内。对于液体样品的进样量一般为 $0.1\sim5\mu L$，气体样品的进样量一般为 $0.1\sim10mL$，这主要取决于样品的浓度。如表 14-1 所示列出了不同内径的毛细管柱样品容量与液膜厚度的关系。

表 14-1　　　　　　　　　不同内径下样品容量与液膜厚度的关系

内径 （mm）	不同液膜厚度时的对应样品容量（ng）						
	$0.1\mu m$	$0.25\mu m$	$0.5\mu m$	$1.0\mu m$	$1.2\mu m$	$2.5\mu m$	$5.0\mu m$
0.1	10	25	50	100			
0.25	25	65	120	250	300	620	1200
0.32	32	80	160	320	380	800	1600
0.53	53	130	260	530	640	1300	2600

3）进样速度等操作技术。取样与进样必须快速完成，特别是对于那些宽沸程样品以及在使用高载气流速时，要求瞬时进样。否则样品以分散状态进入色谱

柱而导致峰形变宽。进样快慢，进样位置、深度以及操作技术的熟练程度都会影响分析结果。不过，当采用归一化法或内标法定量时，进样的准确度对分析结果影响不大；但用外标法定量时，需采用重复进样取平均值的方法，可降低取样、进样操作引起的误差。

（3）色谱柱。气—质谱联用分析中色谱柱通常用毛细管柱而不用填充柱。毛细管柱选择主要考虑以下三点：①内径与接口协调，通常内径在 0.25mm 以下可用直接接口，0.32mm 以上一般需用开口分流接口。②柱效，内径、柱长、液膜厚度和线速相互间的配合要恰当，方可达高柱效。③固定相低流失，应选用耐高温（如聚硅氧烷类）交联毛细管柱，充分老化后使用，以免污染或干扰质谱的检测。

（4）柱温的选择。柱温对分离的影响比载气流速对分离的影响更大。采用较低的柱温，有利于对难分离物质的分离，而且使固定液不易流失。但是柱温太低会使组分的液相传质阻力增加。引起峰形变宽、柱效降低、分析时间增加。一般来说，柱温选在试样各组分的平均沸点左右。

对于宽沸程试样，如用恒温柱，会出现两种情况：采用低柱温时，会使高沸点组分保留过久，不但峰形宽，而且分析时间长；用较高柱温时，会使低沸点组分流出过快而分不开。因此，需采用程序升温的方法，即柱温按预计的适当程序连续地随时间逐渐升高。这种方法既可使低沸点组分很好地分离，又能改善高沸点组分的峰形，并可缩短分析时间。

例如分析一个未知样品，可以尝试把温度条件设置为：气化室 300℃，毛细管柱从 50~280℃，升温速率 15℃/min，然后根据样品的实际分离情况来优化设定。

2. 质谱检测条件的选择

质谱检测条件的选择包括离子源选择、溶剂延迟时间、扫描速度、质量扫描范围、灯丝电流、电子能量和倍增器电压等。

（1）离子源选择。定性或定量分析中一般均用 EI 源，但当有些化合物（如直链烷烃、醇等）在 EI 条件下，没有稳定的分子离子峰，或分子离子峰十分小，很难作出正确鉴定时，可用 CI 源。当 CI 源灵敏度不能满足要求时，在某些情况下，还可用负 CI 源。

（2）溶剂延迟时间。由于大量溶剂对离子源中的钨丝有损害，所以要使用溶剂延迟，即在分析方法中设一时间程序，从进样至出溶剂峰期间，关闭质谱，当溶剂峰出完后再恢复质谱检测。常用溶剂的出峰时间一般在 2min 之内，因此溶剂延迟时间可设为 2min。

（3）扫描速度。设在每秒扫一个完整质谱即可。扫描速度视色谱峰宽而定，一个色谱峰出峰时间内最好能有 10 次质谱扫描，这样得到的重建离子流色谱图比较圆滑。

（4）质量扫描范围。就是设定通过分析器的离子的质荷比范围，该值的设定取决于欲分析化合物的分子量，应该使化合物所有的离子都出现在设定的扫描范围之内。在扫描速度相同时，质量范围越小，灵敏度越高。起始 m/z 值一般设 35 或 10，m/z 为 35 时，可避开水（18）、氮气（28）和氧气（32）的干扰；在测低分子量化合物时，可从 10 开始。m/z 的上限一般设在比欲鉴定组分分子量大 50～100。例如未知样品，初始参考条件可设为扫描 10～500，然后进行优化。

（5）灯丝电流。一般设为 0.25mA。灯丝电流小，仪器灵敏度太低；电流太大，则会降低灯丝寿命。

（6）电子能量。一般为 70eV，标准质谱图都是在 70eV 下得到的。改变电子能量会影响质谱中各种离子间的相对强度。如果质谱中分子离子峰很弱，可以降低电子能量到 15eV 左右。此时分子离子峰的强度会增强，但仪器灵敏度会大大降低，而且得到的不再是标准质谱。

（7）倍增器电压。在仪器灵敏度能够满足要求的情况下，应使用较低的倍增器电压，以保护倍增器，延长其使用寿命。

3. 定性及定量分析

（1）定性分析。随着计算机技术的发展，质谱谱库的容量不断增加，利用气相色谱—质谱—计算机联用仪对混合物进行分离鉴定，目前已成为气相色谱定性分析中最有力、最常用的方法。

将选择后的各参数值送到气相色谱或质谱后，仪器即按设定条件进行操作。GC－MS 分析得到样品的总离子流图或重建离子色谱图、样品中每一个组分的质谱图和每个质谱图的检索结果，从而得到样品的定性分析结果。但是，由于一些同分异构体的质谱图很相似，仅凭一张质谱图是很难鉴定和区别的。同分异构体的元素组成虽然相同，由于结构不同，因而色谱的保留时间不同。因此可以利用一些组分的标准样品，核对这些保留时间，或者计算这些同分异构体的保留指数，再从文献中查找它们的保留指数加以确认，以此来进行定性分析。注意对未知物进行定性要用全扫描方式。

（2）定量分析。定量分析是要确定样品中某一组分的准确含量。用 GC－MS 分析法进行有机物的定量分析，其基本原理与气相色谱相同，即样品量与总离子（或选择离子）色谱峰面积成正比。GC－MS 分析法定量，一般采用跳变扫描（SIM）方式，定量方法有归一法、外标法和内标法。

GC－MS 分析法定量步骤通常为：

1）对欲定量组分进行定性鉴定，确保样品中有被定量组分存在。

2）确定用于定量的特征离子。

3）作标准样品校准曲线。

4）实际样品分析。

14.6　GC－MS 分析方法在水环境分析检测中的应用

GC－MS 分析技术在检测和研究的许多领域中作用越来越重要，特别是在许多有机化合物常规检测工作中已经成为一种必要的工具。如环境保护领域中，检测许多有机污染物，特别是一些浓度较低的有机化合物，如多环芳烃、多氯联苯等。

14.6.1　气相色谱—质谱法（GC－MS）测定水中的多环芳烃

1. 方法原理

多环芳烃易溶于环己烷、二氯甲烷、正己烷等有机溶剂，本方法采用二氯甲烷萃取水样中 16 种多环芳烃，经硅胶或佛罗里硅土小柱净化后，样品浓缩液进行 GC－MS 的选择离子检测。

2. 仪器

（1）气相色谱—质谱联用仪，EI 源。

（2）自动进样器。

（3）旋转蒸发器。

（4）1～2L 分液漏斗。

（5）300mL 三角烧瓶。

（6）300mL 茄形瓶。

3. 试剂

（1）二氯甲烷：残留农药分析纯。

（2）正己烷：残留农药分析纯。

（3）氯化钠：优级纯，在 350℃下加热 6h，除去吸附在表面的有机物，冷却后保存于干燥的试剂瓶中。

（4）无水硫酸钠：分析纯，在 350℃下加热 6h，除去水分及吸附于表面的有机物，冷却后保存于干净的试剂瓶中。

（5）固相萃取用硅胶小柱：Bond Elut JR SI Silica Gel，Varian 或 Waters Sep－Pak Plus silica。

（6）固相萃取用佛罗里硅土小柱：Waters Sep－Pak Plus Florisil。

（7）16 种多环芳烃标准溶液：萘、苊、二氢苊、芴、菲、蒽、荧蒽、芘、苯并［a］蒽、䓛、苯并［b］荧蒽、苯并［k］荧蒽、荧苯并［a］芘、茚并［1，2，3－cd］芘、二苯并［a，h］蒽和苯并［ghi］苝，各化合物浓度为

$2000\mu g/mL$。

（8）氘代标记多环芳烃：氘代萘、氘代二氢苊、氘代䓛、氘代菲和氘代荧蒽，各化合物浓度为 $100\mu g/mL$。

4. 分析步骤

（1）样品预处理。将 1000mL 水样放入到 2L 分液漏斗中，加入 30g NaCl，溶解后加入 50mL 二氯甲烷，振荡 10min。静置 5min 后，将二氯甲烷转移至三角烧瓶中。再向分液漏斗中加入 50mL 二氯甲烷，振荡 10min，静置分层后，转移合并二氯甲烷相。向二氯甲烷相中加入 3g 无水硫酸钠，稍稍摇动后放置 20min，之后过滤转移至茄形瓶中，经旋转蒸发器浓缩至约 3mL，移转到试管中，以 N_2 吹脱浓缩至 1mL。再加入 10mL 正己烷，以 N_2 吹脱浓缩至 1mL。

硅胶小柱预先用 10% 丙酮—正己烷 10mL、正己烷 10mL 活化后，将上述预处理溶液加入到硅胶柱上，用 10mL 10% 丙酮的一正己烷淋洗，淋洗液浓缩至约 1mL，加入 $10\mu L$ 内标氘代萘、氘代二氢苊、氘代䓛、氘代菲和氘代荧蒽（各 $10\mu g/mL$），定容至 1.0mL 后进行 GC—MS 测定。

（2）GC—MS 分析。

1）色谱柱：DB—5 石英毛细柱 30m×0.32mm，$0.25\mu m$。

2）色谱条件：柱温 80℃（2min）→6℃/min→ 290℃（5min）。

3）进样口温度：290℃；接口温度：280℃；不分流进样，进样时间 2min。

4）定性分析：全扫描方式，扫描范围为 35～400m/z。

5）定量分析：选择离子检测 SIM。

多环芳烃标准溶液的总离子色谱图如图 14—2 所示。

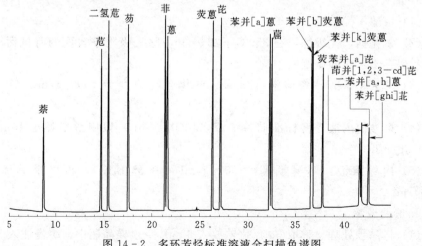

图 14—2 多环芳烃标准溶液全扫描色谱图

5. 结果计算

定量方法为内标法，如果没有合适的内标化合物，也可以采用外标定量方法。将多环芳烃标准溶液（2000μg/mL）以正己烷稀释至 10μg/mL，之后再稀释至 50ng/mL、100ng/mL、500ng/mL、1000ng/mL。内标溶液（氘代多环芳烃溶液）以正己烷稀释至 1μg/mL。

在 SIM 检测方式下，以标准溶液中目标化合物的峰面积与内标的峰面积比对目标化合物的浓度作图，得到该目标化合物的定量校准曲线。根据样品溶液中目标物与内标物的峰面积比，由定量曲线得到样品溶液中该化合物的浓度。水样品中该化合物的浓度计算公式如下：

$$\text{样品中多环芳烃浓度(ng/L)} = \frac{\text{测定浓度(ng/mL)} \times \text{样品溶液体积(mL)}}{\text{水样品体积(L)}}$$

$$(14-7)$$

14.6.2 顶空气相色谱—质谱法测定水中挥发性有机物（VOCs）

1. 方法原理

在恒温的密闭容器中，水样中的挥发性有机物在气、液两相间分配，达到平衡。取液上气相样品进气相色谱—质谱联用仪分析。

2. 仪器

（1）气相色谱—质谱仪，EI 源。

（2）自动顶空进样器。

（3）30mL 顶空样品瓶。

（4）1mL 气密性注射器。

3. 试剂

（1）甲醇，优级纯。

（2）氯化钠，优级纯，在 350℃下加热 6h，除去吸附于表面的有机污染物，冷却后保存于干净的试剂瓶中。

（3）VOCs 标准储备溶液：23 种，各化合物浓度为 1000μg/mL（甲醇溶剂）。

（4）标准使用液：将标准储备溶液（1000μg/mL）以甲醇稀释至 10μg/mL 和 100μg/mL。

（5）内标溶液：对溴氟苯，1000μg/mL（甲醇溶剂），再以甲醇稀释至 100μg/mL。

4. 分析步骤

（1）样品预处理。称取 3g 氯化钠放入 30mL 空顶样品瓶中，缓慢注入 10mL 水样，加入 5μL 浓度为 100μg/mL 的内标溶液，盖上硅橡胶垫和铝盖，用封口工具加封，放入到顶空进样器中待测定。

（2）校准曲线。取 4 个顶空瓶，分别称取 3g NaCl 于各顶空瓶中，加入 10mL 纯水，再分别加入 5μL 和 10μL 的 10μg/mL 标准使用液及 5μL 和 10μL 的 100μg/mL 标准使用液，各瓶中同时加入 5μL 浓度为 100μg/mL 的内标溶液，加盖密封，放入顶空进样器中待分析，得到的溶液浓度分别为 5ng/mL、10ng/mL、50ng/mL、100ng/mL，内标浓度为 50ng/mL。

（3）分析条件。顶空样品瓶加热温度为 60℃，加热平衡时间 30min。

1）色谱柱：DB-624 石英毛细管柱 60m×0.32mm（内径）×1.8μm。

2）色谱条件：柱温 50℃（2min）→7℃/min→120℃→12℃/min→200℃（5min）。

3）进样口温度：250℃；接口温度：230℃。

4）进样方式：分流进样，分流比为 1∶10。

5）进样量：0.8mL。

（4）样品测定。

1）定性分析：全扫描方式，质量范围为 35～2000amu，扫描速度 0.5s/scan。

2）定量分析：选择离子检测（SIM）。标准溶液和样品的总离子流色谱图如图 14-3 所示。

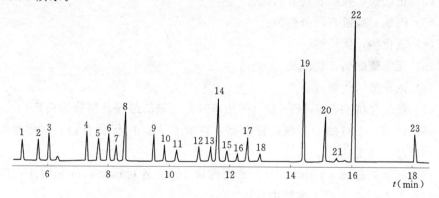

图 14-3　VOCs 总离子流色谱图

1—1，1—二氯乙烯；2—二氯甲烷；3—反—12—二氯乙烯；4—顺—1，2—二氯乙烯；

5—三氯甲烷；6—1，1，1—三氯乙烷；7—四氯化碳；8—苯；9—1，2—二氯乙烷；

10—三氯乙烯；11—1，2—二氯丙烷；12—一溴二氯甲烷；13—顺—1，3—二氯丙烯；

14—甲苯；15—反—1，3—二氯丙烯；16—1，1，2—三氯乙烷；17—四氯乙烯；

18—二溴一氯甲烷；19—间、对二甲苯；20—邻二甲苯；21—三溴甲烷；

22—对溴氟苯；23—对二氯苯

14.6.3 气相色谱—质谱法测定水中二氯酚和五氯酚

2，4-二氯酚和五氯酚，主要用于化工原料和农药，五氯酚还用于木材防腐剂、植物生长调节剂和除草剂等。目前，五氯酚已被美国 EPA 列为内分泌扰乱物质，被疾病控制和预防中心、世界野生动物基金会列为潜在的内分泌修正化学物质；2，4-二氯酚被世界野生动物基金会列为内分泌扰乱物质。

1. 方法原理

在酸性条件下（pH 为 2～3）用有机溶剂二氯甲烷萃取，经干燥、浓缩、衍生化（三甲基硅烷化）之后，进行 GC－MS 分析。

2. 仪器

（1）气相色谱—质谱联用仪。

（2）自动进样器。

（3）旋转蒸发器。

（4）1～2L 分液漏斗。

（5）300mL 三角烧瓶。

（6）300mL 茄形瓶。

3. 试剂

（1）二氯甲烷，残留农药分析纯。

（2）正己烷，残留农药分析纯。

（3）丙酮，残留农药分析纯。

（4）氯化钠，优级纯。

（5）无水硫酸钠，优级纯。

（6）浓盐酸：优级纯。

（7）衍生化试剂，N，O－双（三甲基硅）三氟乙酰胺，简称 BSTFA。

（8）2，4-二氯酚和五氯酚标准品，纯度 99％；内标化合物，氘代萘和氘代菲标准品，纯度 99％。

（9）标准贮备液（100mg/L）：准确称取 10mg 各目标物，分别溶于丙酮中并定容至 100mL，保存于冰箱中备用。

（10）混合标准使用溶液（1μg/mL）：准确移取上述溶液各 100μL，用丙酮定容至 10mL。

4. 分析步骤

（1）样品预处理。取 1L 水样于 2L 分液漏斗中，用 6mol/L HCl 调节 pH 值至 2～3，加入 30gNaCl（如果为海水，可以不添加），加入 50mL 二氯甲烷，振荡萃取 10min，静置 5min 转后移出二氯甲烷相，再加入二氯甲烷 50mL，重复上述操作。合并有机相，加入少量正己烷，再加入 3g 无水硫酸钠静置脱水 20min，之后过滤转移至茄形瓶中，在旋转蒸发器上浓缩至约 1mL。再用二氯甲烷转移至试管中，用 N_2 吹脱浓缩至 0.5mL。加入 $100\mu L$ 的衍生化试剂 BSTFA，在室温下静置 1h，之后加入 $10\mu L$ 的内标溶液（$100\mu g/mL$），用二氯甲烷定容至 1mL，移转至自动进样器用样品瓶中，备 GC－MS 分析。

（2）GC－MS 分析。

1）色谱柱：DB－1 石英毛细管柱 $30m \times 0.32mm$（内径），膜厚 $0.25\mu m$。

2）色谱条件：50℃（2min）→20℃/min→100℃→10℃/min→200℃→20℃/min→300℃（5min）；氦气压力：40kPa 保持 5min，以 2kP/min 升至 70kPa，保持 5min；进样口温度 300℃，接口温度 270℃；无分流进样，进样时间 2min，进样量 $2\mu L$。

3）定性分析：全扫描方式，扫描质量范围为 35～400amu。

4）定量分析：选择离子检测。

（3）校准曲线。分别移取 $1\mu L$、$5\mu L$、$10\mu L$、$50\mu L$、$100\mu L$、$500\mu L$ 的工作混合标准使用液（$1\mu g/mL$）于各试管中，再加入 $100\mu L$ 衍生化试剂 BSTFA，在室温下静置 1h，其余同样品预处理。

在 SIM 检测方式下，以标准溶液中目标化合物的峰面积与内标的峰面积比对目标化合物的浓度作图，得到该目标化合物的定量校准曲线。

5. 结果计算

根据样品溶液中目标物与内标物的峰面积比，由定量校正曲线得到样品溶液中化合物的浓度。水样中该化合物的浓度计算公式如下：

$$样品中目标化合物浓度（ng/L）=\frac{测定浓度（ng/mL）\times 衍生化后样品溶液体积（mL）}{水样体积（L）}$$

$$(14-8)$$

14.6.4　气相色谱—质谱法测定水中多氯联苯（PCBs）

多氯联体（polychlorinated biphenyls，PCBs）系一组化学性质极其稳定的氯代烃类化合物。由于其难降解，可通过食物链富集而直接危害人类的健康，已成为全球性的重要污染物之一。多氯联本在环境中很难降解，在水和土壤中存在，且容易在生物体内蓄积产生慢性中毒，人体摄入 0.5～2g/kg 时即出现食欲不振、恶心、头晕、肝肿大等中毒现象。目前，多氯联苯属于世界银行规定的"需要进行评价的有害物质"名单中的有毒物质，也是重要的内分泌干扰物。

1. 方法原理

在酸性条件下，采用固相圆盘对水样中 PCBs 行进富集萃取，并以 GC－MS 测定样品中的 PCBs。

2. 仪器

(1) 固相萃取圆盘及其装置。

(2) 气相色谱—质谱仪，EI 源。

(3) 自动进样器。

3. 试剂

(1) 丙酮，残留农药分析纯。

(2) 正己烷，残留农药分析纯。

(3) 甲醇，残留农药分析纯级。

(4) 乙酸乙酯，残留农药分析纯。

(5) 二氯甲烷，残留农药分析纯。

(6) 无水硫酸钠，分析纯（纯度大于 99.0%）。

(7) 氯化钠，优级纯。

(8) 浓盐酸，优级纯。

(9) C_{18}（Octadecyl）固相萃取用圆盘，直径为 47mm。

(10) 多氯联苯标准溶液分别为 Aroclor 1242（$100\mu g/mL$）、1248（$100\mu g/mL$）、254（$100\mu g/mL$）、1260（$100\mu g/mL$）。以上标样配制成 Aroclor1242∶Aroclor 1248∶Aroclor 1254∶Aroclor 1260＝1∶1∶1∶1 混合溶液，总浓度为 $4\mu g/mL$ 为作定性用标准溶液。

4. 步骤

(1) 样品预处理。

1) 活化固相萃取圆盘：圆盘用 5mL 丙酮浸泡，然后抽干；依次加入 1∶1 的二氯甲烷和乙酸乙酯混合溶液、甲醇、纯化水，活化圆盘。

2) 样品萃取：取 2L 水样，用 6mol/L HCl 将 pH 值调至约为 2，再将样品以 200mL/min 速度通过圆盘，通水后依次再用纯化水、30% 的甲醇洗涤圆盘，抽干 30min。将固相萃取圆盘取下，固相萃取装置用丙酮洗涤干燥。然后将固相萃取圆盘复位，用 1∶1 的 CH_2Cl_2 和乙酸乙酯（淋洗液）浸泡圆盘 10min 后，抽真空缓慢淋洗。用一容器收集淋洗液。淋洗液用无水 Na_2SO_4 脱水、过滤，用 N_2 浓缩至 1mL 左右供 GC－MS 分析用。

(2) GC－MS 分析条件

1) 色谱柱：DB₋1 30m×0.32mm，0.25μm。

2) 色谱条件：柱温 110℃（2min）→6℃/min→290℃（5min）。

3) 柱前压 40kPa，载气：氦气，流速 1.7mL/min。

4) 进样口温度 290℃；色谱—质谱接口温度 280℃；无分流进样。

5) 质谱条件：离子源 EI 70eV；定性分析以全扫描方式，扫描范围为 35～

500m/z；定量分析以选择离子检测方式。标准溶液的选择离子色谱图如图 14－4所示。

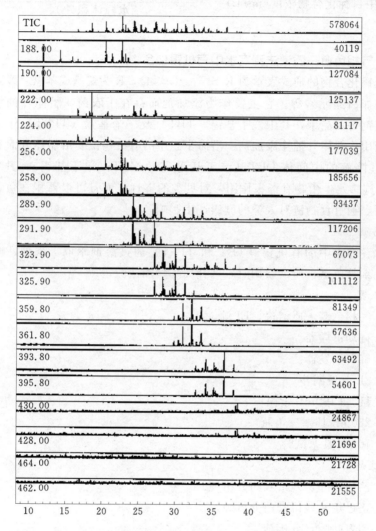

图 14－4　1μg/mL 多氯联苯标准溶液的 GC－MS （TIC 和 SIM）谱图

5. 结果计算

定量方法为外标法，定量校准曲线用标准溶液的浓度分别为 100ng/mL、400ng/mL、1000ng/mL （Aroclor 1242：Aroclor 1248：Aroclor 1254：Aroclor 1260＝1：1：1：1）。在 SIM 检测方式下，以标准溶液中目标化合物的峰面积对该化合物的浓度作图，得到该目标化合物的定量校准曲线。根据样品溶液中目标物的峰面积，由校准曲线得到样品溶液中该化合物的浓度。水样中该化合物的浓度计算公式如下：

$$样品中目标化合物浓度(ng/L)=\frac{测定浓度(ng/mL)×样品溶液体积(mL)}{水样体积(L)}$$

(14-9)

14.6.5　气相色谱—质谱法测定水中有机锡化合物

有机锡化合物的通式表示为 $R_nS_nX_{4-n}(n\leqslant4)$，R 为烷基或苯基，X 可以是其他官能团如卤族元素等。它主要作为添加剂而存在于农药、船体外油漆、PVC 塑料稳定剂等商品中，其中三丁基锡（TBT）及三苯基锡（TPhT）作为防生物附着剂而用作船体外油漆添加剂。沿海生态中的有机锡主要由船体外涂料释放的 TBT 及其降解的中间体 DBT（二丁基锡）与 MBT（单丁基锡），其中 TBT、TPhT 对许多水生生物有毒害作用，对贝类的毒性强而且可以蓄积在鱼、贝类等生物体中，通过食物链对人类的健康产生影响。

1. 方法原理

淡水、海水中的有机锡（TBT 和 TPhT）通过溶剂萃取、浓缩、净化分离后，用毛细管色谱—质谱联用时，选择离子检测法测定。

2. 仪器

(1) 气相色谱—质谱仪，EI 源。

(2) 自动进样器。

(3) 旋转蒸发器。

(4) 2L 分液漏斗。

(5) 1L 和 100mL 量筒。

(6) 250mL 具塞三角瓶。

(7) 10mL 具塞试管。

3. 试剂

(1) 乙酸乙酯，残留农药分析纯。

(2) 正己烷，残留农药分析纯。

(3) 四氢呋喃，分析纯。

(4) 盐酸，优级纯。

(5) 甲醇，优级纯。

(6) 氯化钠，优级纯。

(7) 浓硫酸，优级纯。

(8) 无水硫酸钠，分析纯。

(9) 佛罗里硅土小柱（Sep—PaK Plus Florisil cartridge）。

(10) 格氏试剂，2mol/L 正丙基溴化镁的四氢呋喃溶液；混合试剂，乙酸乙酯—正己烷（3∶2）。

（11）三丁基和三苯基锡氯化物标准贮备液：准确称取 10mg 于 10mL 容量瓶中，加入正己烷溶解并定容（浓度为 1mg/mL）。

（12）三戊基锡的氯化物（回收率指示物）标准贮备液：准确称取 10mg 于 10mL 容量瓶中，加入正己烷溶解并定容（浓度为 1mg/mL），逐级稀释至 20μg/mL。

（13）四丁基锡（内标）标准贮备液：准确称取 10mg 于 10mL 容量瓶中，加入正己烷溶解并定容（浓度为 1mg/mL），逐级稀释至 20μg/mL。

4. 分析步骤

（1）样品预处理。用 1L 量筒量取 1L 水样，加入 100μL 回收率指示物（20μg/mL 三戊基锡氯化物，简称 TPeT）、20mL 6mol/L 盐酸、100g 干燥的氯化钠，充分振荡使氯化钠完全溶解后，再加入 100mL 乙酸乙酯—正己烷的混合溶剂（3∶2）萃取。振荡 10min，静置使两相充分分离，收集有机相到 250mL 具塞三角瓶中，水相重复萃取一次，合并有机相，加入无水硫酸钠脱水后过滤。有机相用旋转蒸发器浓缩约至 1mL 再后加入 100mL 正己烷，再减压浓缩到 1mL 左右。

丙基衍生化：在装有浓缩液的棕色样品瓶中加入 500μL 四呋氢喃和 1mL Grignard 剂试（正丙基溴化镁），在室温静置使之反应 30min 之后，将样品瓶置于碎冰块中，向其中缓慢加入 5mL 0.5mol/L 硫酸，分解过量的格氏试剂。用 2mL 正己烷萃取，取上层有机相，重复萃取两次并合并有机相，用 3mL 纯净水洗涤有机相，经无水硫酸钠脱水后，过滤，再浓缩至约 1mL，经佛罗里硅土小柱净化，用 10mL 正己烷洗涤。通氮气吹脱溶剂，浓缩至约 1mL，加入 100μL 内标（20μg/mL 四丁基锡，简称 TeBT），后，用正己烷定容至 2mL 供 GC－MS 分析。

（2）外标溶液配制和衍生化。用标准贮备液配制外标混合溶液的浓度分别为 0.02μg/mL、0.1μg/mL、0.2μg/mL、1.0μg/mL 和 2μg/mL，其中三戊基锡氯化物的浓度为 2μg/mL，取 1mL 上述溶液按前述步骤分别进行丙基衍生化，与样品预处理相同，最后加入 100μL 内标溶液（20μg/mL 的 TeBT），定容至 2mL，最终溶液浓度分别为 0.01μg/mL、0.05μg/mL、0.1μg/mL、0.5μg/mL 和 1μg/mL。

（3）GC－MS 分析。

1）色谱柱：DB–1 30m×0.32mm，0.25μm。

2）色谱条件：柱温 50℃（2min）→20℃/min→140℃，再以 7℃/min→220℃，最后以 5℃/min→310℃（6min）。

3）进样口温度：280℃；接口温度：290℃；不分流进样，进样时间：2min。

4）质谱条件：EI 源，70eV。

5）定性分析：全扫描方式，质量范围 35～450amu；定量分析：选择离子检测。

6）检测离子：四丁基锡（TeBT）291，289；三戊基锡（TPeT）305，303；三丁基锡（TBT）277，291；三苯基锡（TPT）351，349；选择离子检测质谱图如图 14-5 所示。

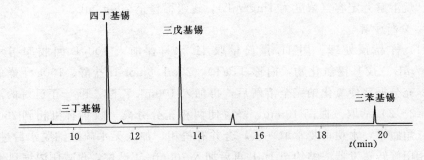

图 14-5　250ng/mL 有机锡标准溶液的 GC-MS/SIM 谱图

第15章 红外光谱法

15.1 概述

利用物质的分子对红外辐射的吸收，得到与分子结构相应的红外光谱图，依此来鉴别分子结构或定量的方法，称为红外光谱法（Infrared Spectroscopy，IR）。

1800 年，英国物理学家赫谢尔（Herschel）发现了红外发辐射。但由于当时对它的检测比较困难，所以一直没能得到较快的发展。随着世界科学技术的不断进步，在 20 世纪初，红外光谱也得到了开拓性的发展。

1905 年，库柏伦茨（Coblentz）测得了 128 有种机化合物和无机化合物的红外光谱，并且发现了某些吸收谱带与分子基团之间存在着相互关系。此时红外光谱在科学界的价值开始引起人们的极大关注。

20 世纪 30 年代，光的二象性、量子力学及科学技术的发展，为红外光谱的理论及技术的发展奠定了重要的基础。不少学者对大多数化合物的红外光谱进行了理论上的研究和归纳、总结，用振动理论进行一系列键长、键力、能级的计算，使红外光谱理论日臻完善和成熟。

20 世纪中期以后，在化学领域已开展了大量的红外光谱研究，积累了丰富的资料，收集了大量纯物质的标准红外光谱图，理论更加完善，红外光谱的研究热点集中到了仪器及实验技术上。

20 世纪 40 年代，第一代红外光谱仪的问世使红外分析技术进入了实用阶段。它以棱镜作为单色器，但由于所用的棱镜材料（NaCl、KBr 等）折射率随温度而改变，且分辨率低，对环境要求苛刻，这种仪器已经被淘汰。

20 世纪 60 年代，第二代红外光谱仪采用光栅做单色器，分辨率有了很大的提高。但它仍是色散型的仪器，由于分辨率、灵敏度还不够理想，扫描速度慢等缺点，目前大多数厂家已停止生产。

20 世纪 70 年代后期发展起来的傅里叶变换红外光谱仪是第三代仪器。它在性能上得到极大提高，应用领域也大大扩展。现在红外光谱仪还能与其他分析仪器，如 GC、HPLC、SFC、TGA 等联用，更扩大了其使用范围。采用计算机存贮及检索光谱，使分析更为方便、快捷。近年发展起来的原位红外光谱技术，更加扩展了红外光谱的应用领域。目前红外光谱分析技术是有机物结构分析的主要手段之一。

15.1.1　红外光谱法的特点

红外光谱法的特点如下：

（1）结构信息显示丰富。气态、液态和固态试样均可进行红外光谱测定。红外吸收光谱最适于进行有机物的结构分析。因为分子中的原子组成、空间分布和化学键的特性等分子特征是分子振动、转动的决定因素。而多原子分子的振动类型较多，振动的频率特征受分子内微环境的影响大，因此其红外吸收光谱包含了极为丰富的分子结构和组成的信息。

（2）分析速度快。红外光谱分析消耗样品量少、不需破坏试样。几乎所有的有机化合物在红外光区均有吸收。红外吸收谱带的波数位置、波峰的数目及其强度，反映了分子结构上的特点，可以用来鉴定未知物的分子结构组成或确定其化学基团，而吸收谱带的吸收强度与分子组成或其化学基团的含量有关，可用做定量分析和定性分析。

由于振动和转动的能级范围小，光谱的谱带范围较窄、特征性强、吸收峰比较尖锐、吸收强度小。针对特殊试样的要求，发展了多种测量新技术，如光声光谱（PAS）、衰减反射光谱（ATR）、漫反射、红外显微镜等。

15.1.2　红外光谱的谱区范围

红外光谱又称为分子振动—转动光谱，主要来源于分子振动（分子内部原子间的相对振动）和分子转动；吸收的信号是红外光，其波长区间为 $0.8 \sim 1000 \mu m$，波数为 $12500 \sim 10 cm^{-1}$，光量子的能量范围为 $(1.55 \sim 1.24) \times 10^{-3}$ eV。该谱区范围宽、容纳的信息量多。就像人的指纹一样，每一种化合物都有自己的特征红外光谱，所以把红外光谱分析形象地称为物质分子的"指纹"分析。

15.1.3　红外光谱区的划分

根据仪器技术与应用上的差别，红外光谱区常分为三区：近红外谱区、中红外谱区及远红外谱区。

（1）近红外谱区。$0.8 \sim 2.5 \mu m (12820 \sim 4000 cm^{-1})$，分子对近红外区的吸收主要由某些能量较低的电子跃迁所产生的，也包括某些含氢原子的基团（如 C—H、N—H、O—H）振动能态跃迁的倍频和合频吸收。利用这一谱区的光谱，结合计算机的数据处理，可以用来直接分析谷物等样品中蛋白质、水分、脂肪、淀粉以及氨基酸等的含量，这种技术近十几年有很大的发展。

（2）中红外谱区。$2.5 \sim 25 \mu m (4000 \sim 400 cm^{-1})$，中红外谱区是物质结构分析中应用最多的谱区，绝大多数有机和无机物的振动能级跃迁的基频吸收都在此谱区内。

（3）远红外谱区。$25\sim1000\mu m（400\sim33cm^{-1}）$，远红外谱区光子能量较低，物质对远红外区吸收主要是能级间距小的一些振动和气体分子的纯转动能级跃迁。对光源与检测器的要求较高，对远红外谱区的研究和应用不如中红外区深入和广泛。

15.2 红外光谱法的原理

15.2.1 红外光谱的产生

红外光谱是分子振动能级的跃迁，同时伴随转动能级跃迁而产生的，因此，红外光谱的吸收峰是有一定宽度的吸收带。

用一定频率的红外线照射分子时，如果分子中某一个键的振动频率和红外线的频率相同，这个键就可吸收红外线而增加能量，键的振动加强。若连续改变红外线的频率，则通过样品的红外线部分能量被吸收，使有些区域的光吸收较多，有些区域吸收较少，即可产生红外吸收光谱。

红外光谱产生的条件。物质吸收红外光必须同时满足两个条件：①某红外线具有刚好能满足物质振动能级跃迁时所需的能量；②辐射与物质之间有偶合作用。

为满足此条件，分子的振动必须引起分子偶极矩的净变化。红外跃迁是偶极矩诱导的，即能量转移的机制是通过振动过程所导致的偶极矩的变化和交变的电磁场相互作用而发生的。因为分子中的原子组成和结构的不同，其分子内的振动特性也不同，吸收的红外光谱亦不同，谱图中的吸收峰与分子中各基团的振动特性相对应，所以可利用红外吸收光谱确定化学基团、鉴定未知物的结构。

15.2.2 分子的振动形式

1. 双原子分子的振动

分子中的两个原子通过键合力连接在一起，该价键具有一定的弹性范围（即两原子间的距离随共用电子绕其运动时的距离远近而变，与电子的能量状态或价键的能量状态有关），因此根据虎克定律可得到两原子间振动的固有频率：

$$v_m=\frac{1}{2\pi c}\sqrt{\frac{k}{\mu}} \tag{15-1}$$

式中　v_m——振动频率，Hz；

　　k——分子内两原子之间的键力，N/cm；

　　μ——两原子的折合质量，$\mu=(m_1^{-1}+m_2^{-1})^{-1}$。

因为共振作用，它可吸收振动频率与其相符的振动能量，共振频率相同的电磁波。其能量为：

$$E = h\upsilon = h\upsilon_m = h \times \frac{1}{2\pi c}\sqrt{\frac{k}{\mu}} \qquad (15-2)$$

代入普朗克常数 h 及 π、c 的常数；则 $E = 0.16\sqrt{\frac{k}{\mu}}$，eV；一般有机分子的 k 值范围为 $4 \sim 18\text{N/cm}$，μ 为原子量单位（正常的两原子量的折合质量），光谱范围在中红外区。

2. 多原子分子的振动

双原子分子的振动只有伸缩振动（键长变化），多原子分子的振动除伸缩振动外，还有弯曲振动（键角变化）。

（1）伸缩振动。原子沿键轴方向伸缩，键长发生变化而键角不变的振动称为伸缩振动，包括对称伸缩（价键同时伸长或缩短）和不对称伸缩（有的价键伸长，有的缩短）。对于同一基团，不对称伸缩振动的频率要稍高于对称伸缩振动。

（2）弯曲振动（变形振动或变角振动）。基团键角发生周期变化而键长不发生变化的振动称为弯曲振动，包括面内弯曲和面外弯曲。面内弯曲又分为剪式振动和面内摇动（同向移动），面外弯曲又分为面外摇摆和扭曲振动。

（3）合频吸收。当电磁波的能量正好等于两个基频跃迁的能量总和时，可同时激发两个基频振动从基态到激发态，即 $\upsilon = \upsilon_1 + \upsilon_2$，这种吸收称为合频，合频吸收峰强度比倍频更弱。

（4）差频吸收。当电磁辐射能量等于两个基频跃迁能量之差时，也可能产生两个基频频率之差的吸收，即 $\upsilon = \upsilon_1 - \upsilon_2$，这种吸收称为差频。差频的吸收过程是一个振动状态，由基态跃迁到激发态，同时另一个由激发态跃迁到基态。由于激发态分子很少，所以差频吸收比合频更弱。合频和差频统称为组合频。

（5）倍频吸收。分子吸收光的频率等于基本振动特征频率 υ 的两倍或几倍。也就是说，在红外光谱中，振动跃迁从基态到第二激发态（$\upsilon = 2$）的吸收频率称为倍频。倍频吸收峰称为倍频峰，倍频峰的强度较弱。

倍频、合频、差频又统称为泛频。泛频谱带一般较弱，且多数出现在近红外区，但它们的存在增加了红外光谱鉴别分子结构的特征性。含氧原子的基团易产生泛频峰。

（6）基频谱带是指红外光谱中由振动基态跃迁到第一振动激发态所产生的吸收光谱带。有机分子的基频谱带主要分布在中红外谱区。

3. 简正振动

多原子分子的基本振动称为简正振动。分子的实际振动是各种简正振动的叠加，也称为简正振动的线性组合。N 个原子组成的分子有 $3N$ 个自由度，相当于 $3N$ 种基本振动。非线性分子与红外光谱吸收有关的简正振动有 $3N-6$ 种；线性分子与红外光谱吸收有关的简正振动有 $3N-5$ 种。

每种简正振动对应一种基频谱带。红外光谱中基频谱带数等于或小于简正振动数（简正振动中某些振动不伴有电偶极矩变化，就没有相应的红外谱带）。分子的对称性越高，会使某些简正振动具有相同的频率，从而使振动状态简正越多，红外光谱中基频谱的带数越少。

15.2.3 基团频率与谱带强度

基团频率与谱带强度的定义：化合物中的某些基团的吸收频率比较稳定，受分子中其他部分振动的影响较小，该特定基团的这种吸收频率就称为基团频率。

基团频率有：①折合质量较小的基团，主要是含氢原子的基团。如 OH、NH、CH 等的伸缩振动，振幅大，振动频率受其他基团影响较小。②基团（$C\equiv C$、$C=C$、$C=O$）等三键与双键的力常数很大，也为孤立振动。基团频率都处于中红外区的高频部分，分析中最常见的基团频率主要在 $1500\sim4000cm^{-1}$ 区内，称该区为特征区。

（2）谱带强度。红外光谱的吸收强度决定于对应的分子振动时电偶极振动的振幅。一般情况下，基频吸收较强，倍频吸收弱；极性基团（O—H、$C=O$、N—H 等）的吸收较强，非极性基团（C—C、$C=C$ 等）的吸收弱。分子对称时的吸收弱。

15.2.4 基团结构与红外光谱

有机分子中的基团结构，影响原子之间的相互作用力，从而对其振动的频率产生影响。包括力的相互作用和电荷的相互作用。

1. 基团结构与价键力的相互作用

基团中价键力的相互作用包括振动偶合、键应力、分子缔合等。

（1）振动的偶合。分子中两个相连的键的振动相互作用，失掉原来单个键的特征，产生混合的振动频率，称为振动的偶合。偶合的结果是一个振动频率变大，而另一个变小，并在原有振动的频率对应谱带的两侧各产生高频与低频的新谱带。

如 CO_2 分子中有两个 $C=C$ 双键共用一个碳原子，其原有振动频率为 $1700cm^{-1}$ 左右，在 CO_2 子分中由于其偶合作用，产生 $1388cm^{-1}$ 和 $2349cm^{-1}$ 两条新谱带。如 H_2O 的 O—H 基共用一个氧原子，由于振动的偶合，在原 OH 谱带 $3700cm^{-1}$ 附近，分裂成 $3650cm^{-1}$ 和 $3760cm^{-1}$ 两条新谱带。

在伸缩振动和弯曲振动之间也可发生振动的偶合。如一 COOH 中 C—O 键和 O—H 键共用一个氧原子，C—O 键的伸缩振动和 O—H 键的弯曲振动的频率都在 $1300cm^{-1}$ 附近，产生振动偶合后，原有 $1300cm^{-1}$ 谱带分裂成 $1420cm^{-1}$ 和

$1250cm^{-1}$ 两条谱带，表现为羧基的特征吸收区。

基频和倍频振动之间也可发生振动偶合。如一CHO基中的C—H弯曲振动的二倍频与C—H伸缩振动之间发生振动偶合，在 $2700cm^{-1}$ 和 $2800cm^{-1}$ 附近产生两条新谱带，表现为醛基的特征吸收。

（2）键的应力。由于邻近其他原子或基团对价键的应力不同，而影响基团的振动频率。如自由碳原子上的羰基振动频率为 $1715cm^{-1}$，五碳环和四碳环上的羰基由于应力的作用，其伸缩振动频率分别为 $1745cm^{-1}$ 和 $1784cm^{-1}$。

（3）缔合作用。基团通过氢键的缔合作用，使分子变大，从而使振动的频率下降。液态或固态醇类物质 $3500cm^{-1}$ 的一OH吸收峰展宽就是这个原因。

2. 基团结构与电荷的相互作用

基团与其他的亲电子基团或斥电子基团连接，由于其对电荷的吸引或供给而使价键的振动频率发生改变。表现为诱导效应、中介效应和共轭效应。下面以C＝O为例介绍这三种效应。

（1）诱导效应（I效应）。C＝O是极性双键，由于氧原子极性大，该键电偶极较大，影响了双键的强度。若该键的碳原子与电负性较强的原子相连，由于其对电荷的诱导（吸引），使C＝O间电偶极变小，即极性变小，增加了双键性，键的强度增强，键的力常数 k 变大，振动频率 v 增大。

$$
\begin{array}{ccccc}
\text{O} & \text{O} & \text{O} & \text{O} & \text{O} \\
\parallel & \parallel & \parallel & \parallel & \parallel \\
\text{R—C—R} & \text{R—C—Cl} & \text{Cl—C—Cl} & \text{Cl—C—F} & \text{F—C—F} \\
1715cm^{-1} & 1780cm^{-1} & 1827cm^{-1} & 1876cm^{-1} & 1942cm^{-1}
\end{array}
$$

如上列五种分子从左至右，随碳原子附近原子的电负性增强，分子的振动频率逐渐增大。

（2）中介效应（M效应）。在C＝O双键中的碳原子与带孤对电子的原子（为斥电子基团）相连，使双键的电子云向O偏移；C＝O双键性共价变弱，键的强度下降，k 值变小，振动频率下降。一般分子中的诱导效应和中介效应同时存在。

（3）共轭效应（C效应）。双键发生共轭后，键能降低，振动频率下降。C＝C双键的振动频率为 $1690cm^{-1}$，形成共轭双键后，如苯的共轭C＝C的振动频率为 $1650cm^{-1}\sim1450cm^{-1}$。

15.2.5 有机物红外吸收光谱的解析

1. 红外光谱图

当待测物质受到频率连续变化的红外光照射时，分子吸收某些频率的辐射，产生分子振动能级和转动能级，从基态到激发态的跃迁，使相应于这些吸收区域的透射光强度减弱。记录红外光的透光率与波数或波长的关系曲线，就得到红外光谱图。红外光谱图常以物质的红外光百分透过率（$T\%$）或吸光度为纵坐标，波长或波数为横坐标，组成图谱。

红外光谱能够用来鉴定纯物质、官能团或有关化合物的结构。在有机化学领域中应用很广泛。在无机化学领域中的应用受到一定限制，主要是水作为无机溶剂，对红外光具有强烈的吸收，干扰测定。其次是一般无机物的吸收光谱带太宽，不利于应用。有机物的红外吸收光谱主要在 $400\sim4000\text{cm}^{-1}$ 的中红外区域，根据分子中基团的红外光谱特性，常划分为特征区和指纹区两部分。

2. 特征区

分子的特征吸收峰是指能表示分子特征的、代表某基团存在并有较高强度的吸收峰。有机分子常见的基团频率在本区，区域范围为 $4000\sim1500\text{cm}^{-1}$。根据基团频率的类型，本区可进一步划分为三个亚区。

（1）X—H 伸缩振动区。为 $4000\sim2300\text{cm}^{-1}$，O—H、N—H、C—H、S—H、P—H 等均在此区分布。一般不饱和烃的 $v_{\text{C—H}}$ 高于 3000cm^{-1}，饱和烃的 $v_{\text{C—H}}$ 低于 3000cm^{-1}。

（2）三键与聚集双键伸缩振动区。为 $2300\sim2000\text{cm}^{-1}$，C≡C、C≡N、C=C=C、N=C=O 等均在此区有特征谱带。

（3）双键伸缩振动区。为 $2000\sim1500\text{cm}^{-1}$，C=C、C=O 等均在此区有特征吸收带。

3. 指纹区

该区域的振动类型为基团频率之外的其他类型振动，如键的骨架振动，因折合质量较大，k 值较小，振动的频率较低；弯曲振动因为受到键的约束作用小，相应的 k 值也小，振动的频率也较低。本区域内振动类型复杂且重叠，谱带位置变动很大，基团特征性较差，它受分子结构的影响十分敏感，任何细致的结构差别都会引起光谱明显改变，如同人的指纹一样，很少有两个化合物指纹区的吸收峰完全相同，称为指纹区。区域范围为 $1500\sim400\text{cm}^{-1}$。

指纹区常用来分析分子中有关基团所处的环境（位置），或比较化合物的同一性和鉴定同分异构体等。指纹区也可分为三区。

（1）$1500\sim1300\text{cm}^{-1}$。C—H 的剪式振动，面外弯曲振动吸收在此区。

（2）$1300\sim900\text{cm}^{-1}$。大多数单键伸缩振动与骨架振动以及某些含氢基团的弯曲振动在此区，分子的结构信息十分丰富。

（3）$900\sim400\text{cm}^{-1}$。C—H 的面内弯曲振动与苯环上氢原子的面外弯曲振动吸收在此区，是判断链的长短与苯环被取代状况的重要区域。

4. 有机物红外光谱的解析步骤

红外图谱解析是指分析并确定待测样品红外谱区吸收带的归属，以便根据谱图确定分子的结构。解析红外光谱的一般步骤如下：

（1）确定待测样品的纯度或通过色谱等分离手段将样品提纯；并用化学方法了解样品的化学组成，最好能确定其化学式，并尽可能了解样品的物理化学性质，如溶解性、沸点等。

（2）如果待测样品的化学式已知，可计算其不饱和度。就是分子中含双键数目 n。$n = n_4 + 1 - [(n_1 - n_3)/2]$，式中，$n_4$、$n_1$、$n_3$ 分别为分子中四价、一价、三价原子的数目。如苯环是闭合的环状结构，应算为含四个双键，三键相当两个双键。

（3）根据待测样品红外光谱的特征区，大致确定样品分子中含什么基团及其基本骨架。

（4）根据红外光谱的指纹区进一步确定骨架上被取代的情况和基团的位置，从而大体可推测待测样品分子的类型。

（5）把样品的物理化学性质和上述推测的结果相比是否吻合，若结构还不能确定，则需用其他分析手段对样品作进一步的分析，如质谱、^{13}C—NMR 和 ^{1}H—NMR 谱等。

15.3　红外光谱仪

红外分光光度计分为色散型和干涉型。色散型又有棱镜分光型和光栅分光型，干涉型为傅里叶变换红外光谱仪。

15.3.1　色散型红外吸收光谱仪

1. 色散型红外吸收光谱仪的基本原理

色散型红外分光光度计光路排列的次序通常是：光源→样品池→单色器→检测器。因为任何物体只要不在绝对零度，都会产生红外辐射。如将单色器放置在样品之前，则样品自身产生的红外辐射直接被检测，造成很强的分析背景，影响测定。红外分光光度计都是双光束型仪器，如图 15-1 所示。来自光源的光被分成两个强度相同的光束，经过旋转反射镜和光断续器，使参比光束和样品光束的光交替进入单色器的入射狭缝。当这两束光的强度不相等时，将在检测器上产生与光强度差成正比的交流电压信号。该信号经放大后驱动减光器电机，通过减光器（光楔、光梳、参比衰减器）的进入或退出参比光束，以使其重新达到平衡。参比光束被减光器消减的能量就是样品所吸收的能量。因此，只要记录仪上的记录笔与减光器同步运动，即可直接记录下样品的吸收百分率。该方法的优点是光源的光强变化不影响吸收测定。

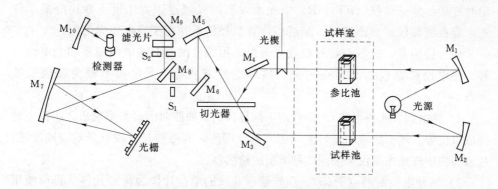

图 15-1 色散型双光束红外光谱仪的光路图

2. 散色型红外吸收光谱仪的基本结构

色散型红外吸收光谱仪的结构与紫外—可见分光光度计类似，也是由光源、样品池、单色器、检测器和记录系统等部分组成。

（1）光源。一般采用电加热后能发射高强度连续红外光的惰性固体作光源（如表 15-1 所示），常用的有能斯特（Nernst）灯和碳化硅棒。

表 15-1 红外分光光度计常用的光源

光源名称	波数范围 （cm^{-1}）	工作温度 （℃）	寿命 （h）	结　构
能斯特灯	5000～400	1300～1700	2000	氧化锆、氧化钍（ZrO_2、ThO_2）烧制的直径 1～2mm、长度 25mm 的棒
硅碳棒	5000～400	1200～1500	1000	碳硅（SiC）烧制的两端粗、中间细的实心棒
镍铬丝螺管	5000～200	1100		陶瓷棒（φ3.5mm），外绕 25～30mm 的镍铬丝

（2）样品池。红外光谱仪能测定固体、液体和气体样品。气体样品一般注入抽成真空的气体吸收池进行测定；液体样品滴在可拆池两窗之间形成薄的液膜进行测定；溶液样品一般注入液体吸收池进行测定；固体样品常用压片法进行测定。由于玻璃和石英对红外光有明显吸收，因此红外分光光度计使用能透过红外光的 NaCl、KBr、CsI、KRS-5（TlI 58%，TlBr 42%）等透光材料作样品池的窗片。用 NaCl、KBr、CsI 等材料制成的窗片，应注意防潮。

（3）单色器。一般由色散元件、准直镜和狭缝组成。单色器是红外光谱仪的心脏，其作用是把进入狭缝的复合光色散为单色光。复制的闪耀光栅是常用的色散元件，它的分辨率高，易于维护。狭缝的宽度可控制单色光的纯度和强度。傅里叶变换红外光谱仪（FT－IR）由光源发出的光经过迈克尔逊干涉仪变成干涉光，经检测器仅获得干涉图，最后用计算机经傅里叶变换成红外光谱图。

（4）检测器。色散型红外吸收光谱仪常用的检测器有热电检测器和光电检测器。热电检测器包括真空热电偶、热释电检测器等，光电检测器为碲镉汞检测器。

1）热电偶（或热电堆）。是利用不同导体构成回路时的温差电现象，将温差转变成电位势。属于热检测器，使用的波数范围广，寿命较长。缺点是响应速度慢，色散型的中红外光谱仪常采用此种类型的检测器。

2）热释电检测器（TGS）。用硫酸三苷钛的单晶片作为检测元件。目前使用最广的晶体材料是氘化了的 DTGS，居里点温度 62℃，热电系数小于 TGS。

3）碲镉汞检测器（MCT 检测器）。由宽频带的半导体碲化镉和半金属化合物碲化汞混合形成，可获得测量波段不同、灵敏度各异的各种 MCT 检测器，适合傅里叶变换红外光谱仪。

（5）记录系统。一般的红外光谱仪都有记录仪自动记录谱图，现代的仪器还配有微机处理系统，可控制仪器自动操作、谱图中各种参数设置、谱图的检索等。

15.3.2 傅里叶变换红外光谱仪

傅里叶变换红外光谱仪（fourier transform infrared spectrometer，FT－IR）是利用一个迈克尔逊（Michelson）干涉仪获得入射光的干涉图，再通过数学运算（傅里叶变换）将干涉图变成红外光谱图。

（1）傅里叶变换红外光谱仪主要结构。傅里叶变换红外光谱仪主要由光源（硅碳棒、高压汞灯等）、干涉仪、检测器、计算机和记录装置等组成，如图15－2所示。傅里叶变换红外光谱仪的核心部分是 Michelson 干涉仪。

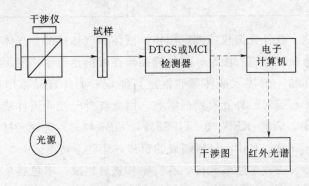

图 15－2　傅里叶变换红外光谱仪工作原理示意图

（2）傅里叶变换红外光谱仪工作原理。如图 15－3 所示，从光源发出的光经准直镜后变为平行光，平行光被分束器分成两路，分别到达固定平面反光镜和移动反光镜，经原路返回后产生干涉光，干涉光被样品吸收后，再由接收器（检测器）接收。在连续改变光路差的同时，记录吸收后中央干涉条纹的光强变化，即得到含有光谱信息的干涉图。经计算机进行快速傅里叶变换，再转变为随频率（波数）而变化的普通红外光谱图。

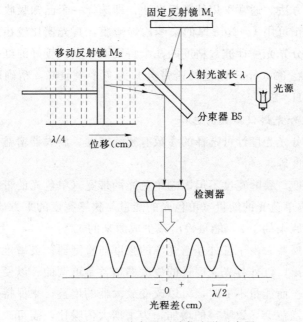

图 15 - 3　迈克尔逊干涉仪光学示意图

（3）傅里叶变换红外光谱仪的基本特点：

1）测量速度快。FT－IR 的分析光通过迈克尔逊干涉仪的干涉，每个时刻都可得到分析光中全部波长成分的信息，属于信息的多通道传输，扫描速度快（可在 1s 内完成全波段范围的扫描，色散型红外光谱仪最快需 3～5min）。

2）分辨率高。波数精度高达 $0.01cm^{-1}$，分辨率达 $0.1～0.005cm^{-1}$。

3）灵敏度高。由于傅里叶变换光谱仪没有狭缝和单色器，反射镜面又大，因此到达检测器上的能量大，可以检出 $10^{-9}～10^{-12}g$ 数量级的样品。

4）精确度高。重复性可达 0.1%，而杂散光小于 0.01%。

5）光谱范围宽。改变分束器和光源，可测量 $10000～10cm^{-1}$ 红外光谱。

15.4　红外光谱分析方法的构建

15.4.1　红外吸收光谱仪的校正

红外光谱分析应先进行仪器的校正，并选择适当的测定参数，制各好样品之后，然后再进行测定。

1. 色散型红外光谱仪的校正

（1）校正指标。主要进行波数的校正，波数校正最为重要的是波数精度与分辨率的校正。光度计的校正还有能量的检测，以及检测仪的噪声，基线的平坦度等。

（2）校正的方法。通常采用外部标准法，即选择一个已知吸收或发射光谱的样品，普通的校正可用 $1\sim2\mu m$ 厚的聚苯乙烯薄膜，其光谱比较稳定，与标准光谱比较，来检查分光光度计波数精度的几个特征波数点。较好的红外分光光度计应能把聚苯乙烯在 $3000cm^{-1}$ 附近的谱带分开为 7 个吸收峰，精确的校正必须用气体光谱，如 NH_3 等。

2. 色散型红外光谱仪参数的选择

色散型红外分光光度计可选择的参数有狭缝宽度、放大器增益、光谱仪的响应速度与扫描速度等。

（1）狭缝宽度。狭缝宽度不但影响单色光的带宽（单色光的带宽和狭缝宽成正比），而且影响单色光的能量（单色光的能量与狭缝宽度的平方成正比）。单色光带宽若降低为原来的 $1/2$，能量输出减少成原来的 $1/4$。

（2）放大器增益。由于红外光谱光源的强度与检测器的灵敏度较低，为了得到足够的能量输出，红外分光光度计的放大器增益是可调的，以便当分析测量要求窄带的单色光。而能量不够时，可以改变放大器的增益，来保持信号输出的强度。提高放大器增益会导致噪声的增加，为了增大信噪比，需可改变仪器的响应时间（所谓响应时间是指输入信号发生变化时，分光光度计达到稳定输出所需要的时间）；信噪比和响应时间应增加到原来的 4 倍。

（3）响应时间。响应时间的快慢会影响记录仪记录信号的速度与记录质量。响应时间过慢使记录仪记录信号的速度跟不上输入信号的变化，造成记录的信号失真，如样品峰展宽、谱峰的位置改变，造成跟踪误差。为了减少和避免跟踪误差，必须降低扫描速度。其对应关系为：红外吸收光谱分析时，若要保持图谱信噪比的条件下把分辨率提高 1 倍，需把狭缝宽度降为 $1/2$，同时，把放大器增益提高 4 倍，响应时间与扫描时间增加到原来的 16 倍。

15.4.2　测试样品的制备

在红外光谱法中，试样的制备及处理占有重要的地位。若试样处理不当，即使仪器的性能很好，也不能得到满意的红外光谱图。

红外光谱法测定对分析样品的要求有以下两点：

（1）样品必须干燥不含水分（包括游离水和结晶水）。由于水本身有红外吸收，会干扰样品分子中羟基的测定，此外水还会腐蚀吸收池的盐窗，所以在测定之前必须设法除掉样品中的水分。

（2）样品应是单一组分的纯物质，其纯度应大于 98%。对于含有未反应物、副产物、溶剂等杂质的被分析样品，在测之前必须采用薄层色谱、萃取、蒸馏等步骤进行分离后，再进行测定。如果样品中含有少量的无机盐对红外光谱的影响不会太大。

试样的制备，应根据其聚集状态选择适当的制样方法。红外吸收光谱的样品可以是气态、液态和固态。

（1）气态样品制备。用 KBr 或 NaCl 等透红外的材料为窗片的气体样品池。气体的内部压力会使吸收峰增宽，因此作高分辨图谱时应保持样品在低压条件下，进行测量，这就要求气体池有优良的密封性。气体样品制备要用真空装置先把空气抽尽后再引入气体样品。

（2）液态样品制备。用透红外材料的液体样品池。注意样品中不能含有水，否则将使窗片损坏，水的强吸收也干扰测定。

1）液体池法。沸点较低、挥发性较大的试样，可注入封闭液体池中。液层厚度一般为 $0.01 \sim 1.0$ nm。

2）液膜法。沸点较高的试样，直接滴在两块盐片之间，形成液膜进行测定。

（3）固体样品制备。采用的方法有压片法、调糊法、粉末法及薄膜法。

1）压片法。将光谱纯的溴化钾在 200℃下干燥约 3h，磨成粒度 $<2\mu m$ 的粉末。将样品与溴化钾按（1∶100）～（1∶200）的比例混合后，继续碾磨至样品的粒度 $<2\mu m$。取混合物 $200 \sim 300$ mg，在特制模具内分布均匀。在低真空、约 $8tf/cm^2$（$1tf/cm^2 = 98.0665$ MPa）的压力、5min 的条件下的，压制成透明的薄膜。注意：样品的粒度应小于 $2\mu m$，以免对红外光造成散射。磨细过程中溴化钾会吸收水汽，而使 $3500cm^{-1}$ 处出现水的吸收峰。常用的固体溶剂还有氯化钾、碘化钾、氯化钠等。

2）调糊法。将数毫克样品放于玛瑙研钵中磨细到直径为 $2.5\mu m$ 下以，然后加几滴溶剂，继续碾磨至糊状。将此糊状物加在两片盐板的中间作样品，并用等厚度的溶剂为参比即可。常用溶剂有液体石蜡和六氯丁二烯，二者的吸收峰在相同的波数下不相互重叠，一种干扰时可改用另一种。

3）粉末法。将固体样品磨细到直径 $2\mu m$ 以下，加人易挥发的液体，使之形成悬浮液。将悬浮液滴于可拆式的液体样品槽的窗面上，溶剂挥发后，形成一层均匀的样品薄膜，即可测定。

4）薄膜法。对于易加热熔融的样品，加热熔融后涂制成膜或压制成膜。

被测样品制样方法的选择：

一个要做红外分析的样品，究竟采用哪一种制样方法比较合适，有时可根据被测样品的特性来选择。对液体样品可根据其沸点、黏度、透明度、吸湿性、挥发性以及溶解性等因素来决定。如沸点较低，挥发性大的液体样品只能用密封吸收池制样。样品制备方法的选择，有时并不是根据上述样品特性，而是根据实验目的进行选用。如为了判断被测样品中是否含有羟基，采用溴化钾压片法制样，就会出现溴化钾吸湿引起的水峰干扰，因此应避免采用压片法；如果想获得碳氢信息时，就绝对不能使用石蜡油糊状法。由此可见由实验目的出发，选择合适的制样方法，应是红外光谱样品制备的基本原则。

15.4.3　定性和定量分析

　　红外光谱法广泛用于有机化合物的定性和结构分析中，也可进行定量测定。

　　（1）定性和结构分析。包括已知物及其纯度的定性鉴定、未知物结构的鉴定等。目前最常用而方便的比较法是用计算机进行检索，检测到试样图谱后，执行检索程序，计算机可自动进行匹配，按相似程序给出标准物质的红外光谱图及测试条件、测试方法等。

　　（2）定量分析。定量分析是依据物质组分的吸收峰强度来进行定量分析的，理论基础是比尔定律。定量分析时吸光度的测定常用基线法，原理如图 15-4 所示。测定时不用参比试样，假定溶剂在吸收峰两肩部是保持不变的。在透光率线性坐标的图谱上选择一个适合于被测物质的吸收谱带。在此谱带的波长范围内，溶剂及试样中其他组分应该无此谱带与其重叠，即背景吸收是常数或呈线性变

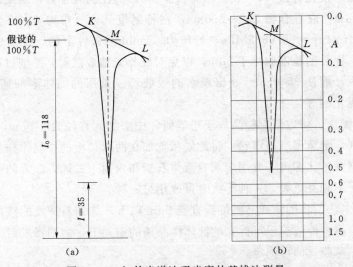

图 15-4　红外光谱法吸光度的基线法测量

（a）$A=\lg\dfrac{I_0}{I}=\lg\ (118/35)\ =0.530$；（b）$A=0.560-0.030=0.530$

化。而一条与吸收谱带两肩相切的线 KL 作为基线，如果通过峰值波长处的垂线和这一基线相交于点 M，令 M 点处的透光率值为 I_0，峰值处的透光率值为 I，则这一波长处的吸光度为：

$$A = \lg(I_0/I) \tag{15-3}$$

定量校准方法可采用标准曲线法或标准加入法。

15.5 分析方法在水环境分析检测中的应用

15.5.1 红外光谱法测定水中总有机碳（TOC）

总有机碳（TOC）是以碳的含量表示水体中有机物质总量的综合指标。由于 TOC 的测定采用燃烧法，因此能将有机物全部氧化，它比或更能直接表示有机物的总量，因此常常被用来评价水体中有机物污染的程度。

1. 方法原理

（1）差减法测定总有机碳。将试样连同净化空气（干燥并除去二氧化碳）分别导入高温燃烧管和低温反应管中，经高温燃烧管的水样受高温催化氧化，使有机化合物和无机碳酸盐均转化成为二氧化碳；经低温反应管的水样受酸化而使无机碳酸盐分解成二氧化碳；其所生成的二氧化碳依次引入非色散红外检测器。由于一定波长的红外线可被二氧化碳选择吸收，在一定浓度范围内二氧化碳对红外线吸收的强度与二氧化碳的浓度成正比，故可对水样总碳（TC）和无机碳（IC）行进定量测定。总碳与无机碳的差值，即为总有机碳（TOC）。

（2）直接法测定总有机碳。将水样酸化后曝气，将无机碳酸盐分解生成二氧化碳驱除，再注入高温燃烧管中，可直接测定总有机碳。但由于在曝气过程中会造成水中挥发性有机物的损失而产生测定误差，因此其测定结果只是不可吹出的有机碳，而不是总有机碳（TOC）。

2. 仪器

（1）非色散红外吸收 TOC 分析仪。

（2）单笔记录仪或微机数据处理系统，与仪器匹配。

（3）微量注射器（50.0μL）。

3. 试剂

（1）邻苯二甲酸氢钾（$KHC_8H_4O_4$），优级纯。

（2）无水碳酸钠（Na_2CO_3，优级纯）。

（3）碳酸氢钠（$NaHCO_3$），优级纯。

（4）所用水均为无二氧化碳蒸馏水。

4. 分析步骤

（1）进样。差减测定法进样：经酸化的水样，在测定前应以氢氧化钠溶液中和至中性，用 $50.0\mu L$ 微量注射器分别准确吸取混匀的水样 $20.0\mu L$ 次，依次注入总碳燃烧管和无机碳反应管，测定记录仪上出现的相应的吸收峰峰高或峰面积。

直接测定法进样：将用硫酸已酸化至 pH≤2 的约 25mL 水样移入 50mL 烧杯中 [加酸量为每 100mL 水样中加 0.04mL（1＋1）硫酸，已酸化的水样可不再加]，在磁力搅拌器上剧烈搅拌几分钟或向烧杯中通入无二氧化碳的氮气，以除去无机碳。吸取 $20.0\mu L$ 经除去无机碳的水样注入总碳燃烧管，测量记录仪上出现的吸收峰峰高。

（2）用 $20.0\mu L$ 无二氧化碳水代替试样进行空白试验。

（3）校准曲线的绘制。在每组 6 个 50mL 具塞比色管中，分别加入 0.00mL、2.50mL、5.00mL、10.00mL、20.00mL、50.00mL 有机碳标准溶液、无机碳标准溶液，用蒸馏水稀释至标线，混匀。配制成 0.0mg/L、5.0mg/L、10.0mg/L、20.0mg/L、40.0mg/L、100.0mg/L 的有机碳和无机碳标准系列溶液。然后按（1）的步骤操作。从测得的标准系列溶液吸收峰峰高，减去空白试验吸收峰峰高，得校正吸收峰峰高，由标准系列溶液浓度与对应的校正吸收峰峰高分别绘制有机碳和无机碳校准曲线。亦可按线性回归方程的方法，计算出校准曲线的直线回归方程。

5. 结果计算

（1）差减测定法：根据所测试样吸收峰峰高，减去空白试验吸收峰峰高的校正值，从校准曲线上查得或由校准曲线回归方程算得总碳（TC，mg/L）和无机碳（IC，mg/L）值，总碳与无机碳之差值，即为样品总有机碳（TOC，mg/L）的浓度：

$$TOC(mg/L) = TC(mg/L) - IC(mg/L) \qquad (15-4)$$

（2）直接测定法：根据所测试样吸收峰峰高，减去空白试验吸收峰峰高的校正值，从校准曲线上查得或由校准曲线回归方程算得总碳（TC，mg/L）值，即为样品总有机碳（TOC，mg/L）的浓度。进样体积为 $20.0\mu L$，其结果应以保留一位小数表示。

15.5.2 红外光谱法测定水中石油类

环境水体中石油类来自工业废水和生活污水的污染。工业废水中石油类（各种烃类的混合物）污染物主要来自原油的开采、加工、运输以及各种炼制油的使用等行业。石油类碳氢化合物漂浮于水体表面，将影响空气与水体界面氧的交换；分散于水中以及吸附于悬浮微粒上或以乳化状态存在于水中的油，它们被微生物氧化分解，将消耗水中的溶解氧，使水质恶化。

1. 方法原理

用四氯化碳萃取水中的油类物质，测定总萃取物，然后将萃取液用硅酸镁吸附，去除动、植物油等极性物质后，测定石油类。总萃取物和石油类的含量有波数分别为 2930cm^{-1}（CH$_2$ 基团中 C—H 键的伸缩振动）、2960cm^{-1}（CH$_3$ 基团中 C—H 键的伸缩振动）和 3030cm^{-1}（芳香环中 C—H 键的伸缩振动）谱带处的吸光度 A_{2930}、A_{2960} 和 A_{3030} 进行计算。动植物油的含量为总萃取物与石油类含量之差。

2. 仪器

（1）红外分光光度计。

（2）1000mL 分液漏斗，活塞上不得使用油性润滑剂。

（3）G$_-$1 型 40mL 型玻璃沙芯漏斗。

（4）50mL、100mL 和 1000mL 容量瓶。

（5）吸附柱：内径 10mm、长约 200mm 的玻璃层析柱。

（6）采样瓶。

3. 试剂

（1）四氯化碳：在 2600～3300cm^{-1} 之间扫描，其吸光度不超过 0.03（1cm 比色皿、空气池作参比）。

（2）硅酸镁（60～100 目）。

（3）氯化钠。

（4）盐酸。

（5）氢氧化钠。

（6）硫酸铝。

（7）正十六烷。

（8）姥鲛烷。

（9）甲苯。

4. 分析步骤

（1）萃取。

1）直接萃取：将一定体积的水样全部倒入分液漏斗中，加盐酸酸化至 pH<2，用 20mL 四氯化碳洗涤采样瓶后移入分液漏斗中，加入约 20g 氯化钠，充分振荡 2min，并经常开启活塞排气。静置分层后，将萃取液经 10mm 厚度无水硫酸钠的玻璃砂芯漏斗流入容量瓶内。用 20mL 四氯化碳重复萃取一次。取适量的四氯化碳洗涤玻璃砂芯漏斗，洗涤液一并流入容量瓶，加四氯化碳稀释至标线定容，并摇匀。

将萃取液分成两份：一份直接用于测定总萃取物，另一份经硅酸镁吸附后，用于测定石油类。

2）絮凝富集萃取：水样中石油类和动、植物油的含量较低时，采用絮凝富集萃取法。向一定体积的水样中加 25mL 酸硫铝溶液并搅匀，然后边搅拌边逐滴加 25mL 氧氢化钠溶液，待形成絮状沉淀后沉降 30min，以虹吸法弃去上层清液，加适量的盐酸溶液溶解沉淀，以下步骤按直接萃取的方法进行。

（2）吸附。

1）吸附柱法：取适量的萃取液通过硅酸镁吸附柱，弃去前约 5mL 的滤出液，余下部分接入玻璃瓶用于测定石油类。如萃取液需要稀释，应在吸附前进行。

2）振荡吸附法：只适合于通过吸附柱后测得的结果基本一致的条件下采用。本法适合大批量样品的测量。称取 3g 硅酸镁吸附剂，倒入 50mL 磨口三角瓶。加约 30mL 取萃液，密塞。将三角瓶置于康氏振荡器上，以不小于 200 次/min 的速度连续振荡 20min。萃取液经玻璃砂芯漏斗过滤，滤出液接入玻璃瓶用于测定石油类。如萃取液需要稀释，应在吸附前进行。

（3）样品测定。以四氯化碳作参比溶液，使用适当光程的比色皿，在 3400～2400cm^{-1} 之间分别对萃取液和硅酸镁吸附后滤出液进行扫描，于 3300～2600cm^{-1} 之间划一直线作基线，在 2930cm^{-1}、2960cm^{-1} 和 3030cm^{-1} 处分别测量萃取液和硅酸镁吸附后滤出液的吸光度 A_{2930}、A_{2960} 和 A_{3030}，并分别计算总萃取物和石油类的含量，按总萃取物与石油类含量之差计算动、植物油的含量。

（4）校正系数测定。以四氯化碳为溶剂，分别配制 100mg/L 正十六烷、100mg/L 姥鲛烷和 400mg/L 甲苯溶液。用四氯化碳作参比溶液，使用 1cm 比色皿，分别测量正十六烷、姥鲛烷和甲苯三种溶液在 2930cm^{-1}、2960cm^{-1} 和 3030cm^{-1} 处的吸光度 A_{2930}、A_{2960} 和 A_{3030}。正十六烷、姥鲛烷和甲苯三种溶液在上述波数处的吸光度均服从于式（15-5），由此得出的联立方程式经求解后，可分别得到相应的校正系数 X、Y、Z、F。

$$C = X \cdot A_{2930} + Y \cdot A_{2960} + Z(A_{3030} - A_{2930}/F) \qquad (15-5)$$

式中　　　　　　C——萃取溶液中化合物的含量（mg/L）；

A_{2930}、A_{2960}、A_{3030}——各对应波数下测得的吸光度；

X、Y、Z——与各种 C—H 键吸光度相对应的系数；

F——脂肪烃对芳香烃影响的校正因子，即正十六烷在 2930cm^{-1} 和 3030cm^{-1} 处的吸光度之比。

对于正十六烷（H）和姥鲛烷（P），由于其芳香烃含量为零，即：

$$A_{3030} - \frac{A_{2930}}{F} = 0$$

则有：

$$F = A_{2930}(H)/A_{3030}(H) \tag{15-6}$$

$$C(H) = X \cdot A_{2930}(H) + Y \cdot A_{2960}(H) \tag{15-7}$$

$$C(P) = X \cdot A_{2930}(P) + Y \cdot A_{2960}(P) \tag{15-8}$$

由式（15-6）可得 F 值，由式（15-7）和式（15-8）可得 X 和 Y 值，其中 $C(H)$ 和 $C(P)$ 分别为测定条件下正十六烷和姥鲛烷的浓度（mg/L）。

对于甲苯（T），则有

$$C(T) = X \cdot A_{2930}(T) + Y \cdot A_{2960}(T) + Z\left[A_{2930}(T) - \frac{A_{2930}(T)}{F}\right] \tag{15-9}$$

由式（15-9）可得 Z 值，其中 $C(T)$ 为测定条件下甲苯的浓度（mg/L）。

可采用异辛烷代替姥鲛烷、苯代替甲苯，以相同方法测定校正系数。两系列物质，在同一仪器相同波数下的吸光度不一定完全一致，但测得的校正系数变化不大。

（5）校正系数检验。分别准确量取纯正十六烷、姥鲛烷和甲苯，按 5：3：1 的比例配成混合烃。使用时根据所需浓度，准确称取适量的混合烃，以四氯化碳为溶剂配成适当浓度范围（如 5mg/L、40mg/L、80mg/L）的混合烃系列溶液。

$2930cm^{-1}$、$2960cm^{-1}$ 和 $3030cm^{-1}$ 处分别测量混合烃系列溶液的吸光度 A_{2930}、A_{2960} 和 A_{3030}，按式（15-5）计算混合烃系列溶液的浓度，并与配制值进行比较。如混合烃系列溶液浓度测定值和回收率在 90%～110% 范围内，则校正系数可采用，否则应重新测定校正系数并检验，直至符合条件为止。

采用异辛烷代替姥鲛烷、苯代替甲苯测定校正系数时，用正十六烷、异辛烷和苯按 65：25：10 的比例配制混合烃，然后按相同方法检验校正系数。

（6）空白试验。以水代替试料，加入与测定时相同体积的试剂，并使用相同光程的比色皿，按与样品测定同样的步骤进行空白试验。

5. 结果计算

（1）总萃取物量。水样中总萃取物量 C_1（mg/L）按式（15-10）计算：

$$C_1 = [X \cdot A_{1,2930} + Y \cdot A_{1,2960} + Z(A_{1,3030} - A_{1,2930}/F)] \times \frac{V_0 \cdot D \cdot l}{V_w \cdot L} \tag{15-10}$$

式中　　X、Y、Z、F——校正系数；

$A_{1,2930}$、$A_{1,2960}$、$A_{1,3030}$——各对应波数下测得的萃取液的吸光度；

V_0——萃取液定容体积（mL）；

V_w——水样体积（mL）；

D——萃取液稀释倍数;

　　　　　　　l——测定校正系数时所用比色皿的光程（cm）;

　　　　　　　L——测定水样时所用比色皿的光程（cm）。

（2）石油类含量。水样中石油类的含量 C_2（mg/L）按式（15-11）计算:

$$C_2=[X \cdot A_{2,2930}+Y \cdot A_{2,2960}+Z(A_{2,3030}-A_{2,2930}/F)]\times\dfrac{V_0 \cdot D \cdot l}{V_w \cdot L}$$

$$(15-11)$$

式中　$A_{2,2930}$、$A_{2,2960}$、$A_{2,3030}$——各对应波数下测得硅酸镁吸附后滤出液的吸光度。

（3）动、植物油含量。水样中动、植物油的含量 C_3（mg/L）按式（15-12）计算:

$$C_3=C_1-C_2 \qquad\qquad (15-12)$$

第16章 显微镜和显微技术

微生物的个体微小，绝大多数微生物的大小都远远低于肉眼的观察极限，肉眼难以看见，必须借助显微镜放大系统的作用才能看到它们的个体形态和内部构造。而现代的显微技术，不仅仅能观察物体的形态、结构，而且发展到对物体的组成成分定性和定量，特别是与计算科学技术的结合出现的图像分析、模拟仿真等技术，为探索微生物的奥秘增添了强大武器。因此，显微镜就成为微生物学研究工作者不可缺少的基本工具。

显微技术（microscopy）是利用光学系统或电子光学系统设备，观察肉眼所不能分辨的微小物体形态结构及其特性的技术。

16.1 显微镜的发展

1590 年，荷兰人制造出类似显微镜的放大仪器。

1604 年，荷兰眼镜商 Janssen（詹森）创造地球上第一台显微镜。

1611 年，Kepler（克卜勒）提出复合式显微镜的制作方式。

1673～1677 年期间，Leeuwenhoek（列文·胡克）制成单组元放大镜式的高倍显微镜。Robert Hooke（R·虎克）在 17 世纪中期制作的复式显微镜。

1674 年，荷兰布商 van. leeuwenhoke 为检查布的质量，自己打磨一台能放大 300 倍的显微镜。

1886 年，德国科学家恩斯特·阿贝和卡尔·蔡斯制作了一台显微镜，马蹄形的底座增加了显微镜的稳固性，底部的镜子能会聚并反射光线使光线透过上方的标本。

1930 年，Lebedeff（莱比戴卫）设计并搭建第一架干涉显微镜。

1932 年，Zernicke（卓尼柯）发明出相位差显微镜，使生物学家得以观察染色活细胞上的种种细节。

1933 年，德国物理学家恩斯特·卢斯卡创造了第一台透射电子显微镜（TEM）。这种显微镜是通过发射电子穿过极薄的标本切片来成像，对于观察细胞的内部结构非常有用。TEM 能把标本放大 50 万倍。

1965 年，第一台商用的扫描电子显微镜（SEM）问世。它把电子束发射到标本的表面（而不是穿过标本），然后形成标本外观的精细三维图像。SEM 能把标本放大 15 万倍。

1982 年，隧道扫描显微镜（STM）由格尔德·宾宁（G. Binning）及海因里希·罗雷尔（H. Rohrer）在 IBM 位于瑞士苏黎世的苏黎世实验室发明。隧道扫描显微镜（STM）是通过检测从标本表面逸出的电子来成像的，用它可以观察到细胞外层上的单个分子。STM 能把标本放大 100 万倍。

1986 年，格尔德·宾宁、Quate 和 Gerber 在 SEM 基础上发明了原子力显微镜。

显微镜分辨率比较如图 16 - 1 所示。

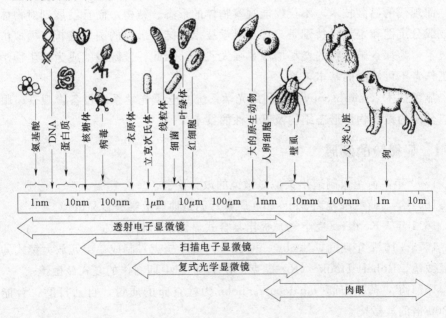

图 16 - 1　显微镜分辨率比较

16.2　显微镜的分类及原理

显微镜的种类很多。根据其结构，可以分为光学显微镜和非光学显微镜两大类。光学显微镜又可分为单式显微镜和复式显微镜。最简单的单式显微镜即放大镜（放大倍数常在 10 倍以上），构造复杂的单式显微镜为解剖显微镜（放大倍数在 200 倍左右）。在微生物学的研究中，主要使用复式显微镜。其中以普通光学显微镜（明视野显微镜）最为常用。此外，还有暗视野显微镜、相差显微镜、微分干涉差显微镜、荧光显微镜、偏光显微镜、紫外光显微镜和倒置显微镜等。非光学显微镜为电子显微镜。

16.2.1　光学显微镜

现代普通光学显微镜利用目镜和物镜两组透镜系统来放大成像，故又常被称为复式显微镜。它们由机械装置和光学系统两大部分组成。机械装置包括镜座、支架、载物台、调焦螺旋等部件，是显微镜的基本组成单位，主要是保证光学系统的准确配置和灵活调控，在一般情况下是固定不变的。而光学系统由物镜、目镜、聚光器等组成，直接影响着显微镜的性能，是显微镜的核心。一般的显微镜都可配置多种可互换的光学组件，通过这些组件的变换可改变显微镜的功能，如明视野、暗视野、相差等。

对任何显微镜来说，分辨率是决定其观察效果的最重要指标。从物理学角度看，光学显微镜的分辨率受光的干涉现象及所用物镜性能的限制，可表示为：

$$\text{分辨率（最小可分辨距离）} = \frac{0.5\lambda}{n \cdot \sin\theta} \qquad (16-1)$$

式中　λ——所用光源波长；

　　　θ——物镜镜口角的半数，取决于物镜的直径和工作距离；

　　　n——玻片与物镜间介质的折射率。

显微观察时可根据物镜的特性而选用不同的介质，例如空气（$n=1.0$）、水（$n=1.33$）、香柏油（$n=1.52$）等。$n \sin\theta$ 也被表示为数值孔径值（numerical aperture，NA），它是决定物镜性能的最重要指标。光学显微镜在使用最短波长的可见光（$\lambda=450\text{nm}$）作为光源时在油镜下可以达到其最大分辨率 $0.18\mu\text{m}$（如表 16-1 所示）。人眼的正常分辨能力一般为 0.25mm 左右，因此光学显微镜有效的最高总放大倍数只能达到 $1000 \sim 1500$ 倍，分辨率在 200nm，在此基础上进一步提高显微镜的放大能力对观察效果的改善并无帮助。

表 16-1　　　　　　　　　　　　不同显微镜物镜的特性

特　性	物　镜			
	搜索物镜	低倍镜	高倍镜	油镜
放大倍数	4×	10×	（40～45）×	（90～100）×
数值孔径值	0.1	0.25	0.55～0.65	1.25～1.4
焦深（mm）	40	16	4	1.8～2.0
工作距离（mm）	17～20	4～8	0.5～0.7	0.1
蓝光（450nm）时可以达到的分辨率（μm）	2.3	0.9	0.35	0.18

1. 普通光学显微镜（明视野显微镜）

明视野显微镜的照明光线直接进入视野，属透射照明。

机械装置由镜座、镜臂、载物台、镜筒、物镜转换器和调焦装置等组成。光学系统包括物镜、目镜、聚光器、彩虹光阑、反光镜和光源等。

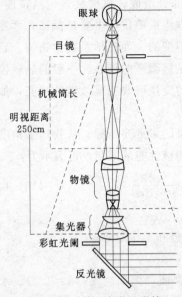

图 16-2 普通光学显微镜
成像原理

成像原理如图 16-2 所示。将被检物体置于集光器和物镜之间，平行的光线自反射镜折入聚光器，光线经过聚光器穿过透明的物体进入物镜后，即在目镜的焦点平面（光阑部位或附近）上形成一个初生倒置的实像。从初生实像射过来的光线，经过目镜的接目透镜而达到眼球。这时的光线已变成或接近平行光，再透过眼球的水晶体时，便在视网膜后形成一个直立的实像。

2. 暗视野显微镜

活体细菌在明视野显微镜下观察是透明的，不易看清。暗视野显微镜是利用特殊的聚光器实现斜射照明，给样品照明的光不直接穿过物镜，而是由样品反射或折射后再进入物镜（如图 16-3 所示）。因此，整个视野是暗的，而样品是明亮的。在暗视野显微镜中由于样品与背景之间的反差增大，可以清晰地观察到在明视野显微镜中不易看清的活菌体等透明的微小颗粒。而且，即使所观察微粒的尺寸小于显微镜的分辨率，依然可以通过它们散射的光而发现其存在。因此，暗视野法主要用于观察生活细菌的运动性。

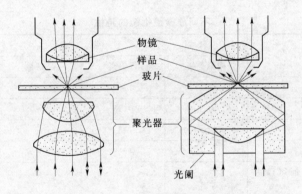

图 16-3 明视野（左）与暗视野（右）的照明示意图

16.2.2 相差显微镜

相差显微镜和普通显微镜的主要不同，在于用环状光阑代替了可变光阑，用带相板的物镜代替普通物镜。此外还有合轴调整用的望远镜和滤光片。

272

光线通过比较透明的标本时，光的波长（颜色）和振幅（亮度）都没有明显的变化。因此，用普通光学显微镜观察未经染色的标本（如活的细胞）时，其形态和内部结构往往难以分辨。然而，由于细胞各部分的折射率和厚度的不同，光线通过这种标本时，直射光和衍射光的光程就会有差别。随着光程的增加或减少，加快或落后的光波的相位会发生改变（产生相位差）。光的相位差人肉眼感觉不到，但相差显微镜配备有特殊的光学装置——环状光阑和相差板，利用光的干涉现象，能将光的相位差转变为人眼可以察觉的振幅差（明暗差），从而使原来透明的物体表现出明显的明暗差异，对比度增强。正由于样品的这种反差是以不同部位的密度差别为基础形成的，因此，相差显微镜使人们能在不染色的情况下比较清楚地观察到在普通光学显微镜和暗视野显微镜下都看不到或看不清的活细胞及细胞内的某些细微结构，是显微技术的一大突破。发明人 F. Zernike 获得了 1953 年诺贝尔物理学奖。

16.2.3　荧光显微镜

　　荧光显微镜是利用一个高发光效率的点光源（紫外光或蓝紫光），经过滤色系统，发出一定波长的光作为激发光，使标本内的荧光物质转化为各种不同颜色的荧光（可见光）后，通过物镜和目镜的放大，观察和分辨标本内某些物质的性质和存在位置。在强烈的对衬背景下，即使荧光很微弱也易清晰辨认，灵敏度高。由于不同荧光素的激发波长范围不同，因此同一样品可以同时用两种以上的荧光素标记，它们在荧光显微镜下经过一定波长的光激发发射出不同颜色的光。荧光显微技术在免疫学、环境微生物学、分子生物学中应用十分普遍。

　　荧光显微镜和普通光学显微镜的基本结构相同。不同的地方是：荧光光源—紫外光或蓝紫光；吸热装置—由于弧光灯或高压汞灯在发生紫外线时放出很多热量，故应使光线通过吸热水槽（内装 10% $CuSO_4$ 水溶液）使之散热；滤色系统—滤色系统由激发滤光片和阻断滤光片组成，激发滤光片放置于聚光镜与光源之间，其作用是选择激发光的波长范围，使波长不同的可见光被吸收。激发滤光片可分为两种：一种是只让 $325\sim500\mu m$ 光通过的光为蓝—紫光，这种滤光片的国际代号为（BG）；另一种是只让 $275\sim400\mu m$ 波段光通过，其中最大透光度为 $365\mu m$，通过的主要是紫外光。

　　阻断滤光片装在物镜的上方或目镜的下方。其作用是吸收和阻挡激发光进入目镜，防止激发光干扰荧光和损伤眼睛，并可选择特异性的荧光通过，从而表现出专一性的荧光色彩。阻断滤光片透过波长范围 $410\sim650\mu m$，代号有 OG（橙黄色）、GG（淡绿黄色）或 $41\sim65$ 等。透过阻断滤光片的紫外线，再经过集光器射到被检物体上使之发生荧光，该荧光就可以通过普通光学显微镜观察到。

16.2.4　透射电子显微镜（TEM）

由于显微镜的分辨率取决于所用光的波长，人们从 20 世纪初开始就尝试用波长更短的电磁波取代可见光来放大成像，以制造分辨本领更高的显微镜。其理论依据是：电子束通过电磁场时会产生复杂的螺旋式运动，但最终的结果是正如光线通过玻璃透镜时一样，产生偏转、汇聚或发散，并同样可以聚集成像。而一束电子具有波长很短的电磁波的性质，其波长与运动速度成反比，速度越快，波长越短。在理论上，电子波的波长最短可达到 0.005nm，所以电子显微镜的分辨能力要远高于光学显微镜。

透射电子显微镜（transmission electron microscope，TEM），其工作原理和光学显微镜十分相似，但由于光源的不同，又决定了它与光学显微镜的一系列差异。电子显微镜是利用高速的电子束代替光束来放大和检视标本，电子束在真空中是直线运行的，但是在电场或磁场的影响下，电子束可以会聚或偏转。电子显微镜的电子束是由电子枪产生的。电子枪的阴极是一段很细的钨丝，通过电流发热放出电子。由于电子都是带负电荷，且倾向于分散，所以在阴极下的控制极上加很小的负电压来控制电子的运动，而在控制极下的阳极上加几万伏的正电压，造成一个很强的电场以加速电子的运动。电子显微镜多是用磁透镜产生的磁场聚焦电子束。磁场一般是由电流通过铜导线绕成的线圈产生的，磁场的强弱由电流的大小控制。为了稳定和加强磁性，线圈外面包有铁芯。透射电子显微镜磁透镜（相当于光学显微镜的聚光镜），使电子束会聚而照射在标本上，经过磁物镜（相当于光学显微镜的物镜）而形成放大像。磁物镜放大的像，再经过中间投像镜（相当于光学显微镜的目镜）的进一步放大而投射在荧光屏或底片上。电子的透射能力是很弱的，由于标本不同部位电子透射量的差异而形成图像。这种图像眼睛是看不到的，只能在荧光屏上显示或利用底片曝光后才能看到。

由此可见，透射电子显微镜的工作原理与一般光学显微镜非常相似。主要区别在：①在电子的运行中如遇到游离的气体分子会因碰撞而发生偏转，导致物像散乱不清，因此电镜镜筒中要求高真空。②电子是带电荷的粒子，因此电镜是用电磁圈来使"光线"汇聚、聚焦。③电子像人肉眼看不到，需用荧光屏来显示或感光胶片作记录。

透射电镜景深较小，一般只能观察切成薄片后的二维图像。分辨率在 0.1nm 左右。

透射电镜主要由光学系统、真空系统和供电系统三部分组成，透射式电镜基本构造示意如图 16 - 4 所示。

1. 电子光学系统

这是最主要的部分。直立式电镜自上而下排列着电子枪、聚光镜、样品室、物镜、中间镜、投影镜、荧光屏及屏下照相记录装置。

（1）电子枪。电镜的照明系统是由电子枪发射产生的，它是由阴极、栅极和阳极组成的三电极系统。

1）灯丝（又叫热阴极）。由直径 0.08～0.15mm 的细钨丝制成，V 形，焊在云母、陶瓷或烧结玻璃支架上的牢固的棒或杆上。当灯丝加热至 2200～2500K 时，就发射自由电子。现在改进的场致发射电子枪是用化学腐蚀方法制造的。在一个直径 0.2mm 钨丝发夹状灯丝上，点焊一段直径 0.125mm，长 1～3mm 的单晶钨丝。是一般热阴极电子枪亮度的 10.3～10.4 倍，能量分散为热阴极电子枪的 1/4～1/5。

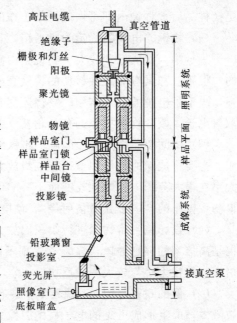

图 16-4 透射式电镜基本构造图示

2）栅极（负偏压栅极）。外形似一顶帽子，包在灯丝外面，在帽子顶端开有一个小孔，为电子通道。栅极电位比灯丝负 100～500V，改变电位可控制电子束的大小和强度。灯丝尖端要精确地对准栅极孔的中心，并严格控制灯丝尖与栅极表面的距离。距离缩小，可减少发射的电子流，降低灯丝的工作温度，延长灯丝寿命。

3）阳极。是由不锈钢制成的中间开有小孔的圆柱体，为电子枪的第三极，接地，维持 OV 电位。阳极、阴极、栅极三者共同控制一个静电透镜系统。由灯丝发射的电子，穿过栅极小孔，通过电子枪交叉点（即电镜和实际电源），形成一射线束（小于 $100\mu m$），经 50～120 kV 的电压加速，成为高速电子流射向聚光镜。

（2）聚光镜。聚光镜的作用是将电子枪射出的电子束聚焦，并使其所含的能量以最小的损失递送到样品上，用它来控制照明强度和照明孔径角。聚光镜一般由两个磁透镜组成。第一个磁透镜为强透镜，可把束斑缩小到 $1\mu m$。第二个聚光镜为弱透镜，可把束斑放大为 $2\mu m$，得到几乎平行于光轴的电子束。在第一聚光镜中装一个固定光栏，用来保护"极靴"减少污染。在第二聚光镜中装可调孔径的活动光阑。其孔径为 100nm、200nm 和 500nm，孔径愈小，照明孔径角愈小。

（3）样品室。放置样品部位，位于聚光镜下、物镜之上。包括样品架、样品台、样品筒、曲柄杠杆、样品移动控制等部件。样品室有一气锁装置，使镜筒在更换样品后数秒钟内即可恢复正常工作的真空状态。

（4）物镜。电镜的物镜为磁透镜，是电镜最关键部件，对穿过标本后的散射电子进行第一次成像和放大。物镜是由高导磁性、高纯度的纯铁或铁钴合金制成的"极靴"和具有非磁性材料的带铁壳的线圈组成，为短焦距磁透镜，放大率较高，决定了电镜的分辨本领。物镜还配有由钼片或紫铜片制成的活动光阑，挡住散射电子，改变物镜成像的孔径角及反差强弱。

（5）中间镜。由非导磁间隙的带铁壳的线圈和高导磁材料制成的"极靴"组成。主要将成像的物体图像进行二级放大。只要改变励磁电流，就可使电镜总放大率在很大范围内连续地改变而不影响像的畸变。还可通过改变中间镜光阑，获得物像微小的"电子显微衍射像"，使电镜起着一架电子衍射照相机的作用。

（6）投影镜。将物像进行第三次放大，把放大图像投射到荧光屏上。投影镜也是高倍率的强磁透镜，多装有三副不同孔径大小的"极靴"，可转换三种不同倍率。孔径大小与放大率成反比。

（7）像的观察与记录。观察室中装有一个荧光屏，当电子轰击后，荧光物质被激发，屏上形成可见的电子显微图像。荧光屏之下有影像的照相记录装置。在观察室外，还配备有一个5~10倍的放大镜。有些电镜还配有电子计算机，对图像进行加工处理。在荧光屏和感光底片上所得到的放大率，即电子放大率，取决于物镜、中间镜、投影镜放大倍数的乘积，底片上的图像可在放大机上进一步放大。其总放大率是电子放大率和光学放大率的乘积。

（8）消像散器。纠正像散的装置。在物镜下面，"极靴"中心平面附近，装有一个方位（方向）振幅（强度）可变化的圆柱形的弱透镜，它使一等效而又相反的非对称场作用于电子束，以纠正像散。现常用消像散器有电磁式和静电式两种。

另外，在第2聚光镜中也装有消像散器，纠正照明电子束亮度的不均匀。

2. 真空系统

电子真空系统的作用是使镜筒内获得高真空，一般保持有 10^{-4} mmHg（1mmHg＝1.333×10^2 Pa）。

真空系统包括机械泵、油扩散泵（或离子泵）、联动控制阀门、真空排气管道、空气过滤器、真空规、橡皮密封垫圈等。真空度可由真空规上的表头指示。现在生产的高分辨电镜，真空系统都已自动化，启动开关后，就能安排日程，自动进行排气。

3. 电镜供电系统

电镜供电系统有两种电源：①使成像电子加速的小电流高电压电源；②电子束聚焦与成像的磁透镜的大电流低电压电源。包括安全系统、总调压器、真空电源系统、透镜电源系统、高压电源系统及辅助电源系统。

16.2.5 扫描电子显微镜（SEM）

扫描电子显微镜（scanning electron microscope，SEM）的电子枪和电磁透镜的结构原理类似透射电镜。电子枪产生的大量电子通过三组电磁透镜的连续会聚形成一条很细的电子射线（电子探针）。这条电子射线在电镜筒内两对偏转线圈的作用下，顺序在标本表面扫描。由于来自锯齿波发生器的电流同时供应电镜镜筒内和显示管的两组偏转线圈，使得显示器的电子射线在荧光屏上产生同步扫描。从标本上射出的电子经探测器收集，被视频放大器放大并控制显示管亮度。因此在荧光屏上扫描的亮度被标本表面相应点所产生的电子数量所控制，因而在荧光屏上显示出标本的高倍放大像。通过控制两套偏转线圈的电流便可控制放大率的倍数，另外安装有一个同样的照相用同步扫描显示管。

扫描电镜具有分辨率高、景深长、视野广、显示三维立体结构、便于观察和标本制备简单等许多优点，在生物学及医学上应用愈来愈多，用以观察和研究生物标本的表现形态和内部立体结构。扫描式电子显微镜的分辨率在 0.6nm 左右，构造示意如图 16-5 所示。

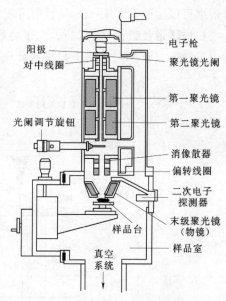

图 16-5 扫描式电子显微镜构造示意图

扫描式电子显微镜主要有：分析扫描电镜和 X 射线能谱仪、X 射线波谱仪和电子探针仪、扫描探针显微镜、场发射枪扫描电镜和低压扫描电镜、超大试样室扫描电镜、环境扫描电镜、扫描电声显微镜、测长/缺陷检测扫描电镜、计算机控制扫描电镜等。

扫描电镜主要用于观察样品的表面结构。由于电子束孔径角极小，扫描电镜的景深很大，所以成像具有很强的立体感。在扫描电镜中，电子束的轰击使样品表面除放出二次电子外，还可产生许多有用的物理信号。如特征性 X 光谱线、阴极荧光、背散射电子、俄歇电子及样品电流等。对这些信号进行分别收集、分析，还能得到有关样品的其他信息。例如收集 X 射线信号，可以对样品各个微区的元素组成进行分析。

扫描电镜标本制作中，既要脱水又要基本保持其自然状态，因此可使用标本的临界冷冻干燥技术将标本干燥，再经真空喷镀一层碳合金，或放入离子镀膜机内镀铂和金，以增加标本的导电能力，加强反差和增强标本的稳定性。然后即可进行扫描电镜观察。

16.2.6 扫描隧道显微镜（STM）

20 世纪 80 年代出现的扫描隧道显微镜（scanning tunneling microscope，STM）是显微镜领域的新成员，其主要原理是利用量子隧道效应产生隧道电流的原理。分辨率可达原子水平，STM 的横向分辨率可以达到 0.1～0.2nm，纵向分辨率可以达到 0.001nm，是目前分辨率最高的显微镜，可观察原子级的图像。

扫描隧道显微镜（SEM）、原子力显微镜（AFM）和其后衍生出来的各类扫描力显微镜（SFM）都属于扫描探针显微镜（SPM），SPM 构成示意如图 16-6 所示。

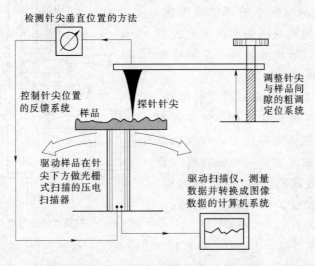

图 16-6　扫描探针显微镜构成示意图

STM 不仅可以在真空，而且可以在保持样品生理条件的大气及液体环境下工作。因此，STM 对生命科学研究领域具有十分重要的意义。目前，人们已利用 STM 直接观察到 DNA、RNA 和蛋白质等生物大分子及生物膜、古生菌的细胞壁、病毒等结构。

扫描隧道显微镜的工作原理，就如同一根唱针扫过一张唱片，一根探针慢慢地通过要被分析的材料（针尖极为尖锐，仅仅由一个原子组成）。一个小小的电荷被放置在探针上，一股电流从探针流出，通过整个材料，到底层表面。当探针通过单个的原子，流过探针的电流量便有所不同，这些变化被记录下来。电流在流过一个原子的时候有涨有落，如此便极其细致地探出它的轮廓。在许多的流通后，通过绘出电流量的波动，人们可以得到组成一个网格结构的单个原子的图片。

1. 基本组成

（1）隧道针尖。隧道针尖的结构是扫描隧道显微技术要解决的主要问题之一。针尖的大小、形状和化学同一性不仅影响着扫描隧道显微镜图像的分辨率和图像的形状，而且也影响着测定的电子态。

针尖的宏观结构应使得针尖具有高的弯曲共振频率，从而可以减少相位滞后，提高采集速度。如果针尖的尖端只有一个稳定的原子而不是有多重针尖，那么隧道电流就会很稳定，而且能够获得原子级分辨的图像。

目前制备针尖的方法主要有电化学腐蚀法、机械成型法等。

制备针尖的材料主要有金属钨丝、铂－铱合金丝等。钨针尖的制备常用电化学腐蚀法。而铂－铱合金针尖则多用机械成型法，一般直接用剪刀剪切而成。

（2）三维扫描控制器。由于仪器中要控制针尖在样品表面进行高精度的扫描，用普通机械的控制是很难达到这一要求的。目前普遍使用压电陶瓷材料作为 $x-y-z$ 扫描控制器件。

压电陶瓷利用了压电现象。即指某种类型的晶体在受到机械力发生形变时会产生电场，或给晶体加一电场时晶体会产生物理形变的现象。目前广泛采用的是多晶陶瓷材料。压电陶瓷材料能以简单的方式将 $1mV \sim 1000V$ 的电压信号转换成十几分之一纳米到几微米的位移。

（3）减震系统。由于仪器工作时针尖与样品的间距一般小于 $1nm$，同时隧道电流与隧道间隙成指数关系，因此任何微小的震动都会对仪器的稳定性产生影响。必须隔绝的两种类型的扰动是震动和冲击，其中震动隔绝是最主要的。隔绝震动主要从考虑外界震动的频率与仪器的固有频率入手。

（4）电子学控制系统。扫描隧道显微镜是一个纳米级的随动系统，因此，电子学控制系统也是一个重要的部分。扫描隧道显微镜要用计算机控制步进电机的驱动，使探针逼近样品，进入隧道区，而后要不断采集隧道电流，在恒电流模式中还要将隧道电流与设定值相比较，再通过反馈系统控制探针的进与退，从而保持隧道电流的稳定。所有这些功能，都是通过电子学控制系统来实现的。

（5）在线扫描控制系统。在扫描隧道显微镜的软件控制系统中，计算机软件所起的作用主要分为"在线扫描控制"和"离线数据分析"两部分。

1）在线扫描控制。在扫描隧道显微镜实验中，计算机软件主要实现扫描时的一些基本参数的设定、调节，以及获得、显示并记录扫描所得数据图像等。计算机软件将通过计算机接口实现与电子设备间的协调共同工作。

2）离线数据分析。离线数据分析是指脱离扫描过程之后的针对保存下来的图像数据的各种分析与处理工作。常用的图像分析与处理功能有：平滑、滤波、傅立叶变换、图像反转、数据统计、三维生成等。

大多数的软件中还提供很多其他功能，综合运用各种数据处理手段，最终得到自己满意的图像。

2. 扫描隧道电镜的特点

与其他表面分析技术相比，STM 具有如下特点：

（1）具有原子级高分辨率。STM 在平行于样品表面方向上的分辨率分别可达 0.1nm，即可以分辨出单个原子。

（2）可实时得到实空间中样品表面的三维图像，可用于具有周期性或不具备周期性的表面结构的研究，这种可实时观察的性能可用于表面扩散等动态过程的研究。

（3）可以观察单个原子层的局部表面结构，而不是对体相或整个表面的平均性质，因而可直接观察到表面缺陷。表面重构、表面吸附体的形态和位置，以及由吸附体引起的表面重构等。

（4）可在真空、大气、常温等不同环境下工作，样品甚至可浸在水和其他溶液中，不需要特别的制样技术并且探测过程对样品无损伤。这些特点特别适用于研究生物样品和在不同实验条件下对样品表面的评价，例如对于多相催化机理、电化学反应过程中电极表面变化的监测等。

（5）配合扫描隧道谱（STS）可以得到有关表面电子结构的信息。例如表面不同层次的态密度、表面电子阱、电荷密度波、表面势垒的变化和能隙结构等。

（6）利用 STM 针尖，可实现对原子和分子的移动和操纵，这为纳米科技的全面发展奠定了基础。

STM 的局限性主要表现在两个方面：

（1）STM 的恒电流工作模式下，有时它对样品表面微粒之间的某些沟槽不能够准确探测，与此相关的分辨率较差。在恒高度工作方式下，从原理上这种局限性会有所改善。但只有采用非常尖锐的探针，其针尖半径应远小于粒子之间的距离，才能避免这种缺陷。在观测超细金属微粒扩散时，这一点显得尤为重要。

（2）STM 所观察的样品必须具有一定程度的导电性，对于半导体，观测的效果就差于导体；对于绝缘体则根本无法直接观察。如果在样品表面覆盖导电层，则由于导电层的粒度和均匀性等问题又限制了图像对真实表面的分辨率。

在目前常用的（包括商品）STM 仪器中，一般都没有配备 FIM，因而针尖形状的不确定性往往会对仪器的分辨率和图像的认证与解释带来许多不确定因素。

近年来，在 STM 的基础上又发展出了另一种扫描探针式显微镜，原子力显微镜（atomic force microscope，AFM）。AFM 也是利用细小的探针对样品表面进行恒定高度的扫描来对样品进行"观察"，但它不是通过隧道电流，而是通过一个激光装置来监测探针随样品表面的升降变化来获取样品表面形貌的信息。因此，与 STM 不同，AFM 可以用于对不具导电性，或导电能力较差的样品进行观察。

16.3 显微观察样品的制备

样品制备是显微技术的一个重要环节，直接影响着显微观察效果的好坏。一般来说，在利用显微镜观察、研究生物样品时，除要根据所用显微镜使用的特点采用合适的制样方法外，还应考虑生物样品的特点，尽可能地使被观察样品的生理结构保持稳定，并通过各种手段提高其反差。

16.3.1 光学显微镜制样

光学显微镜是微生物学研究的最常用工具，有活体直接观察和染色观察两种基本使用方法。

1. 活体直接观察

可采用压滴法、悬滴法及菌丝埋片法等在明视野、暗视野或相差显微镜下对微生物活体进行直接观察。其特点是可以避免一般染色制样时的固定作用对微生物细胞结构的破坏，并可用于专门研究微生物的运动能力、摄食特性及生长过程中的形态变化，如细胞分裂、芽孢萌发等动态过程。

2. 染色观察

一般微生物菌体小而无色透明，在光学显微镜下，细胞体液及结构的折光率与其背景相差很小。因此用压滴法或悬滴法进行观察时，只能看到其大体形态和运动情况。若要在光学显微镜下观察其细致形态和主要结构，一般都需要对它们进行染色，从而借助颜色的反衬作用提高观察样品不同部位的反差。

染色前必须先对涂在载玻片上的样品进行固定，其目的是杀死细菌并使菌体粘附于玻片上，同时增加其对染料的亲和力。常用酒精灯火焰加热和化学固定两种方法。而染色则根据方法和染料等的不同可分为很多种类，如细菌的染色。可简单概括如图 16-7 所示。

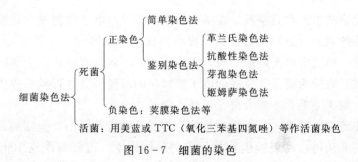

图 16-7 细菌的染色

16.3.2 电子显微镜的制样

生物样品在进行电镜观察前必须进行固定和干燥，否则镜筒中的高真空会导致其严重脱水，失去样品原有的空间构型。此外，由于构成生物样品的主要元素对电子的散射与吸收的能力均较弱，在制样时一般都需要采用重金属盐染色或喷镀，以提高其在电镜下的反差，形成明暗清晰的电子图像。

1. 透射电镜的样品制备

电子的穿透能力有限，因此透射电镜采用覆盖有支持膜的载网来承载被观察的样品。最常用的载网是铜网，也有用不锈钢、金、银、镍等其他金属材料制备的载网。而支持膜可用塑料膜（如火棉胶膜、聚乙烯甲醛膜等），也可以用碳膜或者金属膜（如镀膜等）。

（1）负染技术。与将样品本身染色来提高反差的方法相反，负染色技术是用电子密度高、本身不显示结构且与样品几乎不反应的物质（如磷钨酸钠或磷钨酸钾）来对样品进行"染色"。这些重金属盐不被样品成分所吸附而是沉积到样品四周，如果样品具有表面结构，这种物质还能进入表面上凹陷的部分，从而可以通过散射电子能力的差异把样品的外形与表面结构清楚地衬托出来（如图16-8所示）。负染技术简便易行，病毒、细菌（特别是细菌鞭毛）、离体细胞器、蛋白质和核酸等生物大分子等的形态大小和表面结构都可以采用这种制样方法进行观察。

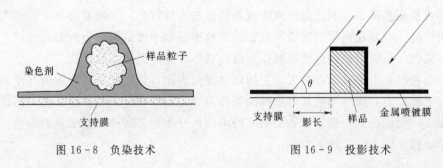

图16-8　负染技术　　　　　　　　图16-9　投影技术

（2）投影技术。在真空蒸发设备中将铂或铬等对电子散射能力较强的金属原子，由样品的斜上方进行喷镀，提高样品的反差（如图16-9所示）。样品上喷镀上金属的一面散射电子的能力强，表现为暗区，而没有喷镀上金属的部分散射电子能力弱，表现为亮区，使我们能了解样品的高度和立体形状。投影法可用于观察病毒、细菌鞭毛、生物大分子等微小颗粒。

（3）超薄切片技术。尽管微生物的个体通常都极其微小，但除病毒外，微弱的电子束仍无法透过一般微生物如细菌的整体标本，需要制作成100nm以下厚度的超薄切片，方能看清其内部的细微结构。此外，从细菌、立克次氏体、螺旋体、病毒等病原体与宿主细胞的关系，对宿主细胞引起的超微形态的改变，以及如病毒对宿主细胞的吸附、进入、繁殖等机理的研究，也都需要将宿主的组织或培养细胞制作超薄切片后才能用透射电镜观察。超薄切片技术是生物学中研究细胞及组织超微结构的最常用、最重要的电镜样品制备技术，其基本操作步骤如下：

取样→固定→脱水→浸透与包埋→切片→捞片→染色→观察

　　2. 扫描电镜的样品制备

　　扫描电镜的结构特点是利用电子束作光栅状扫描以取样品的形貌信息。因此，其样品制备方法比透射电镜要简单，它主要要求样品干燥，并且表面能够导电。对大多数生物材料来说，细胞含有大量的水分，表面不导电，所以观察前必须进行处理，去除水分，对表面喷镀金属导电层。在整个过程中必须始终保持样品不变形，最后的观察才能反映样品本来面目。

　　保持样品形状的主要关键是样品干燥。干燥方法有自然干燥、真空干燥、冷冻干燥和临界点干燥等。其中临界点干燥的效果最好，其原理是利用许多物质，如液态 CO_2，在一个密闭容器中达到一定的温度和压力后，气液相面消失（即所谓的临界点状态）的性质，使样品在没有表面张力的条件下得到干燥，很好地保持样品的形态。干燥、喷镀金属层后的样品便可以用于观察。

16.4　电子显微镜的基本操作

16.4.1　透射电镜操作要点

　　1. 各种透镜的合轴调整和消像散

　　电子显微镜用户必须进行的日常操作项目是有关透镜的调整。其基本操作如下面所述。操作的顺序是从电子显微镜上部的单元调起，一级一级向下部单元进行调整。但是，在进行这些调整之前必须将物镜的励磁电流调到规定的电流值（称为聚焦电流）和将试样放置在 Z 方向规定的位置上。每次合轴调整前都要确认以上前提条件。当透镜偏离光轴很大时，一次将某个透镜调得很好是困难的，只能按照顺序，反复调整几次，这样，将会愈调愈好，直到所有透镜全部合轴。

　　（1）电子枪的调整。下面以热电子发射型电子枪的调整为例加以说明。

　　1）偏压和灯丝加热温度的调整方法。一般来说，如果提高偏压，则发射电流增加。为了达到灯丝电流的饱和点，必须提高灯丝的加热温度。如果提高灯丝的加热温度，发射电流增加，电子束的能量分布范围就变宽，灯丝的寿命变短。通常，对于 LaB_6 灯丝，使用的发射电流约为 $15\mu A$。实际调整时，是将灯丝的加热电流设定在标准值，用荧光屏上显现出的灯丝花样来判断灯丝是否处于饱和状态。然后，对灯丝的温度稍作一些调整，使之饱和，即增大灯丝的加热电流时，束流也不增加。然后，再调整偏压，使发射电流到 $15\mu A$ 左右。

2）电子枪的合轴调整。在未装入试样的状态下，将入射电子束会聚，这一状态可以从荧光屏上看到。然后，使灯丝处于未饱和（使灯丝加热温度稍低的）状态，观察灯丝像。调整电子枪灯丝的倾斜（X，Y）旋钮，使灯丝像呈中心对称状态。当像是中心对称时，灯丝像最亮，这时，就是正常的灯丝状态。当灯丝已经变形时，可能会在灯丝像呈非对称状态下才能达到最亮状态。这时，只能在对称性和亮度方面取一个折中状态。如果灯丝变形很大时，就应当更换新的灯丝了。调整完了以后，用灯丝加热旋钮调到饱和状态。

（2）聚光镜的合轴调整。将束斑控制旋钮置于大斑点位置（使第一聚光镜处于弱励磁状态），用电子枪对中的平移（X，Y）旋钮将电子束中心调到荧光屏中心。然后，将束斑控制旋钮置于小斑点位置（使第一聚光镜处于强励磁状态），用聚光镜对中的平移（X，Y）旋钮将电子束中心调到荧光屏中心。反复进行几次上述的操作，直到变换束斑尺寸时，电子束中心都不从荧光屏中心移开。

（3）聚光镜消像散。用亮度调整旋钮（第 2，3 聚光镜的聚焦）将电子束聚焦在荧光屏上。用聚光镜消像散器（X，Y）旋钮来消像散，使会聚的束斑变得很圆。这时，用亮度调整旋钮将电子束斑稍稍调到过聚焦一侧和欠聚焦一侧，就可以很容易判断像散的状况。如果聚焦变化时，会聚的电子束还保持很圆，就说明它没有像散了。如果束斑变成在 X 或 Y 方向拉长的椭圆，说明还残留有像散。当更换光阑和束斑尺寸时，聚光镜的像散都会变化，所以，每一次都必须确认其像散的状况。

（4）物镜电压中心调整。使用高压颤动器（high voltage wobbler）进行物镜电压中心的调整。将试样放入电子显微镜中，再观察电子显微像的状态。合上高压颤动器开关，由于高压变动，电子显微像扩大和收缩。它扩大和收缩的中心就是电压中心。用照明系统两级偏转的倾斜旋钮［聚光镜对中倾斜（X，Y）旋钮］倾斜电子束，使这个中心与观察荧光屏的中心一致。在进行这种操作时，要将物镜光阑拉出光轴外，电压中心调整完毕以后，再将物镜光阑插入。

（5）物镜消像散。插入物镜光阑，进行物镜的像散调整。更换物镜光阑和倍率变化较大时，像散都会变化，因此，每次改变都要确认像散的状况。

1）中、低倍下消像散。在低于 10 万倍的倍率下消像散时，利用试样中圆形或方形的孔（碳的微栅孔最合适）作为观察目标。

在正焦条件下调整物镜的消像散器（X，Y）旋钮，使孔边缘的衬度在 X、Y 方向上都一致。然后，调到欠焦，确认孔边缘的干涉衬度（欠焦条纹）在 X 或 Y 方向上都一样。再在正焦点确认和调整。然后，在过焦条件下确认和调整。反复几次这样的操作，直到条纹的衬度在 X、Y 方向上都一致。

2）高倍率下消像散。在高于 20 万倍的倍率下消像散时，可以利用试样中的非晶物质部分或在试样边缘部分看到的污染造成的非晶薄层（碳蒸发层最适合）作为观察目标物。

在正焦条件下，调整物镜的消像散器（X，Y）使非晶物质的相位衬度的颗粒状像在 X、Y 方向上都没有方向性。然后，调到欠焦，确认并调整，使这种颗粒状的方向性不出现。再一次在正焦条件下确认和调整。然后，在过焦条件下确认和调整，看这种颗粒状的方向性是否存在。反复几次这样的操作，最后，再在正焦条件下确认这些颗粒状的像没有方向性。

（6）中间镜消像散。在观察试样的状态插入选区光阑，再从光路拉出物镜光阑，并转到衍射模式，在荧光屏上就呈现出电子衍射花样。用中间镜聚焦旋钮使电子衍射花样聚焦。然后，调整中间镜消像散器（X，Y），使中心束斑的形状变得很圆。此时，将电子衍射花样的聚焦稍微调到过聚焦和欠聚焦一侧时，就可以很容易看出像散的状况。

（7）投影镜合轴调整。使电子衍射花样投影在荧光屏上，调整投影镜对中（X，Y）旋钮，使电子衍射花样的中心束斑在荧光屏中心。如果投影镜的轴偏离中心，对像质的影响不大，对中的目的只是使投影像在荧光屏的中心。这种调整还是有应用价值的，例如，在使用离轴型 TV 摄像机时，可用来调整视场的位置。

2. 物镜聚焦的调整

（1）中、低倍率下的聚焦。在电子显微像观察时，试样应处于正焦位置。这样，就必须将试样位置和物镜的励磁调到正焦条件。因此，使用像颤动器（image wobbler）来判断像是否处于正焦是进行正确的电子显微镜观察的重要操作。

将试样装入电子显微镜中，转到像观察模式，合上像颤动器开关，像就会变成颤动的样子。预先将物镜的励磁电流调到正焦电流的值（聚焦电流是仪器固有的值，在仪器验收时会告诉用户），如果像有颤动，就说明试样偏离正焦位置。这时，可调整试样在 Z 方向的位置，使电子显微像的颤动停止。反过来，也可以预先将试样位置调到正焦点位置，如果还能看见像在颤动，说明物镜还没有处于正焦点状态。这时，可以使用物镜聚焦旋钮进行聚焦，直到看不见像的振动为止。只从像的颤动还不能判断是欠焦还是过焦，所以，只有改变聚焦或使试样在 Z 方向移动来寻找正焦点的位置。

（2）高倍率下的聚焦。在高于 20 万倍的倍率下观察电子显微像，注意观察试样边缘像的衬度，即菲涅耳条纹。在过焦时，试样边缘能看到暗的菲涅耳条纹，而欠焦时，能看到亮的菲涅耳条纹。正焦时，在试样边缘看不见这些条纹，而且，对于很薄的非晶膜，像的衬度变得最弱。在高分辨电子显微像观察时，采用从正焦稍稍欠一点点的聚焦是最适合的，通常，称这种聚焦的方法叫谢尔策（Scherzer）聚焦。

16.4.2 扫描电镜操作要点

扫描电镜的操作步骤大部分由计算机控制，使用者把样品放入仪器，抽真空、加高压、调焦和变倍、图像亮度和衬度自动调节、拍照和记录图像。整个过程很简单。但是，为了获得满意的图像，在使用仪器前，应该根据研究课题的要求，选择仪器合适的工作条件，了解主要操作步骤对仪器性能发挥的影响，确定成像方式，这对于使用者是必要的。

1. 电子光学系统合轴

扫描电镜的电子光学系统由电子枪、聚光镜、物镜和物镜光阑组成。为保证电子束沿这些部件的轴线穿行，必须调节这些部件同轴，这就是"合轴调整"，也称"轴线对中"。合轴好的系统成像最亮，像差最小，分辨率明显改善。

（1）电子枪与透镜合轴。扫描电镜的聚光镜和物镜是一体化安装，出厂前它们的光轴已经合好，使用过程中的合轴调整以该光轴为基准。电镜工作时电子枪经常开或关，发射钨尖会有轻微变形，所以每天开机后最好进行一次合轴调整，只需转动合轴旋钮控制电子束偏转，使图像最亮即可。当更换新灯丝后，有的电镜还需要调整电子枪平移和倾斜机构进行预合轴，现代电镜通常提供自动合轴功能，操作简单。

（2）物镜光阑合轴。为了获得高倍率、高分辨率图像，物镜光阑的选用与合轴调整是关键。通常物镜光阑靠近下极靴安装，有四档不同直径的孔供选择：$50\mu m$、$100\mu m$、$200\mu m$、$300\mu m$。可以通过镜筒外的把手，把需要的光阑推入光路。选用小孔光阑，不但改善景深，而且可以减小像差，提高图像分辨率。但如果小孔光阑不合轴，对于图像质量的影响要比选用大孔光阑严重得多，而且在调焦过程中图像随之移动，高倍图像移动幅度更大，图像也不清晰，这也是判断光阑是否合轴的有效方法。因此光阑中心必须仔细与透镜合轴。其步骤如下：微调控制光阑 X、Y 方向移动的旋钮，再调焦，观察图像是否还有移动，两个操作反复进行，直到高倍图像不随调焦过程移动，物镜光阑就已合轴。有的电镜提供调焦摇摆功能（Focus wobble），选用该功能，如果光阑不合轴，图像不但晃动，而且摇摆，可反复调节 X、Y 位置电控合轴，直到图像不移动为止，就可以关闭摇摆器。该法省去每次交替手动聚焦操作，用上万倍图像进行光阑合轴调整效果好。对于选用大孔光阑或只需要几百倍图像，光阑稍有偏离影响不大。物镜消像调整要在光阑合轴的基础上进行。整个的合轴过程也可利用法拉第杯监测束流，合轴后的束流应该是最大值。

2. 加速电压的选择

当加速电压越高，波长 λ 下降，最大束流上升，有助于提高信号电子产率，增加图像的信噪比，而且减小了色差和衍射的影响，提高图像分辨率。加速电压对于钨丝枪通常选 15～20kV，场发射枪选 5～10kV。但有些热敏样品，例如纤维、橡胶、塑料、食品、有机物或生物材料等，高加速电压会引起热损伤或荷电效应，对于这类样品即使镀了导电膜层也无济于事，必须选用 10kV 以下的加速电压或减低束流操作。有时为了观察样品表面细节，加速电压高电子束穿透太深，表面细节看不到，因此需选用 1～5kV 的低加速电压观察。

3. 工作距离选择

当工作距离增加其缩小倍率减小，样品上的束斑变大，使分辨率下降，但孔径角减小，景深增加。而短工作距离是束斑尺寸小，改善分辨率，但景深差。

通常工作距离可在 2～45mm 范围内选用，观察高分辨率图像时可选用小于 5mm，而观察粗糙断口表面时可选用 30mm 以上的工作距离，以获得最大的景深。

4. 聚光镜调节

当调节聚光镜的激励增加时，聚光镜的放大倍率增加，中间像直径减小，物镜的缩小倍率也随之变大，因而在样品上形成了直径更小的束斑，提高了分辨率。但最终束斑的电流损失了，图像亮度下降，信噪比变差。

因此，使用者应决定是需要最小束斑尺寸还是要最大的束流，因为两者不可兼得。许多电镜均有多挡束斑尺寸（Spot size）或探针电流（Probe current）可供选择，这实际上是改变聚光镜激励电流，调整最终束斑大小。

5. 物镜消像散

物镜存在像散，就无法获得清晰的高倍图像。多数电镜均有自动消像散功能，但是对于几万倍图像不起作用，必须利用消像散器手动消除像散。

（1）像散的识别。对高倍图像聚焦总是不清楚是像散的影响。利用调焦旋钮或鼠标反复调节物镜的聚焦能力，使电子束汇聚在样品表面上，此时束斑直径最小，也称为正焦点（On focus）位置，图像应该最清晰。

（2）像散的消除。首先将图像聚焦到正焦点位置，交替调节消像散器的 X、Y 控制，再反复调焦，判断图像是否拉长。如果仍然有像散，但有变小的趋势，再重复上述过程，直到图像从模糊到清楚是以同心方式变化，像散就消好了。

电镜使用久了，像散会增大，不管如何消像散，甚至几千倍图像都不清楚，多数起因是物镜光阑脏了。光阑孔只有微米级大小，周围如果粘附有污染物，例如颗粒样品与样品台没有固定牢，会飞起来粘附在光阑孔边，电子束通过光阑孔时，束斑变成非轴对称，引起较大的像散。因此物镜光阑要定期清洁。

6. 样品倾斜

如果样品表面比较光滑，图像衬度比较弱，可将样品向着探测器方向倾斜某个角度，使更多的二次电子离开倾斜表面，增加信号电子的强度，改善图像衬度和分辨率。样品台提供倾角变化范围在 $-15°\sim+90°$ 之间，可根据需要选择倾角值。样品台倾斜时要注意避免碰到物镜下表面或背散射探测器。

7. 图像处理

图像处理是对图像衬度、亮度或噪声进行加工，最后获得一幅人眼可以识别和接受的改善图像。当在观察某个深孔内部细节时，孔内是黑的，而周边衬度合适。起因是内孔产生的大量信号电子被孔壁吸收，只有小部分跑出达到探测器，这个弱信号按常规放大，人眼看不见。提高图像衬度和亮度，孔内细节如果能看清，其周边就过亮了。人眼对图像衬度的察觉是有限的。图像处理的目的就是在探测器的后续阶段，通过各种图像处理技术改善图像衬度，使其更适合人眼观察。图像处理有模拟法和数字法，其中包括直方图处理、衬度反转、微分放大、非线性放大、信号混合、Y 调制、降噪等。非线性放大和降噪比较常用。

电镜是扫描成像，自然会有随机噪声叠加在图像上，若帧扫时间短，噪声更严重，图像上覆盖着不规则闪动的白点，细节看不清，有如"雾里看花"。对图像进行降噪处理可以滤除噪声。其方法有多种，如帧平均、像素平均、线积分、卷积滤波、卡尔曼滤波等。因为是计算机控制的实时处理，过程很快，所以使用时可根据图像细节任意选用，看哪种方法好。

参 考 文 献

[1] 李昌厚. 紫外可见分光光度计. 北京：化学工业出版社，2005.

[2] 费学宁. 现代水质监测分析技术. 北京：化学工业出版社，2005.

[3] 钱沙华，韦进宝. 现代仪器分析. 北京：中国环境科学出版社，2004.

[4] 郑重. 现代环境测试技术. 北京：化学工业出版社，2009.

[5] 贾春晓. 现代仪器分析技术及其在食品中的应用. 北京：中国轻工业出版社，2009.

[6] 陈培榕，李景虹，邓勃. 现代仪器分析实验与技术（第二版）北京：清华大学出版社，2006.

[7] 黄君礼. 水分析化学（第二版）. 北京：中国建筑出版社，1997.

[8] 李克安. 分析化学教程. 北京：北京大学出版社，2005.

[9] 武汉大学. 分析化学（第四版）. 北京：高等教育出版社，2000.

[10] 方惠群，余晓东，史坚. 仪器分析学习指导. 北京：科学出版社，2004.

[11] 武汉大学. 分析化学实验（第四版）. 北京：高等教育出版社，2000.

[12] 国家环境保护局编. 水和废水监测分析方法（第四版）增补版. 北京：中国环境科学出版社，2002.

[13] 杨守祥，李燕婷，王宜伦. 现代仪器分析教程. 北京：化学工业出版社，2009.

[14] 曾元儿，张凌. 仪器分析. 北京：科学出版社，2009.

[15] 费学宁. 现代水质监测分析技术. 北京：化学工业出版社，2005.

[16] 张剑荣，余晓冬，屠一锋，等. 仪器分析实验（第二版）. 北京：科学出版社，2009.

[17] 王立，汪正范. 色谱分析样品处理（第二版）. 北京：化学工业出版社，2008.

[18] 蔡亚岐，牟世芬，汪桂斌. 色谱在环境分析中的应用. 北京：化学出版社，2009.

[19] 傅若农. 色谱分析概论（第二版）. 北京：化学工业出版社，2010.

[20] 陈小华，汪群杰. 固相萃取技术与应用. 北京：科学出版社，2010.

[21] 梁红. 环境监测（第二版）. 武汉：武汉理工大学出版社，2009.

[22] 邓勃，何华焜. 原子吸收光谱分析. 北京：化学工业出版社，2004.

[23] 章晓中. 电子显微分析. 北京：清华大学出版社，2006.

[24] 孙宝盛，单金林. 环境分析监测理论与技术. 北京：化学工业出版社，2004.

[25] 陈玲，赵建夫. 环境监测. 北京：化学工业出版社，2004.

[26] 聂麦茜. 环境监测与分析实践教程. 北京：化学工业出版社，2003.

[27] 罗杰 N. 里夫. 环境监测基础. 北京：化学工业出版社，2009.

[28] 张可方. 水处理实验技术. 广州：暨南大学出版社，2003.

[29] 张兰英，饶竹，刘娜. 环境样品前处理技术. 北京：清华大学出版社，2008.

[30] 汪桂斌. 环境样品前处理技术. 北京：化学工业出版社，2004.

[31] 奚旦立，孙裕生，刘秀英. 环境监测（第三版）. 北京：高等教育出版社，2004.

[32] 胡胜水，曾昭睿，廖振环，等. 仪器分析习题精解（第二版）. 北京：科学出版社，2006.

[33] 陈玲，郜洪文．现代环境分析技术．北京：科学出版社，2008.

[34] 刘明钟，汤志勇，刘霁欣．原子荧光光谱分析．北京：化学工业出版社，2008.

[35] 许国旺．现代实用气相色谱法．北京：化学工业出版社，2006.

[36] 税永红，吴国旭．环境监测技术．北京：科学出版社，2009.

[37] 刘虎威．气相色谱方法及应用．北京：化学出版社，2000.

[38] 刘密新，罗国安，张新荣，等．仪器分析（第二版）．北京：清华大学出版社，2002.

[39] 武汉大学化学系．仪器分析．北京：高等教育出版社，2003.

[40] 吴俊奇，李燕城．水处理实验技术（第三版）．北京：中国建筑工业出版社，2009.

[41] 冯敏．现代水处理技术．北京：化学工业出版社，2010.

[42] 张寒琦．仪器分析．北京：高等教育出版社，2010.

[43] 杨勇．普通化学实验．上海：同济大学出版社 2009.

[44] 中华人民共和国国家标准．生活饮用水卫生标准（GB 5749—2006）．北京：中华人民共和国卫生部，中国国家标准化管理委员会，2007.

[45] 中华人民共和国国家标准．生活饮用水卫生标准检测方法（GB/T 5705.1～5750.13—2006）．北京：中华人民共和国卫生部，中国国家标准化管理委员会，2007.

[46] 中华人民共和国国家环境保护标准．近岸海域环境监测规范（HJ 442—2008）．北京：环境保护部，2009.

[47] 中华人民共和国国家环境保护标准．环境影响评价技术导则 地下水环境（HJ 610—2011）．北京：环境保护部，2011.

[48] 中华人民共和国国家环境保护标准．地下水环境监测技术规范（HJ/T 164—2004）．北京：环境保护部，2004.

[49] 中华人民共和国国家环境保护标准．水质样品的保存和管理技术规定（HJ 493—2009）．北京：环境保护部，2009.

[50] 中华人民共和国国家环境保护行业标准．地表水和污水检测技术规范（HJ/T 91—2002）．北京：国家环境保护总局，2003.

[51] 中华人民共和国国家标准．水质湖泊和水库采样技术指导（GB/T 14581—93）．北京：国家环境保护局 国家技术监督局，1994.

[52] 中华人民共和国国家环境保护标准．水质采样方案设计技术规定（HJ 495—2009）．北京：国家环境保护部，2009.

[53] 国家环境保护总局标准．水质河流采样技术指导（HJ/T 52—1999）．北京：国家环境保护总局，2000.

[54] 李安模，魏继中．原子吸收及原子荧光光谱分析．北京：科学出版社，2003.

[55] 高向阳．新编仪器分析实验．北京：科学出版社，2009.

[56] 张扬祖．原子吸收光谱分析应用基础．上海：华东理工大学出版社，2007.

[57] 蔡艳荣．仪器分析实验教程．北京：中国环境科学出版社，2010.

[58] 刘约权．现代仪器分析（第二版）．北京：高等教育出版社，2006.

[59] 冯国刚，韩承辉．环境监测实验．南京：南京大学出版社，2008.

[60] 李民赞．光谱分析技术及其应用．北京：科学出版社 2006.

[61] 郭正，张宝军．水污染控制技术实验实训指导．北京：中国环境科学出版社，2007.

[62] 高昆玉．精细化学品分析．北京：化学工业出版社，2002.

［63］ 冯玉红．现代仪器分析实用教程．北京：北京大学出版社，2008.

［64］ 张宝贵，韩长秀，毕成良．环境仪器分析．北京：化学工业出版社，2008.

［65］ 韩喜江．现代仪器分析实验．哈尔滨：哈尔滨工业大学出版社，2008.

［66］ 施文健，周化岚．环境监测实验技术．北京：北京大学出版社，2009.

［67］ 周天泽，邹洪．原子光谱样品处理技术．北京：化学工业出版社，2006.

［68］ 朱岩．离子色谱仪器．北京：化学工业出版社，2007.

［69］ 沈萍，陈向东．微生物学实验（第四版）．北京：高等教育出版社，2008.

［70］ 刘国生．微生物学实验技术．北京：科学出版社，2007.

［71］ 方惠群，于俊生，史坚．仪器分析．北京：科学出版社，2007.

［72］ 钱存柔，黄仪秀．微生物学实验教程．北京：北京大学出版社，2001.

［73］ 刘安生译．材料评价的分析电子显微方法．北京：冶金工业出版社，2001.

［74］ 牟世芬，刘克纳，丁晓静．离子色谱方法及应用（第二版）．北京：化学工业出版社，2005.